"十二五"江苏省高等学校重点教材
编号：2015-2-064

江苏高校品牌专业建设工程项目资助（思想政治教育专业PPZY2015B105）

政治伦理学

ZHENGZHI LUNLIXUE

高汝伟　殷有敢◎编　著

南京大学出版社

图书在版编目(CIP)数据

政治伦理学 / 高汝伟,殷有敢编著. — 南京:南京大学出版社,2016.6(2024.1重印)
ISBN 978-7-305-17179-6

Ⅰ.①政⋯ Ⅱ.①高⋯ ②殷 Ⅲ.①政治伦理学 Ⅳ.①B82-051

中国版本图书馆 CIP 数据核字(2016)第 146675 号

出版发行	南京大学出版社
社　　址	南京市汉口路 22 号　　邮　编　210093
书　　名	政治伦理学 ZHENGZHI LUNLI XUE
编　　著	高汝伟　殷有敢
责任编辑	贾　辉　裴维维　　　编辑热线　025-83686531
照　　排	南京开卷文化传媒有限公司
印　　刷	南京人文印务有限公司
开　　本	787 mm×960 mm　1/16　印张 18.5　字数 332 千
版　　次	2024 年 1 月第 1 版第 3 次印刷
ISBN	978-7-305-17179-6
定　　价	54.00 元

网　　址:http://www.njupco.com
官方微博:http://weibo.com/njupco
微信服务号:njuyuexue
销售咨询热线:(025)83594756

* 版权所有,侵权必究
* 凡购买南大版图书,如有印装质量问题,请与所购图书销售部门联系调换

目 录

导 论 ··· 1
  第一节 政治伦理与政治伦理学 ··· 1
    一、政治伦理 ··· 1
    二、政治伦理学 ·· 6
  第二节 政治伦理学研究对象和任务 ·································· 7
    一、政治伦理学研究对象和主要内容 ································· 7
    二、基本任务和目标 ·· 8
  第三节 政治伦理学研究的历史发展和现实意义 ················· 10
    一、历史发展 ··· 10
    二、现实意义 ··· 14

第一章 政治伦理的历史渊源与发展 ··································· 16
  第一节 政治伦理的起源 ··· 17
    一、自然血亲发生论 ·· 17
    二、神本发生论 ·· 18
    三、社会关系需要发生论 ·· 19
  第二节 传统政治伦理的伦理政治化和宗教化 ···················· 22
    一、传统政治伦理的伦理政治化 ···································· 22
    二、政治伦理神秘化和宗教化 ······································· 34
  第三节 近现代政治伦理的非道德化和世俗化 ···················· 40
    一、政治伦理非道德化、世俗化 ···································· 40
    二、法政治伦理的制度化 ·· 42
    三、马克思的实践政治伦理观 ······································· 46
  第四节 政治伦理的发展趋势 ··· 47
    一、政治伦理建构几个内在层面 ···································· 47

二、政治伦理的发展趋势 …………………………………………… 50

第二章　政治伦理的基本范畴 ……………………………………… 56
　第一节　政治权力欲望、权力意志与政治理性 ……………………… 57
　　一、政治权力欲望 ……………………………………………………… 57
　　二、政治权力意志 ……………………………………………………… 62
　　三、政治理性：权力的公共理性 ……………………………………… 68
　第二节　政治善与公共善 ……………………………………………… 73
　　一、政治善与公共善 …………………………………………………… 73
　　二、公共善与私人善 …………………………………………………… 75
　　三、制度善 ……………………………………………………………… 75
　　四、政治行为主体善 …………………………………………………… 76
　第三节　政治应当与政治合理性 ……………………………………… 82
　　一、政治应当 …………………………………………………………… 82
　　二、政治合法性 ………………………………………………………… 85
　　三、政治合理性 ………………………………………………………… 86

第三章　政治伦理的本质、结构和功能 …………………………… 91
　第一节　政治伦理的本质 ……………………………………………… 91
　　一、政治的目的性、秩序性与政治伦理 ……………………………… 92
　　二、政治伦理本质上是一种政治实践理性精神 ……………………… 93
　第二节　政治伦理的结构 ……………………………………………… 96
　　一、政治伦理意识 ……………………………………………………… 97
　　二、政治伦理规范 ……………………………………………………… 98
　　三、政治伦理活动 ……………………………………………………… 99
　　四、政治伦理美德 ……………………………………………………… 100
　第三节　政治伦理的功能 ……………………………………………… 101
　　一、政治伦理主要功能 ………………………………………………… 101
　　二、政治伦理的功能机制的培育 ……………………………………… 102

第四章 政治伦理的基本原则 105
第一节 政治人道原则 106
一、人道和人道主义 106
二、政治人道原则的基本内涵 110
第二节 政治自由原则 114
一、自由：理性人的自主——自我否定、自我选择、自我超越和自我规定 114
二、政治自由 119
三、政治自由的实现条件 123
第三节 政治公正原则 126
一、公正与政治公正 126
二、政治公正的类型 129
三、马克思主义公正观 131
第四节 政治平等原则 134
一、平等的概念 134
二、平等的类型 135
三、平等的限度 135
四、政治平等原则 136

第五章 作为善制的政治制度伦理 139
第一节 政治制度的伦理性 140
一、制度与政治制度伦理的概念 140
二、政治制度的伦理性 143
三、政治制度伦理的基本内容和功能 145
第二节 政治制度伦理的历史形态 147
一、奴隶社会、封建社会的政治制度伦理 147
二、资本主义政治制度伦理 149
三、社会主义政治制度伦理 151
第三节 政治制度伦理的基本原则 153
一、正义 153

二、民主……………………………………………………… 154
　　三、效率……………………………………………………… 156
　　四、诚信、公开……………………………………………… 157

第六章　作为善政的政党伦理………………………………… 160
第一节　政党伦理的内涵……………………………………… 161
　　一、含义及其基本特征……………………………………… 161
　　二、类型……………………………………………………… 163
第二节　公共理性与政党伦理………………………………… 164
　　一、公共理性与政党理性…………………………………… 165
　　二、政党行为的利益基础和伦理责任……………………… 166
　　三、政党伦理的功能………………………………………… 169
第三节　政党伦理的现代建构………………………………… 170
　　一、现代政党政治的伦理合法性…………………………… 170
　　二、政党伦理的现代建构…………………………………… 171
　　三、政党转型………………………………………………… 173

第七章　作为善治的政府伦理………………………………… 177
第一节　政府伦理的含义和特征……………………………… 178
　　一、政府理性与政府伦理…………………………………… 178
　　二、政府伦理的特征………………………………………… 180
　　三、行政正义………………………………………………… 182
　　四、政府善治………………………………………………… 184
第二节　政府伦理的责任……………………………………… 186
　　一、主要内容………………………………………………… 187
　　二、政府伦理责任的实现…………………………………… 191
　　三、政府行政行为的伦理选择……………………………… 192
第三节　政府公务人员伦理…………………………………… 195
　　一、公务员的角色错位……………………………………… 195
　　二、公务员道德的特征……………………………………… 197

三、公务员道德基本规范 …………………………………… 198
   四、公务员道德建设 ………………………………………… 201

第八章　政治伦理价值认同与公民政治参与伦理 …………… 205
第一节　政治伦理价值认同 ………………………………… 206
   一、内涵 ……………………………………………………… 206
   二、政治伦理价值认同的基本特征 ………………………… 208
   三、社会主义核心价值观是当前我国政治伦理价值认同的共同基础
   …………………………………………………………………… 210
第二节　公民伦理 …………………………………………… 213
   一、公民身份和公民地位 …………………………………… 214
   二、公民意识 ………………………………………………… 216
   三、公民伦理的基本内容和特征 …………………………… 218
第三节　公民政治参与伦理 ………………………………… 220
   一、政治参与的伦理价值向度 ……………………………… 220
   二、公民政治参与的伦理问题 ……………………………… 223
   三、公民政治参与的伦理教育 ……………………………… 225

第九章　政治发展伦理 …………………………………………… 228
第一节　政治发展伦理与人的发展 ………………………… 229
   一、政治发展与政治发展伦理 ……………………………… 229
   二、政治发展伦理的目的和任务 …………………………… 231
   三、政治发展伦理的基本内容 ……………………………… 234
   四、政治发展伦理与人的发展 ……………………………… 235
第二节　政治革命伦理 ……………………………………… 236
   一、政治革命伦理的基本特征 ……………………………… 236
   二、政治革命伦理的制度化 ………………………………… 240
   三、政治革命伦理的评价 …………………………………… 242
第三节　政治改革伦理 ……………………………………… 243
   一、政治改革伦理的合理性 ………………………………… 243

  二、政治改革伦理的功能 …………………………………………… 246
  三、改革伦理对政治改革的规导 ………………………………… 248
  四、政治改革伦理的基本原则 …………………………………… 250

第十章 政治伦理文化与政治文明 …………………………………… 253
第一节 政治伦理文化 ……………………………………………… 254
  一、政治伦理文化的含义 ………………………………………… 254
  二、政治伦理文化优劣判断标准 ………………………………… 257
  三、政治伦理文化的构成要素 …………………………………… 257
  四、政治伦理文化的基本特征 …………………………………… 262
  五、政治伦理文化与政治社会化 ………………………………… 263
第二节 现代政治文明 ……………………………………………… 264
  一、政治文明的内涵 ……………………………………………… 264
  二、现代政治文明基本理念 ……………………………………… 267
  三、现代政治文明基本特征 ……………………………………… 269
  四、现代政治文明与现代化 ……………………………………… 270
第三节 政治伦理文化的现代化 …………………………………… 271
  一、文化的现代化与人的现代化 ………………………………… 271
  二、政治伦理文化的现代化 ……………………………………… 276
  三、政治伦理文化现代化的基本任务 …………………………… 282

后 记 …………………………………………………………………… 288

导　论

自人类社会出现政治现象后,政治与伦理便结成了极为密切的关系。政治伦理根植于人类政治生活,有政治生活就有政治伦理。政治伦理的提出反映了人们对政治生活的理性反思和自觉。政治伦理学作为一门学科的出现又反映了人们对政治伦理现象的理性自觉。这门学科自20世纪后半期兴起后,和其他新兴应用伦理学学科诸如经济伦理学、教育伦理学、生态伦理学等一起,蓬勃发展。作为一门学科,政治伦理学有自身的基本范畴、发展脉络和逻辑体系结构。学习和研究政治伦理学,首先应明确其研究对象、任务、方法和目的,厘清与邻近学科的关系,确立自身的学科定位。其次,需要把握自身的内在逻辑结构,明确研究的历史发展和现实意义。学习政治伦理学可以帮助我们在学习了政治学基础理论和马克思主义伦理学学科基础上,进一步将相关理论相贯通,对政治生活实践中出现的现象和问题,学会思考和探究。

导论知识结构图

第一节　政治伦理与政治伦理学

政治伦理学作为一门交叉学科,涉及政治学、伦理学、哲学等学科,它和这些学科存在何种关系?在厘清这些关系前,首先有必要从政治伦理学和政治伦理的关系开始。

一、政治伦理

何谓政治伦理?政治与伦理是何种关系?

中国传统的政治思想一直没有脱离伦理的影响,政治服从于伦理。在当代,政治仍离不开伦理,而整个人类面临的各类问题日益成为政治伦理问题。政治领域出现了一些新问题,如政治发展、资源分配、生态平衡、区域政治冲突、国际恐怖主义、新媒体网络政治等。学者们从政治伦理的视角去研究这些问题,赋予政治伦理研究新的内涵,使政治伦理学成为现代政治学和伦理学交叉的一门新兴学科。政治与伦理存在契合点。这是由于：其一，政治本质上是人们围绕着特定的现实公共利益需要，借助于社会公共权力来规定和实现特定权利的一种社会关系，而作为一种社会关系势必存在基本的价值立场和道德取向以及道德评价问题；其二，政治不是纯粹的政治权术，不是政治权术者和政治野心家能够长期垄断和持续存在的领域；其三，在现代民主政治条件下，权利意识、权力理性精神、法治理念深入人心，非道德非理性的政治很难取得现代公民的政治认同。

（一）政治伦理范畴的理解

目前国内学界对政治伦理范畴的理解主要有四种研究角度，即以"政治"为中心的政治伦理观、以"伦理"为中心的政治伦理观、"政治"与"伦理"互动的关系观以及以哲学为中心的"政治哲学论"。

第一种立足政治基点上的"政治论"。表现为一种政治的"伦理论"，它强调的是，政治伦理仅存于政治领域中，离开了政治领域或政治生活，则无所谓政治伦理问题。政治伦理是人们按照政治生活的习性所确立的基本秩序。如政治伦理就是"各个政治主体（包括阶级、集体和个人）在政治活动中所信奉和实践的伦理精神及道德规范"[1]；政治伦理，"在现代意义上，应是指处理政治关系，解决政治问题、开展政治活动'应当'遵循的普遍法则"[2]；政治伦理"更应是一种政治科学的研究，它主要侧重于研究道德人格的政治意义以及相关的微观机制"[3]。这些观点认为凡属于政治领域的道德问题都归结为政治伦理的问题。

第二种立足伦理学的"伦理政治论"。即政治伦理要以伦理为参照坐标，强调政治要符合伦理、道德和规范。政治伦理实质上是一种特殊的政治意识形态，它是对政治的道德价值目标进行一种合乎规范的建构，以指导人们的政治实践、规范人们的政治行为。[4] 政治伦理是伦理学的一个分支，属于应用伦理学的范围。伦理学能为政治学提供目标、方向和方法，期望把伦理精神转化为一种政治理念和政治规范。政治伦理尽管不为政治活动提供答案，而只是被作为一种以合乎正义与理性的方法寻求答案所需要的设计工具。

---

[1] 陈瑛.可持续发展的中国政治伦理[M]//甘绍平等.中国应用伦理学（2002）.北京：中央编译出版社，2004：143.

[2] 戴木才.政治伦理的现代视域[J].哲学动态，2004,(1).

[3] 陈义平.全球政治伦理的可能性及当代中国政治伦理的发展趋向[J].教学与研究，2001,(8).

[4] 张佩国.政治结构与道德人格——政治伦理学论纲[J].社会科学战线，1994,(5).

第三种取向是"关系论"。强调政治中的伦理关系,认为在一定的社会经济基础上,政治与道德之间的关系是相互影响、相互渗透、相互作用、相互促进的。伦理道德指导和制约着政治制度,政治制度又同时为伦理道德提供有力保障。政治和伦理是分不开的,政治蕴含着伦理而伦理辅佐政治。政治伦理是政治现象中的伦理关系和要求。[①] 政治与伦理具有历史和逻辑的内在联系,政治蕴含着伦理,伦理辅佐着政治,政治具有伦理的意义,政治的原理与伦理的原理总是统一在特定的社会文化结构和形态中。合乎理性的政治原则与伦理规范的统一,集中体现为社会的政治文明制度。

第四种立足哲学角度认为目前政治伦理属于应用哲学的范围,表现为"政治哲学论"。这种观点受马克思主义哲学启发,认为政治伦理是一种特殊的政治意识形态,是对政治的道德价值目标进行一种合乎规范的建构,以指导人们的政治实践、规范人们的政治行为。马克思的哲学就是在与近代主流政治哲学的反思性批判中建立和发展起来的。对马克思政治哲学的研究,强调马克思哲学的政治实践特性。政治伦理关系是在社会政治实践和整体社会生活中逐步形成和发展起来的。人类在早期的原始社会,没有阶级和国家,虽有原始道德规范,但没有政治道德,也没有政治伦理。自从人类进入私有制社会之后,随着国家和阶级统治的出现,政治道德和政治伦理便出现了,并随着政治过程的发展而日益丰富起来。政治伦理关系作为社会存在之一,被经济生活和生产方式制约着,随着社会经济关系的变化而变化。

在此,应明晰政治道德和政治伦理范畴关系。政治道德则是指道德的一个特殊门类,即涉及政治领域的道德问题。一般意义上,将政治道德与政治伦理混同使用。但由于道德和伦理两个概念有所差异,决定了政治道德与政治伦理仍有差异。如黑格尔认为:伦理是社会的,道德是个体的。"道德"含人们的道德意识、道德情感、道德良心,它的侧重点在主体自身,指主体自身的道德信念和行为,而伦理指的是具体的人与人的客观道德关系,它的侧重点是在关系,如经济伦理侧重在人们的经济关系,家庭伦理侧重在人们的家庭关系。政治道德往往就政治主体自身而言,而政治伦理则关涉政治实践领域中人与人之间的政治道德关系。一般说来,政治伦理侧重政治共同体(主要指国家、政府以及其他社会共同体)之间的政治生活、政治结构、政治制度、政治关系、政治行为和政治理想的基本伦理原则、规范及价值意义。[②]"政治伦理除了政

---

① 焦金波.政治伦理结构探析[J].中国矿业大学学报(社会科学版),2002,(4).
② 万俊人.政治伦理及其两个基本向度[J].伦理学研究,2005,(1).

活动关系中的政治正义问题外,还包括以一定的社会结构为基础的政治与伦理关系问题、政府职能的正当性即政府是否有权或者如何将行政意志强加于国民的问题以及公民权利与义务关系问题等一种发挥约束政治生活状态并使之规范化的行为规则"。① 总之,所谓政治伦理,就是各类政治主体在处理政治关系、解决政治问题、开展政治活动中"应当"遵循的普遍道德法则。政治伦理问题实质上就是政治权力(国家政府公共权力运行)中道德正义的问题,对政治伦理的研究实质上可以归结为政治权力中的道德问题研究。政治伦理是以政治公共权力视角关注人类良善的公共政治生活及其实现方式。

(二)政治伦理分类和主要内容

按现代政治制度文化论标准,政治伦理可分为政治"制度本身的伦理"和"制度中人的伦理"两个方面。也有按伦理主体标准,划为宏观、中观、微观三部分,即社会政治伦理、阶级政治伦理、个人政治伦理。按政治伦理的内容可以大致分为政治制度伦理、政治行为主体的关系伦理和政治美德,以及以国家政治意识形态为主导的社会政治理念和理想三个层面,亦可简称为制度、行为和观念(意识)三个层面。

有观点认为一切政治活动、政治关系中关涉伦理性的方面,都构成政治伦理的现实内容,包括政治理想的合理性,政治原则的正义性,政治手段、行为的正当性,政治架构的合理性,政治权力责任的合理匹配,国家权力、行政行为的规范约束,政党政治行为,政治家个人品质的道德要求,以及公民在政治活动中的道德能力,现代民主政治制度及其政治伦理体系中的诚信等,都是政治伦理的重要方面。也有观点认为,政治伦理中各种各样的理论都是围绕着自由、平等与公正的论证来展开的。包括诸如政治社会的稳定和政治制度的改革、反腐败、政治家的道德责任、公民义务、领导伦理、意识形态、自由价值、保守和激进、人权、目的与手段、"公民不服从"等问题,这些都是政治伦理最重要的内容。

(三)政治伦理的特点

1. 形上性

"形而下者谓之器,形而上者谓之道"。政治伦理是对政治生活现象和问题背后的规范和价值之道的终极关怀。形而上性是对传统政治哲学及伦理学的继承,也体现了对政治生活实践背后人类政治道德价值原则和精神追求。政治伦理对政治行为的理性分析、对政治生活本质的探寻,体现了对政治的终

---

① 任剑涛.政治伦理:个人美德,或是公共道德[J].伦理学研究,2005,(1).

极价值(追求公共利益、实现公共权力善政善治的公共善)的追求,对人类社会政治文明、历史发展的终极价值追求。政治伦理及其政治伦理学学科的思维方式已经超越了政治学尤其是政治科学形而下的局限,如通过政治伦理学理论建构推演政治价值原则、人格平等的理念,从而形成实证化的制度来规范权力、保障公民的正当权益的实现。

2. 实践性

道德是一种人性的内在精神需要。政治和道德的社会性、实践性决定了政治伦理的实践性和现实反思性。政治伦理以确立政治责任和责任政治这一政治实践的"绝对命令"为旨归。政治伦理不仅满足于追逐形而上价值关怀,更重要的是继承伦理学关注生活实践的旨趣,关注现实。既要对现实不合理制度形态进行价值反思、审视和批判,也需要构建一种合理性的政治伦理生活情境,返回到政治生活实践。对政治生活实践的关注、对政治权力及其文化精神形态的反思、规范和超越,构成政治伦理发展的原动力。

3. 意识形态性

政治伦理最重要的特征是意识形态性。一定的政治伦理观是一定政治意识形态的基础和核心。政治伦理研究离不开政治这一意识形态。马克思和恩格斯指出,意识形态是一定社会经济结构的产物,为一定的社会经济结构所决定,是建立在社会经济基础之上的上层建筑。各种政治思想、法律思想,各种政治学说、政治观点归根到底都根源于某种意识形态的政治世界观。政治伦理作为政治意识形态价值诉求和表达的内核,以其所提供社会政治善恶观来维护特定的政法制度,维护其政治经济利益。

4. 公共性

不同于其他的政治规范,诸如法律和一般的社会道德,政治伦理虽然也是一种行为道德规范,但它只作用于政治公共领域,不涉及私人生活领域。它和私人领域的道德规范及其侧重点有所差异。美国尼布尔认为用个体道德去规范公域群体行为,或反过来仅用公域群体伦理去要求个体,都可能造成道德的沦丧,无助于解决社会问题和消除社会不公正。政治伦理主要通过公共权力制度设计和决策实现其伦理价值,同时也通过政治行为个体主体政治道德自觉来具体践行。最终还需要通过教育教化形成社会成员的普遍的思维心理习惯,从而形成一定的政治伦理文化。政治公共权力者担负起公共职责伦理,便有利于作为一个整体的社会。但在一个缺失制度伦理的社会中,政治行为者个体道德高尚,有威望,受到民众的拥戴,有利于促进政治和社会风气的好转。但权力者又可以滥用权力,以获取自己的最大私利而损害大多数人的利益。

根本意义上，政治伦理学并不注重揭示个人私域道德准则，而是分辨道德适用的公私领域，其目标是使权力与制度造就负有政治责任、享有权利并能积极参与政治的理性公民，保障社会具备基本而且必要的公共道德水准。

二、政治伦理学

政治伦理学以人类政治生活或现象的政治伦理为研究对象，研究政治伦理自身本质、目的、范畴、原则及其运行的基本原理机制的伦理学理论。

（一）不同于政治伦理、政治学

政治伦理学不等同于政治伦理。政治伦理是存在于政治领域中的伦理问题、现象及其伦理学把握。政治学和伦理学的基本原理是政治伦理学的理论基础，并对其研究起着指导作用。政治伦理学是政治学研究领域的新的分支学科，也是伦理学在政治领域中的延伸和拓展。但政治伦理学也不同于政治学。政治学尽管也对政治规范问题进行一定的探索，但更注重的是政治的事实原则和操作程序，侧重于实证分析政治意识、政治行为、国家、权力、选举、选举制度、政党、政治发展、民主的条件、民主政制、国际关系等。政治伦理学作为一门应用伦理学，注重寻求政治伦理的社会本质和价值属性，探究政治伦理的价值原则和根本目的，回答政治生活中重大问题的"应然"原则问题，超越政治的"实然"达到政治的"应然"。

（二）不同于政治哲学

政治伦理学亦不同于政治哲学。政治哲学是以哲学的方式探讨政治存在、政治价值和政治话语的一种理论知识体系。它的主要研究对象即是政治存在、政治价值和政治话语。从整个思想史来看，政治价值是它最重要、最独特的论域。政治价值是指那些为全社会所普通认可和崇尚、构成一个社会全部政治现象赖以成立的依据和全部政治活动的最终目标，从而对各种政治现象、政治关系和政治过程具有指导和解释意义的价值。如现代社会最重要的基本政治价值只有两个：自由和平等。政治伦理学则是对政治存在、政治价值和政治话语等进行系统性伦理分析评价。政治伦理学在考察和揭示政治伦理一般规律时，必须寻求政治的社会权力公共性本质和价值属性，探究政治的价值原则和终极目的。其活力的源泉在于政治生活实践的伦理反思、批判和构建的精神，其理论特性更带有导向性、规范性特征。

（三）政治伦理学的学科自觉

政治伦理学的学科自觉是适应现代民主、多元化社会需要的学科意识自觉。它并非使政治摆脱道德责任,而是要从过度的、被误置的适用于私人道德领域误区中解脱出来。一方面涉及政治制度伦理学,研究的是关于政治体制、制度设计的合理性应然性问题;另一方面是政治美德伦理学,研究当事人应具备的适用于公共领域的道德素质问题。美德从内部协调人们的行为,而制度则从外部给予协调。由此,有观点认为从政治伦理学这一特殊功能出发将政治伦理学看成是制度伦理与美德伦理之间的协调,即作为制度伦理学和美德伦理学的政治伦理学。

第二节　政治伦理学研究对象和任务

政治伦理的本质是反思与把握蕴含在政治问题和现象背后的价值底蕴,寻求一个基本的价值支持系统,展开政治"应然"问题的伦理分析。政治伦理的核心问题是公共善问题,是政治自由、平等、公正等价值问题的集中表达。自由、平等、公正之内容等是一系列范畴,尽管现象上看变动不居的,但能否确立一种基本政治伦理价值体系,是衡量政治伦理理论体系建立与否的根本性标志。政治伦理理论体系的建立则是政治伦理学得以建立和发展的标志。

一、政治伦理学研究对象和主要内容

政治伦理是政治伦理学的研究对象,是其研究的逻辑起点和归宿。政治伦理学研究的发生、目的、内容、过程、知识理论体系的建构都是围绕政治伦理而展开的。政治伦理学的研究主要包括:一是对政治价值理念的伦理审视。政治价值理念在人类政治文明的发展中具有先导性。政治价值的伦理检视保证了政治目的性的伦理指向。二是对政治制度的伦理审视。尽管政治制度本身并不是具体的、直接的道德规范,但在政治制度设计与政治制度运行时往往要依据特定的伦理原则。三是对政治和行政行为主体的伦理审视。如对国家政府公务人员、普通公民的伦理行为和规范的伦理审视、反思和建构。

依据我国政治实际,有观点主张将政治伦理分为政党伦理、政制伦理和政员伦理。也有主张政治伦理在理论上的研究视域应具体包括四大内容:政治价值理念、政治制度伦理、政治组织伦理和政治主体伦理。[①] 一般来说,政治伦理学研究的内容十分广泛,主要包括:

---

① 戴木才.政治伦理的现代视域.哲学动态,2004,(1).

政治制度伦理：主要研究政治管理的制度建立、运行和政策制订、实施过程中的伦理问题，探讨政治管理与民众认同的价值观、利益观等问题。

政府伦理(行政伦理)：主要研究政府政治过程(行政行为)的伦理原则、规范，如公正、廉洁、公开、诚信、效率等。政府伦理的研究已发展成为政治伦理学新的分支学科——政府伦理学和行政伦理学。

政治行为主体伦理：主要研究从事政治的人在运用公共权力、履行政治义务过程中应当具备的伦理规范。这是一种特殊的公共伦理道德，包括公务人员和公民伦理等。

国际政治伦理：主要研究以国家及其国民为行为主体在国际政治中的伦理规范及其运用，即把人类普遍遵循的价值标准，如权利、法规、信仰、民族、种族等，运用于国际政治中。它包括：国际关系准则、国际人权原则、国家利益、外交政策行为、国际冲突(战争)等道德标准以及武力的道德限制，包括核伦理、资源与生态伦理、平等公正的世界秩序等。

政治伦理文化：也称为政治道德文化。主要研究政治伦理文化的因素、结构、类型、作用及意义，范围涉及政治伦理的意识、观念、理想、原则、心理、精神、传统、习俗等各方面。

政治伦理学史：主要研究政治伦理学的产生、发展和演变规律，研究政治伦理学的历史继承性和时代变革性，从而揭示政治伦理学的社会功用和社会本质。

随着政治伦理学理论体系的分化和组合，其研究领域也不断扩大，内容不断丰富，其社会价值也不断提高。政治伦理学研究日益显出重要的实践意义和应用价值。

二、基本任务和目标

(一)任务与目标定位：公共道德

政治伦理学研究的任务与目标基本问题首先是政治伦理的道德定位问题，即政治伦理的道德归属问题：政治伦理属于个体美德还是属于公共道德？它是源自人们内心固有的道德理念与法则，还是形成于现实政治生活实践而达致的伦理价值共识？

伦理学史上关于政治伦理属于个体美德还是属于公共道德的主张，历来存在两种基本观点。一种属于传统伦理学主张，一种是近现代伦理学主张。前者认为政治伦理最终属于个人美德、私人道德。在中国伦理学史上，夏商周"三代"均提倡统治者个体"敬德保民"。《尚书·盘庚上》汤说："予不敢动用非德","用罪伐厥死,用德彰厥善"。儒家将政治与伦理两种社会要素、两种生活规范统一在政治生活之中,实现了"伦理政治化、政治伦理化"的互化。"斯有仁心,故有仁政"将个体的内心伦理理念,外化为社会政治生活状态。政治伦理成为个人美德在政治生活中的外在显现。在西方伦理学史上,古希腊从苏格拉底、柏拉图到亚里士多德,整体上都属于美德伦理的范畴。亚里士多德在《政治学》中讲,"政治学术本来是一切学术中最重要的学术,其终极目的正是为大家最重视的善德,也就是人间的至善。"[①]城邦是公民个体有机集合。城邦和公民的根本目的是统一的,都是人的幸福。只不过城邦的直接目的是公民的公共利益实现即正义。城邦伦理和个体美德德性是统一的。汉董仲舒"天人感应"、宋明理学"天道性命"和西方中世纪神学政治强化了伦理与政治的双重互化。到了近代,在马基雅维里那里,政治伦理开始区分不同的适用规范。政治的公共权力伦理逻辑与个体美德伦理逻辑各自有了自己的运行轨道。此后自由主义的道德哲学与政治哲学逐渐将政治领域与道德领域的问题分流处理,"政治的"渐渐成为"制度的"领域,而道德领域依然维持着个人内心德性支撑。因此,政治伦理学目标定位主要以政治的制度伦理安排和公共道德的制约为研究重点。个人美德愈来愈从政治公共生活领域的理论论述中淡出,主要侧重于研究政治人物(如竞选人、官员、公民)个体道德角色责任、人格的政治意义及其机制建构等问题。

(二)基本任务和目标

在今天的现代市场与数字化生存时代,与传统社会相比,政治生活的实际状态发生了重大变化。政治伦理主要是一种制度化的伦理建构,是一种在制度安排中寻求正义结果的利益博弈过程。政治责任转化为服从制度安排的公共德性表现。现代政治伦理不再寻求古代至高至善至美的道德理想政治,而更倾向于坚守底线的公共制度和规范的设计理念以保证政治秩序的良序运行。现代政治伦理在这里表现出一种公共道德的刚性特点。政治伦理也不排斥作用于其他领域的伦理规则,诸如经济领域中的"经济人"求利的伦理,日常伦理生活中人们追求高尚的"道德楷模"行动等。因此,政治伦理学的基本任务就是要研究政治伦理形成和发展的基本内在逻辑、政治制度背后的伦理原则和价值支撑、政治主体角色责任以及政治伦理文化建设等。制度设计、价值实现、政治角色或人格责任及其发展是政治伦理学基本任务的三个核心命题。

---

① (古希腊)亚里士多德.政治学[M].吴寿彭,译.北京:商务印书馆,1965:148.

政治生活中制度模式和个人行为方式的研究目的最终归宿于有利于人的发展问题,即通过制度设计规范公共权力和政治主体的行为底线,追求公共权力与市场、社会、民众公共生活的协调有序发展,最终消除人的自由全面发展的权力和制度的阻碍。

马克思主义的政治伦理学目标是将人类群体实践理性的道德意志导向争取自由、平等、民主和公平正义的人类政治生活,最终消解政治、走向自由自觉人类公共生活——"自由人联合体"生活的历史行动。当前,我国处于深化改革的新时期,研究政治伦理学的目的,就在于促进政治走向中国特色社会主义现代政治文明,提高公民的现代政治道德素质,尤其是从政者权力伦理素养。探究政治制度伦理现代转型以及政治伦理主体权力道德品质及其形成规律,把政治伦理内化为所有公民,尤其是从政者的政治道德品质和政治道德信念,增强从政者分析、评价和选择政治道德行为的现代政治治理伦理能力,提高从政者现代政治道德境界。

第三节　政治伦理学研究的历史发展和现实意义

人们通常认为,在古代社会,某种政治制度和政治行为必须以某种道德为基础,而且这种道德相对于个体和群体是不分的。如中国古代的仁义理智信"五常",西方古希腊的理智、勇敢、正义、节俭等"四主德"。政治也多以宗教或道德为根据。社会习惯和社会习俗即为政治规范,道德观念也是政治观念。这可视为政治伦理学的最初形态。近代政治伦理理论得以逐步理论化系统化,20世纪末成为独立的学科,罗尔斯《正义论》的发表标志着政治伦理学的复兴。

一、历史发展

(一)中国古代伦理政治研究

中国古代尽管没有政治伦理理论系统表述,但从商周起就已经开始了政治道德的探讨。周公在总结夏、商兴亡的历史教训时指出:"惟不敬厥德,乃早坠厥命。"(《尚书·召诰》)长期占据统治地位的儒家思想如仁、义、礼等范畴,既是政治的,又有伦理方面的意义。在观念形态上把社会伦理规范政治化,同时又把社会政治伦理化。孔子是中国古代最有代表性的政治伦理学家,特别重视政治道德,认为道德是政治的根本,治理国家首先应注重道德教化,强调"为政以德"。继孔子之后,孟子提出了仁政学说。他认为治国实行仁政王道政治,"行仁政而王,莫之能御也。"(《孟子·公孙丑上》)他把依靠道德实行仁政进行统治的,称为"王道";把仗恃武力而假借仁义之名施行统治的,称为"霸道"。王道使天下归心,霸道则使天下离心;上要"正君心",下要"明人伦","仁政"和"德化"结合起来,则得民心。"得其民,斯得天下矣。"(《孟子·离娄上》)汉武帝"罢黜百家,独尊儒术"之后,汉唐儒学、宋明理学都具有十分鲜明的政治伦理一体化的特征。

（二）西方古代的政治伦理研究

古代希腊的思想家们对政治伦理的研究成果,既是近现代西方政治伦理研究的源头,也是古代政治伦理研究的高峰。古希腊的政治思想家认为,城邦是自然而然形成的,是由各种自然的社会组织（家庭、部落和村社等）自然进化的产物,它不是个人的集合体,更不是起源于社会契约。城邦是一个有机共同体,个人是其有机的组成部分。个人的价值依存于城邦,离开了城邦个人的美德和人的本性都无法实现。在古希腊,政治与道德的结合产生了"正义"观念的伦理政治观,它把寻求善视为政治的最终目标。柏拉图的《理想国》、亚里士多德的《政治学》均对政治伦理做了系统的研究。中世纪奥古斯丁的《上帝之城》、阿奎那的《神学大全》进一步将政治学纳入到宗教神学研究范畴中,将政治伦理神学化。

（三）近代西方政治伦理研究进入系统化阶段

西方的近代文艺复兴和启蒙运动中,政治伦理研究进入系统化成形阶段。尤其是英国、法国启蒙思想形成的政治伦理价值观成为影响至今的主流价值观。文艺复兴是人类历史上一次伟大的思想解放运动。在文艺复兴运动中,人文主义思想反对封建神学。他们提倡理性、反对神性,提倡个性自由,反对封建等级特权,提倡个人现世的幸福,反对教会的禁欲主义。他们把理性、个人自由和追求个人幸福看作是人类普遍的、永恒的本性。马基雅维利是现代政治学的奠基者,《君主论》是其代表作。马基雅维利从人的经验出发,改变了古代和中世纪研究政治问题的方法,摆脱了道德和神学规范的束缚。在西方,他最早把政治的本质看作权力问题,将个体美德和公共政治分离开来,开启了政治伦理研究新历史。格劳修斯的《战争与和平法》、斯宾诺莎的《伦理学》、霍布斯的《利维坦》都对政治伦理做了系统的研究。洛克的《政府论》是他研究政治伦理学的代表作。在《政府论》中,洛克认为,人人天生都是自由、平等和独立的,任何人都不得侵害他人的生命、健康、自由和财产。为了保障这种天赋人权的实现,人们便订立社会契约,建立政治社会,组成国家。因此,政治权力来源于人们天生权利的部分让与,政府行使政治权力的唯一和重要目的在于保护人们的自由、生命和财产。一定意义上说,洛克提出了政治权力应然意义上的来源、目的、运行法则和分权运行机制,搭建了现代国家政治制度架构和政治制度伦理价值理论支撑体系。洛克成为英国自由主义政治伦理学鼻祖。卢梭的成果主要体现在《论人类不平等的起源和基础》、《社会契约论》和《爱弥儿》中。尽管认为道德与政治是不可分的,人的堕落是因为人类不平等的特权制度造成的,但卢梭的政治伦理独特性在于发现了制度背后自由、正义和平等等价值问题。他认为特权专制成为人道德败坏、丧失了天赋自由和平等权利的根源。因此,要使人恢复自然美好德性,必须改变特权等级的专制制度,按照社会契约建立起人人自由平等的新的道德乌托邦王国。而这个王国又主要不是依赖德治而是法治,按照好的法律来治理社会,让政府官员成为公民的仆人,国家平等地保障每个人的利益和幸福。卢梭的政治伦理意义还在于,在一个传统封建特权专制文化深厚的民族国家中,探索和回答了政治制度革命的合理性何在的问题。尽管,后来法国的现代共和制度建立过程反反复复出现波折,但卢梭对政治伦理中政治革命伦理做了可贵的开拓性探索。德国的康德和黑格尔将启蒙理性政治伦理推向系统化顶端,对西方现代政治伦理的发展产生重要影响。此外,孟德斯鸠的《论法的精神》、密尔的《论自由》、马克思的《德意志意识形态》也是这一时期政治伦理发展线索中的重要环节。

(四)政治伦理学学科独立

作为一门独立化、系统化的伦理科学——政治伦理学,则是20世纪晚期的产物。

1952年,劳斯编的《政治伦理学与投票人》一书论及有关院外活动集团、压力集团、税收、立法者和投票者等方面的政治道德问题,一般被视为西方现代意义上的政治伦理学的奠基之作。1964年理奇特出版的《道德政治学》一书标志着西方政治伦理学的诞生[1]。此后,穆霍帕德希出版了《臣民伦理学》,雷甘出版了《政治中的道德尺度》,凯瑟琳·但哈特出版了《公务伦理学:解决公共组织中的道德困境》等,将西方政治伦理学的研究推进到一个新的阶段。[2] 同时,政治伦理研究的刊物纷纷创刊,其中包括《哲学与公共事务》、《政治理论》、《政治哲学期刊》、《国际社会与政治哲学的批判评论》、《政治意识形态期刊》等。德沃金的《认真对待权利》、麦金太尔的《追寻美德》、桑德尔的《自

---

[1] 任丑.伦理学基础[M].重庆:西南师范大学出版社,2011:241.
[2] 朱前星.改革开放三十年政治伦理研究的成就[J].理论前沿,2009,(2).

由主义及其局限》等著作则将政治伦理的研究拓展到了权利、正义、社群共同体领域。西方马克思主义法兰克福学派第三代的核心代表人物霍耐特,明确提出政治伦理概念,提出承认理论和多元正义构想,对资本主义政治正义和自由等价值观进行了深刻批判,标志着该学派社会批判理论的"政治伦理转向"。

现代西方政治伦理主流自由主义内部也出现了激进与保守之分歧。激进的自由主义被称为新自由主义;保守一方则称为保守自由主义或自由保守主义,是在新的历史条件下对传统自由主义的复归,因而又被称为新古典自由主义。在政治伦理问题上,新自由主义和保守自由主义争论相当激烈。新自由主义以新个人主义、凯恩斯主义为理论基石,宣扬积极的自由权利,批判消极的自由权利,力求把个人自由与公共利益、个人自由与社会发展相统一。他们主张个人与社会的合作,反对传统自由主义的"最好的政府是管理最少的政府",呼吁建设自由主义的福利国家,塑造政治共同体的伦理形象。如,托马斯·格林认为,人是一种道德的存在物,有着共同的道德理想,有着共同的善之追求。国家是一种道德力量,有助于排除个人道德发展的障碍,因而国家是人们实现道德的必要保障。此外,在对正义、对权利与善、对自由与平等基本价值范畴的理解上也存在着重大的差异。如罗尔斯和诺齐克之间关于正义问题展开了论争。罗尔斯强调平等的优先性。他认为人们所享有的基本权利必须是平等的。在现实中人们享有社会价值的份额可以是不平等的,但这种不平等必须符合最少受惠者的利益,并且尽可能地缩小这种不平等的差距。与此相应,诺齐克认为,把本来不平等地属于每一个人的利益进行平等的分配本身就是不平等的,一种人为强制的平等是最不可忍受的,从而把自由视为首要价值。

(五)我国当代政治伦理研究

我国真正意义上的政治伦理学研究相对来说起步较晚,远远落后于欧美国家。20世纪60年代是我国政治伦理的研究工作的萌芽时期,当时已有几篇关于先秦和春秋时期的儒家伦理思想的研究成果问世,但真正意义上的政治伦理学研究工作是在改革开放以后20世纪90年代才开始的。为了适应社会主义政治民主建设和我国政治体制改革的需要,为了加强社会主义精神建设和构建社会主义道德体系,我国伦理学界开始了对政治与道德的关系、党政干部职业道德、公务员道德、政治伦理化和伦理政治化、行政伦理、中国传统政治伦理思想、西方政治伦理思想等有关政治伦理的基本理论问题进行研究,发表了大量的学术论著。这一时期,我国伦理学工作者根据我国政治体制改革和干部管理的需要,较为系统地研究了政治道德问题,学者们围绕这些问题出版了多部关于党政干部道德研究的著作。我国最早的一部系统研究政治伦理学——1988年出版的由杨丙安、唐能赋、李光耀合著的《政治伦理学》。此后，我国政治伦理研究工作得到了较为迅猛的发展。

2001年以来，党中央提出在依法治国的同时，也要求加强社会主义道德建设，以德治国。"以德治国"的提出，为政治伦理学研究工作指明了方向。此后，我国政治伦理学研究的内容进一步深化，如政治伦理主体、政党伦理、行政伦理、制度伦理、契约伦理等，并且研究内容越来越注重解决现实问题。更加注重理论和现实相结合，力求用政治伦理理论来解决现实问题，围绕政治伦理与国家治理、政府、执政党、和谐社会等关系问题进行了系统研究。

二、现实意义

首先，社会改革和转型发展过程中出现政治伦理问题使得研究具有迫切性和必要性。近年来，我国政治领域出现的公共权力腐败、官僚主义、官德失范等问题，事实也证明了政治与伦理关系存在内在规律性。二者之间既有联系，也有区别，这就使得政治伦理研究不仅可能，而且必要。

其次，政治伦理研究自身发展的要求。我国政治伦理学研究业已取得了长足的进展，但仍然存在一些不足之处，还有许多问题仍处于探索阶段，有待于进一步研究。政治伦理研究还很年轻，起步相对较晚，和经济伦理、生态伦理等研究领域相比，研究的深度和广度都有待于进一步拓展。对社会主义政治文明建设和现实政治生活的一些难点、热点和重点问题研究相对滞后，对"中西马"结合研究的政治伦理思想史的研究有待加强，具有中国特色的政治伦理学学科意识和体系建构就显得非常急迫。

再次，政治伦理研究焦点的转移为政治生活实践模式发展提供价值依据。社会主义政治文明建设和政治体制改革的进一步深化，给我国政治伦理研究开辟了广阔的空间，政治伦理学得到新的发展和完善并成为真正的一门"显学"。党的十八大以来，"四个全面"战略布局、治理体系和能力的现代化等时代主题的提出，都为政治伦理研究提出了崭新的课题。同时作为一种学科理论研究，也应该为新时期的政治生活实践提供前瞻性指南。科学的政治伦理学研究，就是要聚焦当代中国现实的政治生活热点、焦点、关键点问题，也就是政治伦理的现代化问题。现代政治伦理从传统个体主体美德到公共权力、制度伦理研究，给我们重要的启发。如需要更多地关注国家制度伦理建设、政党制度伦理建设、政府治理过程政策伦理、责任伦理建设问题、经济社会发展现代化转型发展进程中的现代公民伦理建设问题等。

总之,立足政治伦理现代化,通过对中西政治伦理思想理论研究,运用马克思主义伦理学的基本原理,批判地吸收中国传统和西方政治伦理思想的有价值的因素,与中国政治生活实践相结合,探究现代政治伦理的基本原理、规律和实现机制,对丰富中国特色的社会主义政治伦理学理论和引领政治生活实践,具有重要意义。

思考与探讨题

1. 如何认识政治、伦理、政治伦理三者关系?
2. 用具体案例论述政治伦理学与政治生活实践关系。
3. 如何认识政治伦理的特点?
4. 立足政治伦理现代化考察政治伦理的历史发展有何意义?
5. 查阅资料,讨论我国当前政治伦理的研究有哪些热点、关键点问题。

(可参阅:祝念峰,王雪凌:《2015年思想理论领域的热点问题》,《红旗文稿》,2016年2月)

参阅网站

第一章 政治伦理的历史渊源与发展

> **本章提要**
>
> 政治伦理属于社会意识范畴,有其产生、发展的内在逻辑。政治伦理的产生是伴随着人类社会政治生活出现而出现的。政治伦理的产生形态有:自然血亲发生论、神本发生论、社会关系需要发生论等。从中西方政治伦理起源和发生看:中国古代政治伦理发端于家族伦理,强调为政以德,法律对权力者的作用有限,过于倚重德治和人治的自然政治特征明显;西方古希腊政治伦理超越了自然血亲家庭关系,注重法治和契约精神的城邦理性政治特征明显。在政治伦理发展进程中,古代政治伦理化体现了一种整体主义和目的论哲学思维特点。中西古代政治伦理发展的顶峰,是政治伦理神秘化和宗教化,均带有伦理本体化的趋势,反映了政治伦理思维的深度化发展。到了近现代,世俗化时代的来临,政治伦理出现非道德化、世俗化、制度化趋势。随着政治领域中的人被重新发现,权利政治伦理观开始出现,并一直影响到今天。

考察政治伦理的历史起源和发展,马克思主义的历史唯物主义提供了一个科学的方法论。从历史唯物主义关于社会结构的意识形态理论看,政治伦理属于社会意识范畴,同其他社会意识形态一样,有其产生的社会历史条件,并随之变化而变化。政治是政治伦理的载体,政治伦理通过政治生活中政治现象或政治问题来承负。政治活动又是人类群体性实践行为活动,也需受制于伦理的作用。人类文明发展至今经历了原始狩猎、古代农业、现代工业和信息时代文明样式,人类社会的政治文化也经历了传统政治文化和现代政治文化的历史发展进程。政治制度和价值观念也发生着相应变迁。在人类政治变迁的历史过程中认识政治伦理的本质、发生和发展,更有利于理解政治伦理的现实和未来。

本章知识结构图

第一章 政治伦理的历史渊源与发展

第一节 政治伦理的起源

一般来说,政治伦理的产生是伴随着人类社会政治生活尤其是国家政府组织的出现而出现的。从历史维度看,主要有以下几种发生形态。

一、自然血亲发生论

中国古代国家的形成,并不是由于个体家庭与私有财产充分发展,导致家长制家庭的解体而形成国家,而是由家长制家庭直接过渡到国家。夏、商、西周三代的国家模式,便是以自然血亲关系为纽带的家长制家庭关系的国家化。在此国家建制的背后是血亲人伦的礼制规范价值体系。国家礼制规范比附家庭关系,人人都各居其位,各有其道德责任和义务,形成了宗法等级制社会秩序。家庭内父子兄弟之间,则"父慈子孝,兄友弟悌";君臣之间,则"君使臣以礼,臣事族君以忠";在君民之间,君要"惠民",民则"信之"。父慈子孝、兄友弟悌、君礼臣信、君惠民信这种血亲人伦关系,是孔子追求的理想社会政治秩序。以血亲为纽带,"仁"与"礼"统一的政治伦理秩序,是孔子为代表的儒家仁政王道德治论建构的基础,也成为中国传统政治伦理的主流。

西周的宗法制度、分封礼制政治制度,具体界定了天子、诸侯、卿大夫、士至于庶人等各个等级的权利和义务,形成君君、臣臣、父父、子子的政治秩序。共同的祖先、共同的宗庙、共同的姓氏的血亲纽带,形成了一种家国一体的政治模式。"周人制度之大异于商者,一曰立子嫡之制,由是而生之宗法及丧服之制并由是而有封建子弟之制、君天子臣诸侯之制。二曰庙数之制。三曰同姓不婚之制。此数者皆周之所以纲纪天下。"①周实现了血缘关系与等级制度的合一,建构了一个家国一致的社会制度,确保了社会秩序有序运行。到了孔子的时代,"周礼"的解构造成了社会的失序、家国统一的政治伦理遭遇第一次危机。孔子认识到,要维护社会秩序的"礼"就必须有对"礼"的内心价值认同,否则,"礼"始终是一种游离于人心、强制于人外在僵化的仪式。这种对礼的内心认同就是"仁"。孔子伦理思想首次突出了"仁",并作为其思想的根本范畴,以此作为拯救政治伦理危机的关键。无"仁","礼"便失去内在情感的仪式;无"礼","仁"便没有外在表现形式。"仁"即"义",内心中"适宜","礼"即"祭",外

---

① 王国维.观堂集林(卷10)[M].石家庄:河北教育出版社,2003:231-232.

在礼祭、礼仪、定差等和名分。"祭如在,祭神如神在"(《伦语·八佾》)。远古的祭神祭天,到孔子这里重心已发生了变换,主要在于祭拜祖先。正是"仁"与"礼"的统一,使孔子把"礼"由一种人的自然家庭情感转化为伦理制度。孔子借助人类家庭自然亲情的直觉情感,采用模拟类推("推己及人")的办法,推及到家庭之外的家国城邦政治体系中。孔子又强调,处于"君君、臣臣、父父、子子"的宗法等级秩序中的有差等的仁爱,其根本就是"孝悌"。于是,这样一种自然血缘家庭中子女对父母的感情的自觉的培育,被看作是"人性"之本和国家政治秩序的基础。此后,孟子又将孔子的仁政思想推衍到政治领域,提出王道政治主张。值得一提的是,同时代墨家试图突破自然家庭血亲而提出了"兼爱"思想,但由于缺乏足够发育的经济基础支持而被沦落为非主流社会江湖义气伦理规则。因此,"孝悌"不只是一种维系家族稳定秩序的家庭伦理,它同时也是一种维系国家政治生活秩序稳定的政治伦理的核心。

二、神本发生论

西方古代政治伦理的发生需要追溯到古希腊。希腊的地理地势特征——丘陵地形、多山、交通不便,使得在希腊狭窄的地域内云集着上百个大大小小各自相对独立的城邦。地中海海面平静,沿岸当时又是世界上最发达的经济区,构成了希腊海外贸易的条件。希腊的城邦建立在宗教仪式和神话之上,每一个城邦都有其独特的仪式和崇拜的庇护神,有自己独特的神话故事,所以城邦是由于共同祭仪和叙说同一神话的人组成的。在古希腊神话里,主持正义、法律和秩序的女神是忒弥斯(Themis),负责维持奥林匹斯山的秩序,监管仪式的执行。在古希腊的雕塑中,她神情严肃,用布蒙住双眼,代表一视同仁;右手捧着天平,代表公平、公正;左手握着长剑,代表正义权威。她和宙斯所生的女儿有贺拉(时序女神)、欧诺弥亚(秩序女神)、狄刻(正义女神)、厄瑞斯(和平女神)、莫伊莱(命运女神)等,为她分担职责。"正义"作为自然的一个客观特性,是自然秩序、是"命运"。罗素说:"在哲学开始以前,希腊人就对宇宙有了一种理论,或者说感情,这种理论或感情可以称之为宗教的或伦理的。按照这种理论,每个人或每件事物都有着他的或它的规定地位与规定职务。"[①] "每个人或每件事物都有着他的或它的规定地位与规定职务",即各居其位,各尽其责,成为古希腊人所理解的正义概念的主要内涵。希腊神话与英雄史诗中,已显露出人们对正义的追寻。在自然哲学产生后,一直成为古希腊哲学家探讨

---

① (英)罗素.西方哲学史:上卷[M].北京:商务印书馆 1963:154.

的主要问题。他们把正义看作秩序的象征。如毕达哥拉斯学派把数看作是万物的始基,认为整个宇宙都是按照数的和谐关系有序建立起来的,正义就是一种数的平方。赫拉克利特认为"正义就是斗争",宇宙万物必然的斗争性。

随着古希腊人把思考的重心从神话、自然哲学转向人类自身后,他们的政治思想便更贴近人事生活。梭伦是第一个将正义与人的劳动财富"应得"概念联系起来的人。他认为公正就是利益对立双方都要抑制自己的欲望,通过法律确立不再以血亲出身而以财产的数量来划分公民等级。道德哲学则由苏格拉底开启了大门。苏格拉底发现并尊崇自己内心中的理性道德之神。理性之神要求苏格拉底:追求真理,善于质疑,尊重法律。法律就是理性,守法即正义。柏拉图把探究完善的人与完善的生活作为《理想国》的思想主题。国家的理念就是最理想、最完美的国家,就是实现了正义的原则、体现了至高至善的国家。柏拉图从个人与城邦两个层面分别推演出"个人的正义"与"城邦的正义",并把表征和谐与有序的正义视作个人与城邦的共同美德。个人是城邦的缩影,城邦是个人的扩大,城邦和个人是同构的。在一个城邦里,哲学家最有理性智慧,代表着国家的理性,统治国家;受制于内心欲望的生产者从事粗鄙的经济活动,代表着欲望,谋衣谋食;而卫国者处于两者之间,代表着勇敢激情。城邦美德和正义是哲学家领导着军人统治者和生产者。三阶层各据其位、各得其所,由此,实现了在对人及其在城邦中的身份、分工、职责和地位进行"秩序化"与"伦理化"的安排与设计。理想国,是理念、原型、应然意义的城邦,包括其基本原则、基本制度和生活方式等。这个城邦是现实城邦所应趋赴的目标,是现实各类城邦中合乎正义的因素的集中提炼和升华,是城邦政治伦理的本质或内在精神的真正体现和阐发。理想国要求个人完全消融于社会整体中,无条件地为城邦服务,为城邦献身,这又是西方政治伦理上整体主义思想传统的源头。为后来的新柏拉图主义政治伦理、中世纪基督教神学政治伦理提供了重要的参照摹本。

三、社会关系需要发生论

柏拉图之后的亚里士多德不满足于前辈对人性抽象的"理念人"、"道德乌托邦"假设,开始赋予人"政治人"的属性。亚里士多德指出"人类自然是趋向于城邦生活的动物"、"人是政治的动物,天生要过共同的生活"。对人性的双重设定直接影响到亚里士多德对人之德性的理解。在亚里士多德看来,柏拉图的政治理念论过于极端和理想,缺乏现实性。单纯以城邦的整体利益替代个人利益,并视为正义,忽视了城邦的善业对个人道德完善的促进或牵制作用。亚里士多德转向了现实的城邦实体。从政治与伦理、个人与城邦、家庭与城邦、人的理性、德性与政治性等的内在关联上,把柏拉图的美德政治伦理转向了现实目的需要发生论轨道。他认为人自然是趋向于城邦生活的动物。他将德性分为两类:一类是理智的,一类是伦理的。理智德性大多由教导而生成,培养起来的,所以需要经验和时间。伦理(ethike)德性则是由风俗习惯(ethos)的践行沿袭而来。

国家源于人的向善目的和需要的实践。城邦这个政治社群就像动植物一样,具有生长、运动、变化的自然特性。其动力或目的源自人的需要。即从为满足一切日常的需要起见所设立的家庭,到由多数家庭集合而成的村落,再到被亚里士多德视为人类社会组织的最后阶段的国家。家庭是为满足日常生活需要而建立起来的基本社会组织形式。家庭——村坊——城邦的发展是一个自然的过程,是各级社会组织和团体自然生长过程中形成的。每个人天生有组成社群、过社群生活的自然本能。但是人不以群居于家族、村落为满足,因为这些社群组织只能解决日常生活与非日常生活的需要,还没有达到完全自足的境地。要过完全自足、幸福美满的日子,人必须生活于城邦之中。由于人天生具有这种"生存下去,与他人生活在一起"的本能,社群的出现可以说是实现了人的本性。在这个意义上,城邦乃是满足人的社群本能最重要、最完整的集体结社。亚里士多德可以说是今天社群主义理论的始祖。

城邦的本质就是公民的社会政治组织,而公民是有权参加议事和审判的人。看一个人是什么性质的人,只要看他的政治身份,看是否有这个权利。城邦组织与非城邦组织的区别,在于城邦的求善本性高于家庭和个人组织。家庭是城邦的基础,城邦要高于家庭。城邦的本性是先于家庭和个人的。城邦是个人的本质,而个人则不一定具备城邦的本质。个人离开国家如同手足离开躯体后什么也不是。这种国家和社会是建立在财产的基础之上的,而财富分配上的公正又是整个社会公正的基础。亚里士多德认为理想的社会是按照公正原则建立的"公正"社会。正义和法律是维系城邦秩序的准绳。人只有遵守法律和正义才能达到完善的目的。亚里士多德也继承了柏拉图的正义政治伦理观,认为"正义是一切美德的总汇",是法律体现伦理基本原则和美德。因此,法律就是正义的体现。城邦的美德除具有节制、勇敢的个人美德外,正义最为重要,而且通过法律和制度体制表现出来。法律重要原则就是中庸的平衡和选择,要兼顾所有阶层、公民的利益。法律正义又要通过财产权利的界定来明晰和保障。城邦治理推崇中产阶级执政而非哲学王治国。个体的德性和城邦德至善都在于"行于中庸"。

从中西方政治伦理起源和发生看:

第一，社会秩序基础不同。古希腊城邦的政治伦理秩序是建立在超越血亲家庭关系的准平等契约公民社会秩序之上的，与中国人的血缘宗法等级秩序不同。在政治伦理生活实践中，古希腊人认为如果让一个人或几个人或一部分人统治其他人，那是不自然的，也是不合理性的。

第二，人性本质的理性预设不同。古希腊城邦的政治伦理秩序是基于对人性本质理性预设上的，不同于传统中国对人性本质是情感感性预设上的。亚里士多德在《政治学》之中，提到人与蜜蜂、蚂蚁等同为政治动物，他明确指出：人类比蜂类或其他群居动物更具政治性，而其理由则是"在万物之中，独有人类具备理性言说的能力"。"理性言说"与"发声声音"有所区别。发声声音可表达悲哀与欢乐情感意欲，是一般动物（包括人类）都具有的。而理性言说则有自己独特逻辑规则，能表达利与害，应当与不应当，使理性沟通成为可能，传达义理认知成为可能。人类具有理性言说的逻辑能力，才能组成诸如城邦等复杂之组织。而中国政治伦理的源头则并不注重理性、言说和逻辑，更注重自然情感，注重人对自然情感的直觉模拟、类比、类推等非理性手法。

第三，古希腊政治伦理倾向于城邦治理的法治而非人治，中国古代与其相反。从希腊哲学开端泰勒斯到亚里士多德，他们一贯主张以普遍规则的法律治理为城邦国家为主要统治手段。即便是柏拉图到了晚年也不得不承认法治。亚里士多德认为人治的要害在于"不遵循法律的途径而让某些人逞其私意，这总是邦国的祸患"，"法律是最优良的统治者"。因为法律是摒弃了欲望的理性，是正义的体现。而由个人统治难免因个人的欲望和好恶给城邦造成人为祸难。

而中国政治发端于家族伦理情感，为政以德，事实是为政以情，仁爱民众。血亲家庭伦理治理模式被放大到庞大帝国，形成以德治为灵魂的天下政治伦理观。殷周之际，中国也曾历经有一定程度类似民主联邦的诸侯联邦国家时期，后再由周公旦、秦始皇以其专制的方式终结，建立起中央集权的封建帝国制度模式。历经了数十个朝代，周而复始，循环轮替。这种以德立国、以保民为本的礼乐政治伦理模式，之所以能得以循环，这由古代中国分散的小农业社会生产力原始、信息不发达、儒家文化意识形态为主导等经济文化意识结构所决定的，并且互为支持。到近现代，随着西方现代市场经济模式、科学民主文化意识的东进，东西方文化意识形态才得以交流和碰撞，而且这种政治伦理模式也不断遭遇挑战。

【视频材料】《儒家能否改善现实政治》

第二节 传统政治伦理的伦理政治化和宗教化

权力欲是人性中底层强大的本能欲望。每个人都有权力欲。而人又是社会动物,个体的人出于生存和发展自我的需要,必然结成社群,过社会性公共生活。因此,社会的存在就必然存在公共性的权力。人类产生和维系政治公共权力途径,一是通过类似动物世界的弱肉强食式或弱者联合对抗强者冲突、争斗、战争等暴力手段,二是通过伦理宗教教化和理性契约等非暴力手段。权力文明的生成和发展,根本上依靠理性、规则和制度的进步,获得权力的普遍意志认同,使得政治体得以延续和发展。政治权力和其他权力一样,存在着一个内在的核心问题,即处理和调适权力欲望与权力理性的关系的政治权力伦理意志问题。传统方式是通过道德教化和宗教教化,形成权力的道德宗教教化文化。这样的过程被称为伦理政治化和宗教化。

一、传统政治伦理的伦理政治化

伦理政治化和政治伦理化是政治伦理学界探讨的重要话题,主要是辨析中西方古代政治与伦理道德关系以及由此导致中西方政治朝不同方向、方式和路径发展的方法论。其实无论伦理政治化还是政治伦理化,都是人类文明发展进入"轴心时代"初对政治现象运用理性工具进行思考的一个结果,皆主张政治源于伦理,政治被伦理理性所统摄,政治表现为合伦理性。伦理道德在政治生活中起决定性作用,将治国的政治权力问题归结为政治活动中的伦理道德问题,将伦理价值、规范、原则运用于政治领域,形成政治价值、规范原则等。概言之,政治要合乎和实现伦理道德标准。对此,不妨统称之为伦理政治化。

道德伦理观念的产生在人类历史发展史上是一个理性对原始神话英雄时代的超越。伦理规范了人的一般行为。政治行为也是人的一种行为。因此,政治与伦理之间在目的、规则、秩序、模式等方面存在一致性。人的一般行为应该服从理性的约束。政治必须以理性和伦理为基础,政治充当着伦理的手段,政治只有具有伦理关怀才具有正义性。同时,人是合群的社会性的政治动物,伦理也不能独立于国家政治而真正得到实现。国家作为整体具有个人无法代替的价值。个人的道德完善必须求诸于国家自身整体道德的完善。由于政治是建立在伦理的基础上的,因而伦理的原则规范可直接上升为政治的原则规范。政治权力要走出自然蛮荒的非理性暴力、征服、争斗，就此应该被道德理性力量所驯服、制约和引领。

古代政治伦理化体现了一种整体主义和目的论哲学思维特点。这种伦理与政治的密切关系导向一种以既定的伦理范式对政治现实的规制以及通过政治手段影响人们的伦理道德，努力寻求通过完美政治实现完美人生——超凡脱俗、成贤成圣的途径。但因中西方的政治思维方式差异，政治伦理走上不同的路径、模式和方向。

（一）中国古代的伦理政治化——家国同构的德性教化政治伦理

1. 伦理政治化的基础、关键和特征

（1）孝道是中国古代伦理政治的基础

源于原始部族社会的生殖崇拜和祖先崇拜的孝道观念是中国古代伦理观念最基础的德性。殷商时期对祖先的祭祀是孝道的主要内容和形式。孝道与宗法制有了共通之处：对祖先的祭祀是孝道观念的主要内容和形式，而尊祖敬宗是宗法制的一个原则。孝道与宗法的共通之处在于祭祖，都通过对祖先的祭祀来表达尊祖孝祖之意。当祖先崇拜由宗教意义向伦理意义过渡时，伦理与政治的结合也就开始了。《左传·文公二年》："孝，礼之始也。""礼"，是以"孝悌"观为其基础的。《礼记·大学》："孝者所以事君也，弟者所以事长也。"《礼记·大传》："是故人道亲亲也。亲亲故尊祖，尊祖故敬宗，敬宗故收族，收族故宗庙严，宗庙严故重社稷，重社稷故爱百姓"。尊祖敬宗是孝道观念在宗法制度上的伦理观念的反映。"刑于寡妻，至于兄弟，以御于家邦。"（《诗·思齐》）给自己的妻子作榜样，推广到兄弟，进而治理好一家一国。孝道，成为维护国家秩序和宗法专制的政治伦理基础。

（2）孝德——伦理向政治过渡的关键点

西周时期，德常有"得"之意，即上天所赐。德是一个综合概念，融信仰、道德、行政、政策为一体。依据德的原则，对天、祖要诚，对己要严，与人为善。用于政治，最重要的是保民与慎罚。[①] 德亦指"驭民之德"，是政治权力来源、权力运行原则、权力合法性的根源和依据。有德，上可得天之助，下可得民之和。有天佑民和，便能为王。德和孝是贯通周代文明社会的道德纲领。孔子说："为政以德，譬如北辰，居其所而众星拱之。"（《论语·为政》）德是为政者的根本。孔子又讲："政者，正也。子率以正，孰敢不正。"（《论语·颜渊》）"子为政，

---

① 刘泽华.中国政治思想史（先秦卷）[M].杭州：浙江人民出版社，1996：24.

焉用杀？子欲善而民善矣。君子之德风，小人之德草，草上之风必偃。"（《论语·颜渊》）在孔子看来，为政就是正民、正己，用自己的人格力量去感化、教化民众，不必使用强制暴力手段。君子的道德如风，小人的道德如草。草被风吹，一定顺风倒。政治权力的认同和服从，需要的是伦理道德的认同。"孝"是"仁"的根本。孔子的学生有子说："君子务本，本立而道生，孝弟也者，其为仁之本也。""其为人也孝弟，而好犯上者，鲜矣；不好犯上，而好作乱者，未之有也。"（《论语·学而》）孝悌是做人的根本，也是一个人忠君爱国基本原则。君子抓住这个根本，实行"仁"的基础建立起来了，人与人之间伦理道德就会产生出来。孔子认为，在家族里对长辈的孝敬，对兄弟的爱护，可以维护一个家族的正常次序，也是一种为政的方式。统治者应"临之以庄，则敬；孝慈，则忠；举善而教不能，则劝。"（《论语·为政》）孝道向孝德转化，实际上就是政治权力者知孝行孝，运用孝道来教化百姓来影响政治，维持社会秩序的一种政治伦理手段。"教民亲爱，莫善于孝；教民礼顺，莫善于悌。"（《孝经·广要道章》）"教以孝，所以敬天下之为人父者也；教以悌，所以敬天下为人兄者也；教以臣，所以敬天下为人君者也。"（《孝经·广至德章》）

(3) 伦理政治化的基本特征——"德主刑辅"

伦理政治化是将道德教化视为政治统治的根本和基础，法律则是辅助手段。孔子明确提出："道之以政，齐之以刑，民免而无耻；道之以德，齐之以礼，有耻且格。"（《论语·为政》）西汉以后，权力者反思秦王朝"独任刑罚"而速亡的教训，将道德教化从诸家治国方略中"独尊"出来，把加强儒家伦理德教作为实施德治、维护统治权力的主要手段。汉初思想家认为，"教者，政之本也。道者，教之本也。有道，然后教也。有教，然后政治也"（《新语·大政下》）。汉武帝时，董仲舒等人则进一步强调了道德教化的重要性。他首倡"德主刑辅"说，"刑者德之辅，阴者阳之助也。"（《春秋繁露·天辨在人》）两汉之后，唐代吴兢著《贞观政要·公平》，把汉代这种"任德不任力"、"人君之治莫大于道德教化"作为唐朝帝王的座右铭。宋代《二程集·河南程氏粹言·论正》也说，"圣王为治，修刑罚以齐众，明教化以善俗。刑罚立则教化行矣，教化行而刑罚措矣。"

伦理政治化的实质是将政治领域的道德规范与一般的道德规范混同在一起，把社会的道德规范特别是家庭的道德规范直接类推到公共政治领域中来。君主家长专制与宗法血亲制互为表里，不仅将君统与宗统相结合，而且利用宗法社会伦理，将孝亲推及至忠君，使君权与父权彼此沟通。"君父"、"子民"观念成为政治理论的基础之一，并通过各种社会化方式使之成为普遍认同的社会政治伦理意识。"君与臣同父与子一样是绝对隶属关系。父子关系为家庭血缘关系之首,这是以父权制的存在为基础的;君臣关系为政治关系之首"。①

源于自然情感之家族伦理道德直接引申为政治伦理道德。"孝"作为父子关系的规范,上升为君臣关系,就是"忠",这便是"移孝作忠";"悌"作为兄弟关系的道德,扩充为上下关系便是所谓的"顺"。由此,从"父父子子"引申出"君君臣臣",由亲疏长幼引申出尊卑贵贱,从而建立起整个社会的伦常与政治秩序。政治以伦理为基础,实则是以孝道为基础和根本。"忠孝一体"使政权"合法性"不再仅仅是建立在虚幻的神和天道之上,而有了实实在在的自然情感基础,适应了传统农业文化的经济结构基础,也使得专制政权上层建筑变得更加牢固。这正是传统中国"政治伦理化"的意义之所在。

2. 伦理政治化表现:伦理法制化

其一,儒家伦理规范成为传统法律制度的指导原则,维护传统的伦常等级秩序成为法律的任务。在立法理论上,汉朝已将"三纲五常"法律化,并将"亲亲相匿"等尊亲伦理原则入律;魏晋南北朝时期又逐步确立了依封建伦理关系定罪量刑的"准五服制罪",《唐律疏议》这部宗法伦理法律化的成熟范本的出现,标志着儒家的伦理法思想被牢固地确立为中国封建社会的根本法律思想。其二,人伦规范凌驾于法律之上,成为执法的指导原则。孟子对舜父杀人后,"舜背父而逃"的赞赏表明在中国古代思想家们那里,法律只是作为道德教化的工具和手段,并没有自身独立的地位和内在价值。司法实践中以伦理道德原则去裁决案情的轻重、罪行的大小,以至于把纲常伦理道德原则视为最高的社会正义。其三,以德代政,依经断讼。古代中国没有受过专门训练的法官集团及专门的法律职业,而只是一代代饱读圣贤经书的文人官僚,政法不分,以道德规范断案行政成为常态。"以德代法"、"以德统法"、"化德为法"使古代中国的政治法律始终未能超出伦理道德而独立。伦理道德规范法律化,法律伦理化,使法律沦为德治社会中的工具。

3. 伦理政治化模式:德治理论模式

中国古代德治思想非常丰富,是中国古代伦理政治化的具体体现。德治的主体是天子和官吏,主要强调君德和官德。它要求最高统治者首先具备君德,以确保和谐政治权力秩序为目的、对民众实施德教化民为根本途径、仁政爱民和以德行政为基本内容,选拔道德精英为官吏实施贤人政治。德治方式是通过道德教化民众和强调统治者个体美德的道德影响力来治理国家的一种政治统治方式。仁政爱民、体恤百姓是中国古代德治理论中的主要内容,要求

---

① 戴素芳.传统家训的伦理之维[M].长沙:湖南人民出版社,2008:200.

权力者以德保民、贵民、恤民、利民,轻徭赋敛,清廉公忠等。

(1) 养民贵民

养民贵民是为政者对民众所应具有的政治道德态度和情感。周时代《尚书·康诰》多次提出"用保乂民","用康保民"。《说文》:保,养也。"畜"亦作"养"。《盘庚》中有"畜民"、"畜众"之说。"保民"是"畜民"、"畜众"的发展。"保民"也是"养民"。《尚书·康诰》:"王曰:'呜呼!小子封,恫瘝乃身,敬哉!'"周公较早提出了要把民的苦痛看成自己的苦痛思想,如果君王不关心民之疾痛,会引起民叛。周公认为只有像对待自己的苦痛那样,去进行治理,才可能使统治地位得到稳定。"惟圣人全体是仁,故能与物同体,视斯民之疾苦恫瘝乃身,不忍不为之补救。"孔子发展了比较完备的仁学思想,主张"泛爱众而亲仁"(《论语·学而》),"四海之内,皆兄弟也"(《论语·颜渊》),"己所不欲,勿施于人"(《论语·颜渊》),"夫仁者,己欲立而立人,己欲达而达人"(《论语·雍也》)。自孔子起儒家提出了贵民的思想。孔子说:"天之所生,地之所养,莫贵乎人"(《说苑·建本篇》)。《论语·乡党》记载:"厩焚。子退朝,曰:'伤人乎?'不问马。"孔子充分肯定子产,是因为子产有"君子之道四焉",即四条中的"其养民也惠,其使民也义"(《论语·公冶长》)。孟子则明确提出民为邦本、民贵君轻的政治观念。"民为贵,社稷次之,君为轻。"(《孟子·尽心下》)民为邦本,一国之中,民为重。只有获得民的支持才可为天子。他说:"得乎丘民而为天子,得乎天子为诸侯,得乎诸侯为大夫。诸侯危社稷,则变置。牺牲既成,粢盛既絜,祭祀以时,然而旱干水溢,则变置社稷。"(《孟子·尽心下》)如果君主危害国家,可以撤换掉,至于像纣王一样毒夫民贼,杀之不为罪,"君有大过则谏;反复之而不听,则易位"(《孟子·万章下》),"贼仁者,谓之贼;贼义者,谓之'残'。残贼之人,谓之'一夫'。闻诛一夫纣矣,未闻弑君也"(《孟子·梁惠王下》)。作为权力者,要优先考虑民生问题,体恤民众艰苦,修己以安民,俭以爱民、尊民、养民。养民贵民,推恩泽民,是儒家仁学"天人合一"、"天人合体"、"天人合德"思维的自然结论。仁德境界是与自然天地万物为一体的。到了宋明尤其是明中后期王阳明则明确提出"天下犹一家、中国犹一人"的"一体之仁"的思想。

(2) 勤政利民

仁心仁爱是为政者对民众所应具有的政治道德情感,而恪尽职守、勤政利民则是其外化的政治道德行为要求。"官不勤则事废,民受其害"。相反,"官肯着意一分,民受十分之惠;上能吃苦一点,民沾万点之恩。"(《格言联璧》)孔子主张:"因民之所利而利之。"(《论语·尧曰》)孟子提出恒产恒心概念:"无恒产而有恒心者,惟士为能。若民,则无恒产,因无恒心。苟无恒心,放辟邪侈,无不为己。乃陷于罪,然后从而刑之,是罔民也。焉有仁在位,罔民而可为也?是故明君制民之产,必使仰足以事父母,俯足以畜妻子,乐岁终身饱,凶年免于死亡,然后驱而之善,故民之从之也轻。"(《孟子·滕文公上》)"天下有善养老,则仁人以为己归矣。"(《孟子·尽心上》)

勤政就是敬业守职、夙夜在公、辛劳为民,忠公忧民。需要权力者拥有仁爱天下的公共情怀,将国家、民众利益和民族利益视为至上,超越小我,成就大我,忧国忧民,并将这种伦理情怀具体落实到自己的政务活动和生活中。林则徐在《赴戍登程口占示家人》一诗中说:"苟利国家生死以,岂因祸福避趋之。"曾国藩在其家书中写道:"顽民梗化则忧之,蛮夷猾夏则忧之,小人在位贤才否闭则忧之,匹夫匹妇不被己泽则忧之,所谓悲天命而悯人穷,此君子之忧也,若夫一身之屈伸,一家之饥饱,世俗之荣辱得失,贵贱毁誉,君子固不暇忧及。"[①]需要权力者以身作则,"其身正,不令而行;其身不正,虽令不从。"(《论语·子路》)

为政者需要分清公私,不假公济私,不与民争利,体现坚定的政治道德信念和政治良心。

(3) 慎罚化民

德治统治方式主要手段是"明德慎罚"和"以德化民"。德另一面是慎罚。周公提出"明德慎罚"。德为根本,罚是补充。当政者应把正面的伦理道德教化作为政治统治的主要目的,而法律的刑罚则被认为不得已使用的工具。法律的功能在中国古代政治伦理体系中一直处于工具性地位。法律也应载义推仁,反对严刑酷法、戕害人类生命。刑罚不是政治的目的,政治的根本在于使民向善。但并不是说法治的工具可以舍弃。孔子说:"政宽则民慢,慢则纠之以猛,猛则民残,残则施之以宽,宽以济猛,猛以济宽,政是以和。"(《春秋左传》)荀子也认为,"不教而诛,则刑繁而邪不胜;教而不诛,则奸民不惩",因而"治之经,礼与刑,君子以修百姓宁。明德慎罚,国家既治四海平"(《荀子·富国》)。

德治的主要途径和根本手段是以德化民。即加强对民众进行仁德道德教化,提高民众对权力者治国理念和决策的认同和自觉遵守——天下归心。春秋初期的管仲将一个国家的道德水平高低上升为一种关系到国家治理兴亡的高度,他提出:"礼义廉耻,国之四维,四维不张,国乃灭"(《管子·牧民》)。"民无廉耻,不可治也。非修礼义,廉耻不立。民不知礼义,法弗能正也。"(《淮南子·泰族训》)道德教化可以获得巨大的凝聚力,使民众自觉信从和拥护政治

---

① 曾国藩.曾国藩治家全书[M].长沙:岳麓书社,1997:53.

权力的统治。孔子治理重要方略就是富而教之,对老百姓不进行教化,在百姓犯罪错后再进行惩罚,就是暴虐了。"不教而杀谓之虐,不戒而成谓之暴。"(《论语·尧曰》)教修文德,以德服人,"故远人不服,则修文德以来之。"(《论语·季氏》)孟子说:"善政不如善教之得民也。善政,民畏之,善教,民爱之。善政得民财,善教得民心。"(《孟子·尽心上》)汉武帝时,董仲舒将儒家"德治"思想进一步系统化和理论化。他明确提出了"德主刑辅"。董仲舒的"德治"思想主要有两层意思:一是执政者必须有德,治理天下必须以"德治"作为根本途径。国之所以为国者,德也。二是"以教化为大务","以德善化民",具体办法是"立大学以教于国,设庠序以化于邑,渐民以仁,摩民以谊,节民以礼,故其刑罚甚轻禁不犯者,教化行而习俗美也"(《汉书·董仲舒传》)。

(4) 选贤任能

德治的核心和关键在行使政治权力的主体——君王和官吏的个人品行。因此,德治又有人称为人治。中国传统伦理政治化在政治实践中需要形成一定体制和机制,即自下而上的推举考试和自上而下的选拔结合的选贤任能的官僚机制和体制。商周时期的世卿世禄制、战国时期的客卿制、军功制和养士制、汉代的察举制、魏晋的九品中正制直至隋唐至明清的科举制等,贯彻了一个中心理念,就是让贤能之士进入各级权力中心,以保证政权的道德合法性、增强权力威信、提高行政效率。伏尔泰在《风俗论》中大赞这种体制:"人类肯定想象不出一个比这更好的政府:一切都由一级从属一级的衙门来裁决,官员必须经过好几次严格的考试才被录用。在中国,这些衙门就是治理一切的机构。"①任人唯贤,才能以德服人。《礼记·礼运》说:"大道之行也,天下为公,选贤与能,讲信修睦。故人不独亲其亲,不独子其子。"这描述的原始部族社会时期权力主体权力获得制度模式,一直成为中国传统政治权力承袭和统治的理想图景。但后来尽管由于启更加贤能,夏禹传子,但从此改变了"天下为公"模式,开创了最高权力"天下为家"的世袭制模式。战国时,爵位分封官吏世袭的世卿世禄制被废除,招贤纳士成为社会风气。儒家反对春秋时期的,主张选贤任能,"学而优则仕"。孔子说:"举直错诸枉则民服,举枉错诸直,则民不服。"(《论语·为政》)孟子主张"尊贤使能,俊杰在位"(《孟子·公孙丑上》)。荀子讲:"论德而定次,量能而授官"(《荀子·君道》),"尊圣者王,贵贤者霸,敬贤者存,慢贤者亡,古今一也。""尚贤使能,则主尊下安"(《荀子·君子》)。《墨子》的"尚贤",概括得较为全面,包含五层意思:

---

① (法)伏尔泰.风俗论(下)[M].谢戊申等,译.北京:商务印书馆,1997:460.

一是让贤能之人当政;二是选贤任能要不分出身、不论贵贱,即"官无常贵,而民无终贱.有能则举之,无能则下之";三是让不同能力的人,担任不同的职务;四是实行考察制,能者上,庸者下;五是要信任他们、重用他们、厚待他们。① 前四者综合起来,叫做"官无常贵,而民无终贱,有能则举之,无能则下之。"

为了取得和巩固社稷江山,历代有为君王都将选拔任用人才作为治理国政的首要任务。他们认识到,国以人兴,政以才治,因此,必须要做到广纳贤良、礼贤下士、虚心纳谏、从谏如流、广开言路。

自汉武帝"罢黜百家、独尊儒术"以后,伦理政治化的德治模式及其观念,一直被尊为正统,成为传统政治伦理文化和传统文化的主干。传统政治伦理化以原始部族社会理性不成熟、生产力不发达、经济生活单纯的公共生活秩序规范为蓝图,带有强烈的原始道德完美主义和理想主义色彩。积极的一面,在于思考和追求什么是人类优良的政治生活,优良政治只能是符合人类基本的道德伦理规范的政治。这可以为人类政治生活的正当性、合理性甚至崇高性提供有意义的思考,为每一个历史时期基本政治制度提供合法性辩护资源。对于中国古代社会的政治秩序的稳定也起到了十分重要的作用。消极的一面,政治伦理化的德治,忽视了公共政治权力和伦理道德在形成的根源、作用对象、运行机制、根本目的等方面的界限。用道德去取代政治,结果就是试图取消政治。既是一种道德乌托邦,同时也会造成伪善政治,进而对政治的道德底线——诚信正义价值等造成伤害。

(二)西方古希腊的伦理政治化——城邦伦理政治

古希腊伦理政治观也是寻求城邦政治和谐秩序的理论,其代表人物有苏格拉底、柏拉图和亚里士多德等。他们把国家(城邦)存在的目的说成是追求至高无上的善,在于道德的生活,认为城邦以正义为原则。

1. 伦理政治化的基础、主体和途径

道德理性是古希腊伦理政治化的理论基础。古希腊文的"政治学"(Politike)概念是从城邦(Polis)一词派生出来的,意指关于城邦共同生活的技艺。不同于中国古代先秦各国,古希腊公共生活最大问题,就是协调城邦内部贵族(或寡头)阶层与平民阶层之间的利益问题。施特劳斯称"雅典人苏格拉底是政治哲学的创始人"。苏格拉底一个著名命题:"美德即知识"。道德理性

---

① 周非.诸子百家大解读[M].长春:吉林教育出版社吉林出版集团,2010:163.

是城邦政治的基础。苏格拉底心目中的神就是智慧、理性之神。因而他能成为追求知识真理与反思既存政治秩序的雅典"牛虻"、为生活而哲学化与为哲学而生活的雅典"最聪明的人"。柏拉图认为人的灵魂是由理性、激情和欲望三部分组成的,其中理性部分应使人具有智慧的美德,激情的部分应使人具有勇敢的美德,欲望部分应使人具有节制的美德。灵魂如果在理性的统辖下,各部分按自己的职责运行,灵魂就形成了和谐秩序状态,这个人也就实现了正义。智慧、勇敢、节制、公正等,是城邦和公民的最基本政治美德,首要美德就是理智、智慧。理智智慧是人追求真实、探求现象背后事实和真理的能力,也是人类不受现存秩序和表象迷惑、抵制驾驭欲望的心灵之主。柏拉图认为权力者的资格是那些具有善良品德兼具理性知识。权力者品德构成治国的基础。集权力、品德和知识于一身的人,柏拉图称之为哲学王。哲学王懂得政治权力的行使是一种政治技艺,把握并依据事物的理念本性和目的进行统治。没有受过理性教育的或不懂得善本身的知识——真理的人不能治理好国家。懂得善本身的知识的人一定会追求真实存在,善于运用理智等诸善德知识治理国家。亚里士多德认为个人德性和城邦德性是一致的。国家目的在于城邦的善业,谋求"公共福利",促进国家的伦理目的——个人至善美德的实现。他还认为各种伦理美德本身就具有政治性,例如,勇敢本身就是要勇于为城邦赴死,保护整个城邦;正义则是使每个人得到他的应得。应得的正义是区分不同政体的标准。

公民是伦理政治化的主体。亚里士多德说:"确定为一个城邦不应该以垣墙作标准",城邦是"若干公民的组合"。"若干公民集合在一个政治团体以内,就成为一个城邦"。① 古希腊的城邦属于全邦各部落人民,而不是某个家庭。建立城邦早期每个家庭的代表即家长在城邦都享有直接参政权利和义务,代表自己的家庭参与城邦管理。各个家长和家庭相互之间是平等的。这实际上赋予了每个家庭家长获得公民权身份。此后,城邦的政治权力又逐步扩大,使每个成年男子都获得了公民权。"公民是希腊(和罗马)城邦结构所特有的一种身份。它不见于古代其他地区"。② 城邦就是公民的有机集合的组织,公民都是城邦的主人,也是古希腊伦理政治化的主体。城邦的政治权力属于公共权力,应该由公民集体掌握,并为城邦公共利益和公共目标服务。公民们广泛地参政,自己为自己制定法律并服从自我所立法律,规范官员和公民的行为。

---

① (古希腊)亚里士多德.政治学[M].北京:商务印书馆,1981:117,109,118-119.
② 丛日云.先秦与古希腊思想家政治认知方式的差别[J].辽宁师大学报,1992,(4).

城邦就是由这种平等的公民组成的团体。公民把城邦的公共事务视为自己的事务,参加公共政治生活是公民生活中最重要最本质性的组成部分,也是公民的自然生活方式。公民的本质就决定了城邦的本质。只有享受平等政治权利的人才是公民,只有由这样的公民组成的政治团体才是城邦。根据这个定义,城邦在本性上就是民主的。在不同的城邦里,公民概念的定义、公民参政的范围和公民与城邦最高权力的关系是不同的,这就出现了不同的政治制度类型。亚里士多德反复强调城邦与家庭及东方君主制国家不同。城邦是自由人的自治团体,不是主人与奴隶的结合。城邦政治家的权威是对自由人的治理,是"平等的自由人之间所付托的权威"。一个"好公民""应该懂得作为统治者,怎样治理自由的人们,而作为自由人之一又须知道怎样接受他人的统治"。

理性教育是伦理政治化的途径。伯里克利死后,雅典由于没有好的领导人,民主制度变成了极端民主化,变成了无政府主义,城邦最高行政官员都用抓阄或抽签的办法选出来。苏格拉底对此十分痛心。他认为治国人才必须受过良好的教育,主张通过教育来培养治国人才。苏格拉底认为,人的灵魂和身体的善都表现为和谐有序,而灵魂善需要经过知识训练才能达到。知识就是关于美德的知识,只有知道了关于什么是善的知识,人才能避免作恶。所以,道德是城邦政治的基础,知识和教育是城邦政治的根本。政治家的首要任务就是教育公民有知识、有教养,过一种理性的善的生活。"苏格拉底之死"的另一层意义在于确信对制度的服从与坚守是公民的政治美德。苏格拉底敏锐观察到,社会公职公共权力并不会自然带给人一种公道、正义和责任,反而会刺激和膨胀人的自利自私的欲望。一些自利自私的商人、野心家可以利用民主机制坐上执政官位置,将公共权力作为满足个体自私自利的条件和手段。要改变这种状况,苏格拉底不同于孔子着眼于当权者及其后代的道德修养的道德说教和教化,而是投身青年人和街头广场普通公民的理性教育,试图运用他的"精神助产术"教育方式,唤回雅典人的理性和德性,实现整体社会的道德水平的提高,让懂得政治技艺的人从事政治事务。柏拉图和亚里士多德承袭这一做法。注重数学、自然科学、哲学、伦理学、逻辑学等内容的教育,注重反思、批判、探索、创造等追求真理精神的培养,并各自创办了自己的学园,奠定了西方教育学科门类化、科学化、学术化、专业化的基础。

2. 伦理政治化的模式:政体制度多元化的自然演变

古希腊伦理政治化的理性主义特质使得古希腊形成了政治体制制度多元化模式。城邦政治更注重权力结构运行的理性化和程序化,并使权力者纳入理性化、程序化的政治系统和协调性结构中。城邦协调政治突出了国内各个阶层权力和利益的协调,体现在制度的设计和政体转换和变异上。政治制度和体制的设计依据道德理性标准,如柏拉图依据哲学理念设计一种理念意义的政体——理想国。各种政体的利弊优劣,何种政体是最好政体成为希腊民众和思想家们日常谈论和思考的主题。柏拉图为了挽救城邦危机,先是在《理想国》中设计了一种政体,后又在《法律篇》中设计了另一种政体。《理想国》一书的希腊文名称就是"政体"(politeia)。柏拉图在《理想国》的后半部分集中描述了四种不完美的社会,包括斯巴达制、寡头制、民主制和僭主制。他指出如果一个不完美的社会执政出现错误,那这个社会就会先演变成为寡头制,再变成民主制,最后变成僭主制,这个演变过程通常也伴随着道德的沦丧。柏拉图把执政者的心灵和品质作为区分政体的标准。认为贤人政体是正义的政体,因为统治者的心灵和品质合于智慧与美德。而作为非正义政体的斯巴达政体、寡头政体、平民政体、僭主政体的统治者,他们的心灵和品质均有悖于智慧和美德。非正义政体依次按照荣誉政体、寡头政体、平民政体和僭主政体逐步堕落。唯有贤人政体则为最稳定的理想政体。亚里士多德的《政治学》的确切译名应该是"政体研究"。亚里士多德研究政治学时,就调查了158个城邦不同的政治制度。按统治者是只照顾统治者自身的利益还是照顾到全邦的公共利益标准,政体区分为正宗政体与变态政体。亚里士多德论及君主制,他把君主制又进一步分为五种类型。而各种政体都有一个自然演变的过程。

3. 伦理政治化主要体现:正义为内核的法治

苏格拉底之死,一方面反映了雅典城邦政治的弊端和城邦民主的缺陷,苏格拉底对城邦政治的批判性反思,对真理的执着追求,引起了被他得罪的人的不满与报复;但另一方面,从苏格拉底而言,他拒绝了逃亡,也拒绝了拖延,以自己平静地对待死亡的言行践行了一个城邦公民的政治美德,坚守信仰,但又服从城邦法律制度、服从多数人决议。柏拉图的《法律篇》在一定程度上对《理想国》进行修改。《理想国》重视人治,轻视法治,《法律篇》突出法治的重要性,认为若要挽救国家,必须使法律高于统治者。但柏拉图仍把一个由哲学家执政即哲学王的统治看作头等的理想国,而法治国家则只是"第二等好的国家"。《法律篇》重新对社会等级作了划分。认为国家应分为公民、工匠和商人以及奴隶三个等级。公民享有政治权利;工匠和商人享有人身自由,但不具有政治权利;奴隶没有人格,从事农业生产。亚里士多德用他的目的论方法考察国家,认为国家是自然形成的社会团体。亚里士多德认为,国家实行法治的目的也在于保证和促进正义和善德的实现。因为法律的目的也和国家的目的相一致。法治是多数人参与政治民主治理方式。多数人的感情不会轻易失去平衡,全体人民不会同时发怒,不会同时做出错误的决断。他还认为,法律是不受情欲影响的理智,法律是最优良的统治者。最好的国家必须是实行法治的国家,法治的长处最主要在于使执政者不至于脱离正义。而政治学意义上的善就是正义以公共利益为依归。尽管他所主张的法治是从属于伦理的。

中西古代伦理政治化共同点:

第一,政治主张以伦理思想为依据。

中国古代伦理政治观突出:为国以礼,为政以德、"内圣外王,以儒家的仁学为核心的政治理论。古希腊伦理政治观则侧重:正义国家论、哲学王统治论、伦理的国家目的论",以"正义"、"美德"、"善"等伦理思想为核心的政治理论。

第二,重视道德伦理教育,道德修养出于政治需要。

在中国古代伦理政治观中个体道德"修身"、"齐家,是为了"治国"、"平天下"、"内圣外王"。在古希腊伦理政治观中,个人美德"正义"、"善"、"美德"等伦理要求,也是为了城邦(国家)的"和谐"。

第三,道德是评价政治(制度、措施)的主要标准。中国古代伦理政治观中的"德政"、"仁政",都是以"德"、"仁"等伦理道德规范作为评价标准的。在古希腊伦理政治观中,政治评价更是明确地以正义为唯一标准的。柏拉图说,必须"以正义为待人治国之道";亚里士多德说,城邦以正义为原则。

此外,古代伦理政治观的基本范畴,如仁、礼、正义、善等,既是伦理范畴,又是政治范畴,这也体现了政治与伦理结合的特点。

中西古代伦理政治化不同点:

伦理规则基础:先秦中国以仁爱为核心范畴的私人血亲家族生活伦理规则。家族本位为国家结构基础。西方古希腊:以理性正义为核心范畴的城邦公共生活伦理理性规范原则,突破了血亲纽带的自然束缚代之以财产和利益。

模式和路径:中国古代走的是一条自上而下的政治伦理化道路,从君王和官吏的个体政治美德开始,到社会的道德教化,形成了一个道德等级与权力特权等级结合的精英式的政治道德化模式。精英特权等级政治可以使单一政体专制政权一定时期的相对稳定,但由于特权等级阶级与无权阶级的周期性矛盾冲突,加之特权体制模式周期性复制,也必然会导致帝王专制和腐败轮回。西方则反其道而行之,从伦理开始,再到政治。诉诸于社会和公民理性的教育,通过教育启发道德理性,突出政体制度设计的理性特征,建立的是一种伦理化的政治。

政治秩序:中国古代分等级定亲疏,民众处于国家管理权利之外,期盼建立道德圣贤为民做主的清明贤人政治秩序。西方古希腊建立的政治秩序是建立在人的理性逻辑自觉的基础上,在平民接受了理性教育之后建立一种平民政治秩序,使权力者和部分平民参与到国家的管理之中。

法治与人治:中国古代虽主张在治国中道德与法律不可偏废,却偏重德治,坚持道德高于法律、法律从属于道德的关系。德治不在于有没有法律,而在于法的手段也应充满伦理道德的内涵。孔子对"亲亲相隐"、孟子"舜父杀人"、荀子的"君治"等都说明这点。而古希腊苏格拉底至死尊崇法律、柏拉图尽管首倡哲学王,但晚年还是反思另一种社会治理模式,并称之为"第二好的国家"。其中蕴涵了"法律至上"、"良法之治"思想。亚里士多德沿袭其老师对法治理论奠定的两个基石,将法律至上和良法之治融入法治的定义中。

二、政治伦理神秘化和宗教化

中西方古代伦理政治化的进一步发展,因伦理向思维纯粹、抽象的层次跃进,使得政治伦理走向形而上化、哲学化,与神学宗教合流,逐步游离现实政治生活实践的事实,也脱离人性现实。宗教神学伦理进入政治领域。政治伦理意识形态化色彩加重。中国自西汉开始,两宋时期鼎盛,明中后期衰落。西方则是整个中世纪。中国古代走向政治伦理天命神秘化,西方政治伦理走向神学宗教化。

(一)中国古代政治伦理的神秘化

汉唐时期,在经学神学化的导引下,中国古代政治伦理将先秦周时期流行的"天命"、"五行"等思想加以宗教性改造,推衍成"天人相应"、"天人感应"、"天人合德"、"五行灾异说"等,使得政治伦理在寻求自己的终极本源的同时,蒙上非理性、神秘化、神学化色彩。

董仲舒适时提出了"罢黜百家,独尊儒术"的建议,为汉武帝所采纳。董仲舒吸取了阴阳家、道家、法家某些思想,对政治伦理本体、政治合法性、政治伦理原则分别提出——"天人相与"、"君权神授"和系统"三纲五常"说,并认为"王道之三纲,可求于天"。到了东汉,《白虎通义》又把谶纬迷信思想进一步与儒家经典结合,"三纲五常"更成为神圣不可动摇的道德原则和规范,"忠"与"孝"得到进一步的强化,成了不可违背的伦理和政治法则。

天命是古代王权政治正当性的根据。《尚书·商书·汤诰》讲:"惟皇上帝,降衷于下民。若有恒性,克绥厥猷惟后。""天"是实施"德治"政治的本原和形上依据。在董仲舒的思想中,天作为万物之主,它是社会政治与道德秩序合理性的本原。董仲舒以宇宙论为理论基础,通过天人感应说、受命改制说、素王立法说的证明,使天命成为汉朝大一统中央集权国家的政治正当性的重要根据。董仲舒以天统摄伦理与政治,最终实现了儒家之天道与专制政治王道的融和。确立"德主刑辅"、"正其谊(义)不谋其利"为王道政治统治的适宜性原则,进一步体系化以德治和教化为主要内容的儒家主流的中国传统政治伦理体系。

天道运行的法则昭示着社会生活领域的规则。董仲舒以天道之阴阳的法则为"圣人副天之所以行政","任德不任刑"作了进一步论证。他把阴阳和德刑联系起来,"天道之大者在阴阳。阳为德,阴为刑。刑主杀而德主生。"(《汉书·董仲舒传》)董仲舒认为阳是天之德,阴是天之刑,并以此作为人君处理德教与刑罚关系的依据,通过阴阳的客观法则论证大德小刑、近德远刑、厚德简刑、务德不务刑的施政原则。

天谴论。董仲舒广泛地吸收了阴阳五行学说来比附天人之际,其中灾异谴告警示,与人间政治之间发生十分具体的对应关系。在《五行救变》篇中,他列举道:

"木有变,春凋秋荣,春有雨。此徭役众,赋敛重,百姓贫穷叛去,道多饥人"。"火有变,冬温夏寒,此王者不明,善者不举,恶者不绌,不肖在位,贤者伏匿,则寒暑失序,而民疾疫。""土有变,大风至,五谷伤,此不信仁贤,不敬父兄,淫佚无度,宫室荣。""金有变,毕昴为回,三覆为武,多兵,多盗寇。此弃义贪财,轻民命,重货赂,百姓促利多奸轨。""水有变,冬湿多雾,春夏雨雹。此法令缓,刑罚不行。"

在《五行五事》篇中,又将人君有违《书经》"王者五事"时的自然征兆加以解说。董仲舒使儒者士大夫对君主权力的批判和制衡具有了神学伦理意义的合法性,但这种批判和制衡与西方中世纪宗教神学相比,无论是理性体系化程度和政治历史实践效果看,存在很大差异。理论上无限提高君权,神化君威,使尽忠于君王成为臣民首要的道德义务,政治实践结果就是形成自上而下的等级权力和绝对的君权,传统中央集权的专制制度发展至臻完备。董仲舒的政治伦理是对先秦原始孔孟儒家经验理性启蒙的一次否定,重新返回一种神话神学体系话语,出现了自东周以来的轻天重人思潮向神学的回潮和倒退。表面看树立的天的权威,对人间皇权形成一种制衡力量。其实质是确立伦理之权威,人间皇权的权威。

政治伦理的玄学化。魏晋时期政治动荡,社会黑暗。由于社会动乱,统治者内部的自相残杀,知识阶层常因言语不慎而遭大祸,因而黄老道家学说流行,产生了宣传虚无,主张无为而治的玄学。何晏、王弼等玄学家通过注释《老子》《庄子》《论语》《周易》等诸子经典,建立起唯心主义的本体论,利用道家思想中的道和"自然"等范畴来论证三纲五常的合理性,宣传"名教本于自然",政治无为等。王弼说:"大人在上,居无为之事,行不言之教,万物作焉而不为始"(《老子·十七章注》)。

宋明时期政治伦理又将佛教的思想糅合进儒道思想里,构建了政治伦理的天理、人性等本体论基础,完善了理论体系,对传统纲常政治伦理规范、德治模式、仁政王道理念等做出了精致的论证。

总体看,中国古代的农耕文明社会中,政治权力成为支配个人和社会的经济、政治和思想文化一切权力。这一时期也是农耕文明发展的鼎盛期,并发育出传统中国独特的皇权本位、官本位主义政治伦理文化。而这种文化又被非理性、神秘的类似宗教的天命论外衣所包裹着。马克思说:"皇帝通常被尊为全中国人的君父一样,皇帝的官吏也都被认为对他们各自的管区维持着这种父权关系。"这一"家长制权威",是"这个广大的国家机器的各部分间的唯一的精神联系"[①]。"家长制权威"是传统中国政治伦理的核心,也是道德化了的政治与政治化了的道德的政治表现。君臣、官民关系被官本主义文化拟附为家庭内父子关系。马克思认为小农社会的农民既是一个阶级又不是一个阶级,"不能代表自己,一定要别人来代表他们。他们的代表一定要同时是他们的主宰,是高高站在他们上面的权威,是不受限制的政府权力,这种权力保护他们不受其他阶级侵犯,并从上面赐给他们雨水和阳光。所以,归根到底,小农的政治影响表现为行政权支配社会"[②]。这里不仅指的农民,也适合具有农耕文明社会中具有农民思维结构和层次的知识分子及其政治伦理思想。

【视频材料】《尚书·汤诰》的政治价值观思考:儒家政治合法性是否源自天命价值?有何意义?

(二)西方中世纪政治伦理的神学化宗教化

古希腊斯多亚派是犬儒学派的一个流派,提出了丰富的世界主义的政治伦理主张。与古希腊的城邦政治伦理不同,斯多亚派依据理性、自然法等观念,主张实现更加民主、平等、道德化的政治。该流派认为理性是所有人的共同本性,因此对所有人来说,只有一种法则和一个国家。人类天然是一种由理性命令指导的社会的存在。由此,整个世界,也可结成世界城邦,依

视频

---

① 马克思,恩格斯. 马克思恩格斯选集[M]. 北京:人民出版社,1995:691.
② 马克思,恩格斯. 马克思恩格斯选集[M]. 北京:人民出版社,1995:677-678.

靠理性来维持。属人的世界就是一个具有完善德性的、与宇宙秩序相统一的大家庭。世界主义的理想目标还没有使斯多亚派从根本上反对世俗政治,他们认为,城邦政治的基础是公正,即给予每一个人根据他的法律地位属于他的东西。城邦的公正应包含的人不只是有公民权的人,而是所有城邦全体成员包括奴隶和妇女。只不过,每个人依据理性的自觉程度不同,所起作用又不同。受托执掌更高权力的人则要有更高的道德要求。斯多亚政治伦理是古希腊城邦政治伦理向基督教政治伦理过渡的桥梁。

中世纪基督教政治伦理的中心命题是世俗权威的来源及其地位合法性问题,进而产生的王权与教权关系合理性问题。基督教信奉上帝是唯一的真神,全知全能全善,是一切权威的终极根源。在《圣经·新约·罗马书》中,保罗说:"在上有权柄的,人人当顺从他。因为没有权柄不是出于神的。凡掌权的都是神所命的。以抗拒掌权的,就是抗拒神的命;抗拒的必自取刑罚。"这一原则既是后世君权神授的依据,也是将政治神学化的基本原则。将政治伦理问题宗教化,奥古斯丁和托马斯·阿奎那起到了关键作用,他们对西方基督教政治伦理文化传统之形成和发展都产生了深远的影响。尽管奥古斯丁没有留下一部政治伦理思想主题的著作,但他在国家与政府的起源与本质、政治权威之作用与局限、国家与教会关系等诸多方面都曾作过深入思考。

被称为"西方的导师"的奥古斯丁通过政治是否符合人的自然本性哲学命题入手,将政治哲学和政治伦理神学化,探讨国家政府起源和本质、政治权力的有限性、政府与教会关系等政治应然的伦理性问题。所谓的"自然本性"指的是上帝所创造的秩序性,涵盖人与自然、精神与物质。以上帝为核心,以教会和国家、教权和王权的关系为主要内容。它依据君权神授的理论,提出教会高于国家,教皇高于国王,教权高于王权,教会法高于国家法,从而实现神权统治。奥古斯丁创制了一个以教会居统治地位的双国理论,但认为世俗国家是一种"必要的恶"。在《论自由意志》中,他根据《圣经》指出,人类自然正义状态的破坏源于人类祖先亚当、夏娃对上帝的背叛这一人类的"原罪",因而在人类社会中出现了世俗国家,这种国家是基于惩罚性和补救性的。因而人类一切社会不平等和罪恶都是上帝对人的惩罚。人类的得救只能靠上帝的恩典及靠上帝借以使用的工具——教会来实施教化和惩救人类。于是,这种普世的教义改造了古希腊的城邦公民宗教,拓展了欧洲人的政治价值观视界:突出普通民众更为接近上帝之爱,对国家应该长存戒惧之心,人不要指望能从世俗政治生活中寻求生活的意义与灵魂的救赎。在《上帝之城》里,他将人能以和平的方式与上帝共享神性欢悦作为最高的政治价值取向,是人能在精神上达到的最高幸福,这就是"天上和平"的至善境界。"地上和平"中,人们通过有序的社会交往,最终满足物质上的需要。"地上和平"只是人们享受永久"天上和平"的必经的阶段和途径。

托马斯·阿奎那承袭古希腊亚里士多德的思想,认为人类生活的最终目的是追求幸福,但阿奎那认为人最高的幸福是天国的幸福。要达到享受天国的至高幸福这一目的,单靠人类的德性不能达到,要依靠神的恩赐。只有神的统治而不是人类的政权才能导使我们达到这个目的。在国家起源的问题上,阿奎那也因袭亚里士多德的观点,认为国家起源于人的天然的"合群性"需要。每个人都有上帝赋予的理性,人人都是理性的动物。对于世俗的人类世界来说,最高等的社会是政治社会,它以满足人生的一切需要为目的,因而它是最完善的社会。阿奎那所说的社会就是国家。阿奎那强调国家的目的是伦理性的。他认为,人成为其中一部分的政治社会的幸福就在于保全它的团结一致,是为了谋求所有人的公共幸福,包括物质幸福和精神幸福两个方面。阿奎那还继承了亚里士多德的政体理论,提出正义统治和不正义统治的主张。他说,如果一个自由人的社会是在为公众谋幸福的统治者的治理之下,这种政治就是正义的。如果服务于权力者的个人利益而不是服务于公共利益,就是不正义的。源自上帝的正义理性统治的根本标准是公共幸福,而不是追求个人的利益。君主制是最适宜于促进整个目的的政体,因而也是最好的政体。这是因为:"① 凡是本身是一个统一体的事物,总能够比多样体更容易地产生统一,所以,由一个人掌握的政府比那种由许多人掌握的政府更容易地获得成功。② 许多人意见分歧,就永远不能产生统一。与其让许多人统治,还不如让一个人来统治为好。③ 在自然界,支配权总是操在单一的个体手中,那么人类社会最好的政体就是由一个人所掌握的政体。"①。但如果没有神法的指导,人们就不能有效地防范自身的一切恶行。因为"人类的法律既不能惩罚又甚至不能禁止一切恶行","所以,为了不让任何罪恶不遭禁止和不受惩罚,那就必须有一种可以防止各式各样罪恶的神法。"②神法就是教会法,是上帝赋予人类的法律。古希腊晚期城邦政治的溃败使人们对伦理政治观所塑造的整体主义国家观和政治生活的道德诉求产生动摇。基督教信仰所赋予道德以神圣崇高的宗教性,使得人们在政治价值观念上依附于神灵。神权政治伦理成为中世纪政治伦理的特征。罗素说:"通常,教会会利用某种传统仪式使这个

---

① (意)托马斯·阿奎那.阿奎那政治著作选[M].北京:商务印书馆,1997:49.
② (意)托马斯·阿奎那.阿奎那政治著作选[M].北京:商务印书馆,1963:10.

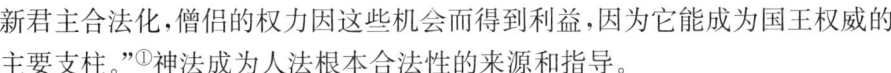

新君主合法化,僧侣的权力因这些机会而得到利益,因为它能成为国王权威的主要支柱。"①神法成为人法根本合法性的来源和指导。

(三)政治伦理神秘化和神学化的意义

中西政治伦理神秘化神学化,反映了人类东西两大文明关于政治伦理的思考沿着人类自身主观性思维方向进一步发展所达到的至高程度,均确立了天道或上帝的权威和价值在人类社会政治生活中的普遍性、绝对性。基于政治伦理内在的价值神圣化要求,追寻世俗政治权力的价值源泉和根基,为政治权力寻求终极意义合法性辩护,并使得伦理与政治同构同化的问题得到解决,政治伦理化得以充分完成。基督教对人性本罪的强调、对所有人在上帝的心目中的完全平等理解、对古罗马自然法的改造、对教权与王权职责权限的整合调和等,深刻影响着西方社会对政治权力界限和政治制度体制设计的偏好。古希腊以来理念正义为支柱的伦理政治观和自然法理念最终与教权王权制衡的政治制度设计的正当性相关联。从而为近现代个性独立、个人权利和近现代法治观念的出现提供了普遍性的理念,直接影响后世对权力、社会、国家等合法性和合理性的认识,为西方近代契约论的出现提供了深厚的文化土壤。中国古代自董仲舒起至宋明朱熹王阳明,政治伦理的神秘化以政治伦理天道天理化为名,强调法天而治与法伦理而治的统一,将伦理——政治关系通过天道(天理)——政治关系的模式转换,实质是以神化君权、神制君权、独树儒家纲常政治观念并融入大一统式政治权力的等级制度架构为主要目的,表现为政治儒家伦理化、儒家伦理制度化的历史进程。

梁启超说:"民权既未兴,则政府之举动措置,既莫或监督之而匡纠之,使非于无形中有所以相慑,则民贼更何忌惮也。孔子盖深察夫据乱时代之人类,其宗教迷信之念甚强也,故利用之而申警之。"②政治伦理神秘化神学化的另一方面意义,在于古人也认识到政治权力在人世间社会各种权力中存在的必要性、绝对性以及至上性外,仍然需要其他力量的制约。只不过,在古代由于普通民众的理性和认识的局限,宗教迷信盛行,加之民众个体自我权利概念缺乏,只能采用神秘化、神学化方式来制约政治权力。但随着近代科学理性的启蒙时代的到来,社会世俗化进程加快,民众权利意识的时代觉醒,古代理念性、神学化政治伦理逐步显现世俗化、功利化和经验实证化特征,走向人民主权、权力分立、以权制权和以法治权的道路。

---

① (英)罗素.权力论[M].靳建国译,北京:东方出版社,1988:56.
② 梁启超.饮冰室丛著(第1卷)[M].北京:商务印书馆,1916.

第三节　近现代政治伦理的非道德化和世俗化

古希腊时期智者派的政治伦理观认为,城邦、法律、正义、理性、笃信宗教等政治美德都应该以人为尺度。城邦及其法律都是人为形成的,是人们实践政治技能的结果。在经历中世纪后的文艺复兴运动,又重新发现了人。人文主义者们提倡理性,反对神性;提倡个性自由,反对封建等级桎梏;提倡个人现世的幸福,反对教会的虚伪、贪婪和禁欲主义。基督教内部兴起的宗教改革,直面教会特权的腐败和堕落,确立了个人信仰、个人主义和人性尊严价值观念。"因信称义"、"预定论"、"天职观"等观念的提出,重新树立上帝新神权观的同时,也高扬了人权。马丁·路德(1483~1546年)提出的"惟独圣经、惟独信心、惟独恩典"和"人人是祭司、人人有呼召、人人是管家、人人有圣经",成为宗教改革的旗帜。破除了偶像崇拜,促成了信仰上的个体主义价值观,成为推动市场经济和民主政治发展的内在精神动力。此后,欧洲历经马基雅维利、格劳秀斯、布丹的过渡,在17~18世纪政治伦理理论逐步走向系统化。洛克、霍布斯、孟德斯鸠、卢梭等提出自由、民主、正义、平等、博爱等政治伦理价值,为各国政治制度提供理论基础。西方近、现代政治伦理思想的主流是权利政治伦理,但在不同的时代有着不同的思想主题与价值诉求。历史地看,西方的权利政治伦理经历了"应然"论证和"实然"建构与修补两大阶段,表现为传统自由主义的权利政治伦理、功利主义的权利政治伦理、新自由主义的权利政治伦理、自由保守主义的权利政治伦理等不同理论样态。

一、政治伦理非道德化、世俗化

西方政治伦理思想史上,马基雅维利发动了一场政治伦理理念的革命。他中断了古希腊以来的伦理政治化和政治神学化的进程,西方传统政治伦理到此进入了现代的拐点。马基雅维里开始采用经验实证和理性分析的科学方法,将政治从神学和流行的道德包裹中剥离开来。第一次将政治问题作为纯粹的权力问题。不再以"美德"和"上帝"为政治伦理的支点,而将政治的本质、政治的权力逻辑、政治的合法性以及政治的命运等置于现实的利益需要关系中,使政治伦理走向了世俗化和功利化。

马基雅维利一反古代和中世纪研究政治问题的方法,摆脱了道德和神学规范的束缚,开始从人和人关系的经验出发,认识到政治的核心问题是权力或国家利益问题。在西方他最早把政治的实质看作权力问题,将法律、军队、权术等治国要策视为权力的工具,主张国家的根本问题是统治权,统治者应以夺取和保持权力为目的。因此,他极力主张君主应该不受任何时俗流行的道德准则的束缚,可以用各种手段去实现自己的目的。其理由有:其一,人性观。他对人性的思考由人性本罪到人性恶,并由此出发建立自己的政治理念。人性恶的判断源自他对人类生活的经验性实然观察,"如果有人放弃了他的实际生活而追求他的应当的生活,那就等于放弃了自己的生存而谋自己的灭亡。"[①]他认为,人类的本性基本上是自私利己的,人们忘记父亲的死比忘记失去遗产要快得多,人的欲望是无限的。"人都是忘恩负义的,易变的,奸诈懦弱的,趋利避凶的,贪得无厌的。"[②]如果任由这种状况发展下去,势必产生互相残杀的战争状态,威胁着所有人的生存和生活秩序。因此,必须建立国家,组成强有力的政府,而且建立国家统治国家的途径要依靠法律而非宗教或伦理说教提高人们的道德自觉。其二,他认为最理想的政体是共和国。这种政体有利于保障私有财产,符合自由平等的原则,可按照人民的意愿选择官吏,追求国家公共利益。国家是具有自己的道德和活动方式的自主的联合体。

由于马基雅维利对权力和政治权术的推崇,使得他本人背负起"邪恶的马基雅维利"、"罪恶的导师"的骂名。他的学说经常被冠名为马基雅维利主义即为达目的不择手段的玩弄权术的"政治无道德论"。以至现代政治常被人所批判的"权力的游戏",权力又成"一种操纵技术的过程"。但从政治伦理自身演化的历史逻辑看,马基雅维利政治伦理尽管还没有明确提出公共领域概念,不过,他已经认识到两个世界和两种生活的伦理区别:公共组织的世界和个人道德的世界以及各自怎样生活和应该怎样生活的差异。这也是传统伦理化政治步入现代权利政治与宪政法治政治的关键。

【视频材料】 伦理与政治:马基雅维利的《君王论》

现代政治的转型伴随着的是:政治生活价值由神圣向世俗、政治伦理观念由私人道德(或公私道德同构)向公共伦理、国家建构正当性由合道德向合法性的转向。中世纪以后在欧洲发生的个人解放、主权独立和民族国家的兴起。人的发现、科学的发现、新世界、新市场的发现,加快欧洲人生活世俗化步伐。格劳秀斯、布丹等人提出的国家主权理念改变了

---

① (意)马基雅维里.君王论[M].惠泉译.长沙:湖南人民出版社,1987:52,119.
② (意)马基雅维里.君王论[M].惠泉译.长沙:湖南人民出版社,1987:52,119.

国家正当性或合法性的基础,意味着国家主权代替了上帝至上权力。民族国家的正当性与个体权利正当性结伴而生。日益形成的市场社会,推动了国家政治的世俗化进程。支持这种变化的公共政治的合法性依据是自然法的世俗化。传统时代对人性理念的伦理宗教的预设被取消,代之以自然人性并将其当作法的基础。自然状态中的平等理念和自然法权意义上的个人权利概念成了现代宪法的基石。

二、法政治伦理的制度化

自然法的世俗化。西方历经文艺复兴、宗教改革和启蒙运动后,自古希腊罗马和中世纪传承的自然法观念,柏拉图式抽象思辨的伦理理念和中世纪神性理念的色彩逐渐褪色。取而代之的是可经验的自然人性,并以此作为世俗时代国家法的普遍性基础。经霍布斯、洛克、卢梭等人契约论的论证,自然状态中的普遍自由平等理念和自然法权意义上的个人权利概念成为现代国家建构根本法——宪法的基石。个人权利、天赋人权、人民主权、民族国家主权等政治伦理理念的产生,从政治正当性的深层伦理价值上对政治提出了全新的建构原则和基本方法,并籍由宪法和分权机制实现伦理价值的制度化。

现代政治首先面临需要解决的基本问题是:公共政治的正当性如何同保障个人权利的正当性联系在一起的问题。社会契约以个体的自然权利为基础,以全体社会成员共同意志参与协商为国家制度设定原则。公共权力被认为是所有人在自然法的作用和命令下所有人自愿放弃部分权利而形成的。因自由而能够有契约,因自由的契约才形成法且为国家最高权力之载体。这种法被称为宪法,源自由,又保护自由。因此,自由为最高价值准则。法律成为绝对统治的政治模式。以法统治、王在法下和法权至上原则,是洛克对法治的基本理解。孟德斯鸠进一步论述了法治的实现过程和途径,是建立国家权力分立与制衡的机制。自此,开启了现代政治伦理制度化的进程。其核心是以宪法来规范公共权力、为公共权力划界,明确政治社会中个人与个人、公民与政府的关系。其关键是划分私人领域与公共领域的界限。"宪法的至上性确立了宪法对政府的关系,即宪政是对政府的法律限制,意味政治权威与权力同公民权利与自由之间的制衡。宪法的至上性把现代民主政治的发展建立在法治基础之上"。① 它不仅是一种原则,而且是一种方法,是政治伦理价值与

---

① 戴木才.政治文明的正当性:政治伦理与政治文明[M].南昌:江西高校出版社,2004:212-213.

政治制度相统一的政治组织方式。

现代政治的正当性由此转向为法治的正当性,而法治正当性则需要体现价值与制度有效统一性。价值统摄法律制度,而法律制度又具有至上性。法治正当性包含两层意义:一是法律本身应该是良法;二是良法应获得普遍的认同。亚里士多德认为法律是没有情感的智慧,良法的标准是正义:第一,良法的目的应该是为了公共利益而不是谋求某一阶级或某一个人之私利;第二,良法应该体现古希腊人所珍爱的自由价值;第三,良法必须有利于维护与之相适应的城邦政体。亚里士多德对法治的看法至今仍有普遍意义。"现代法治一方面是对人民的基本权利的肯定和保障,另一方面既规范公民的行为,更制约政府的行为,其实质上是对政治权力的限制"。[1] 法政治伦理实质是权利与责任。法政治伦理把法的根基转而建立于世俗化市场时代的人性经验基础上,为西方社会政治现代化提供了以宪法精神和原则治理国家的新型政治文化价值内核,形成了以权利为重心的现代权利政治。依次经历以下三个阶段:

(一)传统自由主义的权利政治伦理

十七、十八世纪是资产阶级革命时期,也是权利政治伦理发展的"应然"阶段。其思想主题是揭露封建专制制度的不合理性,通过自然法与社会契约论,为"天赋权利"、新时代生活方式、新的社会政治制度提供合法性、合理性与合道德性论证。这一时期的思想家,诸如格劳秀斯、斯宾诺莎、普芬道夫、霍布斯、洛克、雅克·卢梭、康德等,都是借助自然法和社会契约论来阐明其理论诉求的。其基本理论思路带有政治思想实验的特征,大多都通过论证自然性自由状态的缺陷,来论证社会状态之必须与必要。他们从自然法中引申出人的自然权利——生命、财产、安全、自由、平等、正义、幸福等,把政治权力共同视为契约的产物,推崇秩序的价值,规定了国家应担负起维护社会稳定、保障公民权利特别是财产权利的职责。当然,不同的契约论者对这些价值有着不同的偏爱,比如霍布斯钟爱于安全与秩序、洛克偏爱自由、卢梭偏执于平等与民主、孟德斯鸠偏重于"法的精神"等。

格劳秀斯认为,权利是一种正义的行动,即对他人来说是公正的行动,不公正地对待他人是摧毁社会关系的做法。权利本质上源于人类两种基本自然本性:第一是首要本性,即自我保存的自然动力或本能;第二是关于什么是至善,即什么使得与他人共存成为可能的正确推理或合理判断。权利是人类这

---

[1] 戴木才.政治文明的正当性:政治伦理与政治文明[M].南昌:江西高校出版社,2004:212-213.

两方面本性的共同运用。① 霍布斯提出,自然权利优先应于其他任何东西。自然权利来自人类"自然状态"之中的本性。这种个人自然权利,就是自由权。"著作家们一般称之为自然权利的,就是每一个人按照自己所愿意的方式运用自己的力量保全自己的天性——也就是保全自己的生命——的自由。因此,这种自由就是用他自己的判断和理性认为最合适的手段去做任何事情的自由。"② 而自由就是按照自己的意志去做事情。康德又将意志导向理性和原则。权利来源于所有人之成为人的理性自由的自主性。由此,统一了平等人格的自由与权利、尊严与责任。个人权利伦理的出发点和归属在于保护个体在追求和实现自己生活目标的过程中免受政治权力的干预。它通过体现一系列道德规范和原则的法律制度设计与实施来确立和保护。

到近代,权利政治伦理基本上形成一些共同特征:分权制衡与民主法治基本政治制度;排斥人治,主张法治,法律秩序成为政治秩序追求的目标;反对集权和极权,规范与限制权力作为社会政治有序和稳定的制度原则和精神;反对等级、专制和特权,坚守自由与权利前提下平等原则。

(二) 功利主义的权利政治伦理

18世纪中后期到19世纪末,基于权利为核心的政治基本制度先后在各国确定,西方社会进入了制度运行的"实然"时期。盛行两个世纪的自然权利论与社会契约论受到功利主义权利伦理的挑战。尽管功利主义和自然权利论、契约论共同认为人们的理性、利益、幸福的需要是政治权力的起源并作为形成国家的主要原则,但功利主义进一步强调人类利益和幸福的目的性及其内在价值,并以此作为衡量政治制度、政治行为和结果的优先标准和终极标准。功利主义并不像社会契约论那样将权利作为建构国家的根据,他们认为权利就是要求权,必然包含关系性的义务与其对应,这需要法来界定。而没有法便没有权利,没有自然法,就没有自然权利。法的存在需要立法者,自然法的立法者在很难证明的,只能借助神学方法。功利主义早期代表边沁吸取了亚当·斯密的观点,认为人类社会的缔结源自个体利益的需要,个人和社会的利益本性上是天然和谐的。每个人都会受到理性和利益的指导,采取和公共利益、整体利益一致的行动。契约论毫无必要虚构了一种不存在的自然状态,而且预设了以个人利益与公共利益天然冲突的理论前提也是不成立的。权利的基础是功利,重点是在不同权利所代表的功利值之间进行利害得失的衡量,

---

① 刘科. 从权利观念到公民德性[M]. 上海:上海大学出版社,2014.56
② (英)托马斯·霍布斯. 利维坦[M]. 黎思复,黎廷弼,译. 北京:商务印书馆,1985:97.

而不是权利本身。密尔认为功利主义更侧重的是希望能够培养人们高贵高级的价值追求,把个人的利益和全社会大多数人的利益联系起来,从大多数人的最大幸福出发,通过追求个人幸福达到全社会的和谐和稳定。以边沁和密尔为代表的功利主义政治伦理观,其主要思想观点有:第一,政治行为的正确与否不是重点考察其本身的动机,而是看其结果;第二,后果是善还是恶,要用其行为所带来的幸福和不幸福衡量,其"净余额"能够带来最多数人最大幸福的行为就是善和道德的政治行为;第三,衡量幸福和不幸福的主要尺度是功利;第四,"最大多数人的最大幸福"是政府活动和立法的根本准则。功利主义道德的力量在于社会总体幸福感的获得和总体利益的提升。因此,对于公共领域来说,功利主义这一观念的提出,尽管遭遇到各种理论的质疑,但事实已成为现代政治生活实践中新的向度,满足了19世纪市场社会发展的实际需要,增添了西方现代政治伦理的实用性、可操作性色彩。

(三)现代自由主义的权利政治伦理

在功利主义的推动下,19世纪末,传统自由主义获得了它的现代形式。现代自由主义内部有激进(左)与保守(右)之别。激进的自由主义,又称为新自由主义;保守的则称为保守自由主义或自由保守主义,这是在新的历史条件下对传统自由主义的复归,因而又被称为新古典自由主义。在政治伦理问题上,新自由主义和保守自由主义的争论很大程度源自功利主义,即早期功利主义存在的一个缺陷,其追求功利最大化基本原则可能产生的对某些个体合法权利侵害问题。新自由主义在批判继承功利主义的同时,以新个人主义、凯恩斯主义为理论基石,重新阐释自由主义的权利理念,主张积极的自由权利,批判消极的自由权利,力求把个人自由与公共利益、个人自由与社会发展相统一,主张个人、社会与政府的合作,主张建设自由主义的福利国家,实现政治共同体的公共善。

新自由主义和保守自由主义在正义、权利与善、对自由与平等等基本价值范畴的理解上存在差异。罗尔斯和诺齐克之间关于正义问题的论争,核心在自由与平等这两种价值和权利谁为优先的问题。罗尔斯从洛克、卢梭、康德等早期自由主义那里吸取理论营养,再次高扬自由主义理论大旗。在《正义论》中,提出两条正义原则:第一条是平等的自由原则,意指政治制度建构的前提首要原则要坚持每一个公民都是平等、自由的权利主体,这一原则为宗教自由、言论自由基本权利提供了理论依据,即基本权利绝对平等。第二条原则包括两个层面,一是机会均等,一是差异原则,即只有当社会和经济的非基本权利的不平等能够有利于社会的最不利者时,非基本权利的不平等才能够得以允许。罗尔斯强调平等的优先性,他的基本观点是人们所享有的基本权利必须是绝对平等的。人们享有社会资源的份额可以是不平等的,但这种不平等必须符合最少受惠者的利益,并且尽可能地缩小这种不平等的差距。他主张将"机会均等"和"结果均等"统一协调起来,更重视实质意义的平等。与此相应,诺齐克在《无政府、国家与乌托邦》中,认为把本来不平等地属于每一个人的利益进行平等的分配,这本身就是不平等的,一种人为强制的平等是最不可取的,本属于个体自由权利的自由价值的应该被视为首要价值。

自由主义坚持"权利优先于善"、"正义对效率与福利的优先"的新政治伦理义务伦理观,批判功利主义利益后果论的伦理观的同时,却又遭到社群主义者"善优先于权利"的反批判。罗尔斯《正义论》诞生后,社群主义也应运而生。社群主义高扬古希腊尤其是亚里士多德的德性政治伦理,主张共同善(公共利益)优先于权利。与功利主义相似,批评自由主义的权利观认为权利并不是自由主义认定的天赋的、道德的东西,而是后天由法律所赋予的。他们认为恰恰是善的优先性才足以保证权利的存在和对于正义理念的认同。他们强调借助于美德教育,将个体善(个体利益)与公共善(公共利益)加以协调起来。

【视频材料】:《政治哲学——自由、民主、公民权利探讨》

视频

三、马克思的实践政治伦理观

政治本身就是一种人类生活实践活动。实践政治伦理主张回到政治生活事实和过程中反思政治生活、引领政治生活,而不是在人类政治观念理性的圈子里旋转,走不出来。马克思将政治伦理的发展置于人类历史发展整体进程中、社会内在结构客观矛盾发展中,使政治伦理与整个生活整体的、历史的变迁保持高度的一致性,摆脱了以往孤立、静态和抽象观念主义的政治伦理思维。马克思并不反对社会、政治和国家起源的本质在于人的利益和需要,但认为自由主义从人的自然权利、理性与人性出发是不可靠的。只能从生产力与生产关系、经济基础与上层建筑的社会内在矛盾出发,探究其政治权力起源和人权问题。马克思主义政治伦理是一种注重与政治事实紧密结合、与时代精神相关联、与政治实践主体人民群众现实利益相契合、追求人的解放和全面自由发展的实践伦理形态。马克思不仅发展了费尔巴哈的"人是人的最高本质"的理念,提出"人的自由而全面发展"的思想。还主张:通过暴力革命等各种政治革命行动途径改变现存的社会制度,实现制度正义,无产阶级和人类获得彻底解放。政治伦理的理论源于实践又要回到政治生活实践。马克思通过人类社会发展的三形态理论(人的依赖关系、以物的依赖性为基础的人的独立性、人的自由个性),充分揭示了人类发展不同阶段的生存关系及其特征,体现出马克思政治伦理思维所蕴含的实践理性精神和原则。即从社会生活关系结构中经济关系前提解释政治制度的公正、公开、平等、民主等一系列伦理规则。他认为政治权力、政治制度依然是现代社会人类发展的一种强大的异己力量。现代社会从物的政治返回到人的政治,必然要经历阶级、国家、政治组织乃至政治本身的扬弃,使人获得真正全面的发展。这是马克思批判现代性实践政治以及构建未来政治伦理的根本点。卢梭首倡建立"道德政治",提出现代政治法权应该建立在"公意"基础上,康德又将卢梭道德哲学的政治法权主题先验化。马克思批判传承黑格尔辩证法思维,认为现代政治法权(主要财产权)在人类社会第二形态即物的依赖阶段,由于生产力的高度发展,"大量生产资料创造出来之后"("给社会提供足够的产品以满足它的全体成员的需要"①),人对物的依赖性逐步减弱,以财产权为内核的私有制经济制度得以扬弃,"穷人的权利"取代了普遍权利,进而现代人才能获得最高意义的自由。这标志着传统的"道德政治"和现代的非道德政治得以新的统一。

第四节 政治伦理的发展趋势

政治伦理不只是"政治的伦理",即从政治学理论和实践视角考察伦理,为政治学提供一种新的社会政治现象和政治问题的系统化的伦理观点,寻求政治现象和问题背后的规范和价值。这实质是一种政治伦理化的思维;政治伦理也不只是"伦理的政治",即从伦理学意义出发,对政治现象和问题进行伦理学意义的规范,将伦理原则和精神转化为一种政治理念和政治规范。这是一种伦理政治化的思维。政治伦理具有自身的发展逻辑。

一、政治伦理建构几个内在层面

政治伦理应体现对政治制度和社会的终极关怀,对人类政治制度和政治主体活动的合理性、价值理念的理性探求。政治伦理作为政治的根本价值观还要具有反思、批判和引领现实社会政治的价值判断功能和建构理想政治社

---

① 马克思,恩格斯.马克思恩格斯选集(第2卷)[M].北京:人民出版社,1995:32.

会的行为导向功能。研究政治的价值意义和政治的应然性是政治伦理学基本主题。这一基本主题决定了政治伦理学始终是面向政治生活实践的。

目前,中国政治伦理发展面临的主要困境在于传统政治伦理与现代政治伦理的冲突问题。传统政治伦理的核心在于国家权力(皇权)中心论,进而导致社会的权力本位,形成了以权力身份为价值尺度的等级政治机制和体制。尽管现代政治伦理内部也是存在冲突的,如权利与平等或自由与平等的冲突即为突出的表现,但是,这种冲突比起作为整体的现代政治伦理与传统政治伦理之间的冲突来,则是非常次要的。赵汀阳认为,"存在"不是什么问题,而"共在"才是问题。人类社会最大的利益依附在共在关系中,而非单个孤立个体和组织中。哲学发展历史从古代本体论到近现代认识论,再到当代社会政治哲学的发展过程中,各门具体科学纷纷从哲学的母体中诞生并分离开来,今天又以各种方式试图重新聚合起来。政治伦理就是这种新的聚合。其研究的主题在不断更新。需要用一种世界的眼光、时代的视野,对当代人类社会公共政治生活的密切关注,对普通民众的公共生活和个体政治利益需求等政治共存问题的关怀应成为当今社会政治伦理发展的新领域。

现代政治伦理的建构可包括现代的政治伦理价值理念、政治制度伦理、政治组织和政治伦理主体四个方面。

(一)政治伦理价值理念

政治伦理价值理念是人们关于政治生活实践的本质、目的和原则等的意义;政治秩序和政治权力的应当性;政治关系和政治发展等方面的根本态度和观念。政治理念不同于其他仅仅意识领域的观念,政治伦理理念体现目的与规律、事实与价值的统一。对于政治生活实践具有目的性、计划性、指示性、引导性、评价性等功能。"政治既寻找终结,也寻找目的。在政治实践中,它们的价值被争论,实用性被实验,有效性被检测。同样,努力寻找价值给政治注进了一个目的和基本原理。"[1]不同的政治伦理价值理念,规定着人类政治不同的发展趋向。只要有公共政治生活,就存在政治伦理价值理念。政治伦理价值理念贯穿政治生活的全过程之中,贯穿在人们自己的日常政治生活对政治人物、事件、公共政策的争论和评价中。

马克思指出:"人们按照自己的物质生产的发展建立相应的社会关系,正

---

[1] (美)莱斯利·里普森.政治学的重大问题—政治学导论[M].刘晓等,译.北京:华夏出版社,2001:17.

是这些人又按照自己的社会关系创造了相应的原理、观念和范畴。"①人类自从公共集体生活便生成了最原始诸如原始的自由、平等、民主等价值观念,进入文明"轴心时代",西方古希腊产生了苏格拉底的"善"、柏拉图的"正义"、亚里士多德的"中庸"、孔子的"仁"、孟子的"义"、老子的"道",再到近现代西方政治学家关于人类社会政治的契约理念、正义理念、自由理念、平等理念、法治理念、民主理念、宪政理念等。马克思主义政治观产生后形成了诸如马克思的政治解放和人全面自由发展、列宁的"人人为我,我为人人"的集体主义精神、毛泽东的为人民服务、邓小平"一国两制"、江泽民的"三个代表"、胡锦涛的和谐社会和和谐世界、习近平的"中国梦"等。在中国当下,凝集成"富强、民主、文明、和谐、自由、平等、公正、法治、爱国、敬业、诚信、友善"的社会主义核心价值观。政治伦理价值理念源于政治生活实践,又高于政治生活实践,体现的是一种基于政治生活实践的公共理性精神。

（二）政治制度伦理

政治制度伦理是一种制度伦理。亨廷顿讲:"价值通过合法与社会系统结构联系的主要参照基点是制度化。""价值系统自身不会自动地'实现',而要通过有关的控制来维系。在这方面要依靠制度化、社会化和社会控制一连串的全部机制。"②制度伦理,主要是指关于社会基本制度及其结构和秩序的伦理意识、伦理规范和体系,如制度正义、社会公平、社会信用体系、公民公德等。政治制度伦理是整个政治伦理的轴心和关键。政治制度伦理就是基于一定的政治价值理念,对政治组织的伦理规范体系以及其运行机制所蕴含的伦理意义,进而形成一定的政治制度伦理文化。政治制度伦理是保证政治价值理念"正当"存在与付诸实践,并追求可能实现的基本规则体系。政治伦理价值理念通过政治制度伦理获得具体的落实,具体体现政治制度设计目的、运行原则、效果的评价等环节和过程中。随着市场经济的发展和社会成员的个体意识的发展成熟,个人的价值受到普遍尊重,自由、平等、民主、法治的现代政治价值和精神逐渐得到社会成员的认同。这为传统政治伦理走向现代政治伦理奠定了良好的社会经济基础和精神准备。但同时也对政治的公共政策和体制制度安排层面提出不断适应性调整或变革的客观要求和基本尺度。

---

① 马克思,恩格斯.马克思恩格斯选集(第1卷)[M].北京:人民出版社,1972:108.
② (美)塞缪尔.P.亨廷顿.变化社会中的政治秩序[M].王冠华,等,译.上海:生活·读书·新知三联书店,1989:41,145.

(三) 政治组织伦理

价值、制度、组织,是一个互相支撑、相互体现的结构和过程。政治价值理念和政治制度伦理一经设计了方向,也就确定了政治组织结构的伦理性质。国家和政府是政治的主要组织载体和组织形式。国家和政府负载政治权力是有组织的权力系统。国家和政府作为政治组织,既蕴含政治价值理念,又体现政治制度要求。政治组织受到制度的根本影响,反过来政治组织亦影响政治制度。政治组织一方面受制于政治制度,政治制度制约着既定政府,又产生于既定政府;另一方面组织又是推动制度变迁的动力。从其构成来说,是一种形式正当性取向,是工具理性。从其运行来说,则是一种实质正当性取向,需要综合体现政治价值理念和政治制度伦理,如民治政府、有限政府、廉价政府、廉洁政府、效率政府、功能政府、福利政府等。

(四) 政治主体伦理

无论是政治价值理念,还是政治制度伦理和政治组织伦理,都是由政治行为的主体——人来进行和完成的。政治主体,是指构成社会政治关系和进行社会政治活动的政治实体。政治主体可以分为广义和狭义两类,广义的政治主体一般包括个体主体——政治人,如政治思想家、政治人物、社会团组织成员、公民等,即一切参与政治活动的人和集体主体——政治组织,如政党、政治集团、政府、社团组织等。狭义的政治主体主要指个体主体,即政治人。政治主体伦理主要指政治人的政治主体行为、规范、责任和职务美德的伦理。政治行为主体伦理可划分为政治家伦理、政治组织公务人员伦理、社团组织人员政治伦理和公民政治伦理等。

政治伦理价值观是政治伦理的内在精神和灵魂,政治制度伦理准则和规范是政治伦理价值观的逻辑外化和制度化,而政治组织和政治主体的组织伦理和个体道德品质离不开政治伦理价值观、政治道德准则和规范的引领和约束。

二、政治伦理的发展趋势

(一) 政治伦理新人道化

新人道主义是一个现代西方哲学范畴。现代西方哲学出现了两股引人注目的趋向:科学主义的趋向和人本主义的趋向。在人本主义哲学的发展中,又以反理性主义、张扬人性尊严和价值为其主要特征,以叔本华、克尔凯郭尔、尼采、萨特等人的哲学为代表。他们进一步反思古典人道主义的思想传统。他们认为以往的哲学缺陷在于把人降到了物的地位,不是把人当作人,而是把人当作东西,从而贬低了人。他们主张给人以尊严。他们既关切现代人而又追求人的未来。在政治上把争取人的独立性、人的自由个性作为一切未来可能的先决条件。费尔巴哈哲学也表明新人道。费尔巴哈认为黑格尔他们将理性实体化,视理性为宇宙万物的本体,将形而上学与人的感性对立起来。如此,神又以理性的面貌出现,成为形而上的理性神,成为压迫奴役人的感性异在力量。他把被黑格尔排除了的人的感性和自然招了回来,恢复了人的完整性,并把感性和自然看作存在的最高根据,确立了感性的主体的现实性的和经验性。

马克思认为费尔巴哈式的唯物主义的肤浅就表现在只能对单个人进行直观,既看不到社会关系对人的本质的塑造,也看不到它对人的行为的根本性的影响。早在《巴黎手稿》中,马克思就对人的本性和本质的问题(包括人的异化问题)表现出高度的关注。在马克思看来,要对人的本性、本质和异化问题获得批判的洞见,就必须基于人类生命自由自觉生命活动——实践活动理解为社会存在物。在《〈黑格尔法哲学批判〉导言》中,马克思指出:"人并不是抽象地栖息在世界之外的东西。人就是人的世界,就是国家、社会。"①哲学研究绝对不能撇开人的问题,不能撇开人置身于其中的社会关系。马克思主义是"新人道主义",关心的是人的问题。人的异化是人类现代物质文化造成的。马克思确立了实践基点的生活世界的人,其政治意义在于人首先是获得社会关系——政治关系解放和自由的人,并以此为历史前提和逻辑前提。全面自由的人不仅是人对自然界、自然物的自由,而且也是人对人造物、经济关系、政治关系和文化关系的自由,因此包含了充分意义的政治自由人的规定内涵。

政治伦理的新人道化,不是说政治伦理的发展可以离开近代以人道反神道的主题,而是政治伦理对政治的发展中,针对权力为了自身的目的(不论是专断还是大众民主的)屈从于市场和资本,不再为了人性的提升和发展的问题,提出新的主题。其目的是祛除权力和资本共谋,反思现代人放纵物欲。主张政治为了人,而非人为了政治。提出政治权力的工具意义:政治只是人自由全面发展的一种手段和途径,人的发展才是政治权力的终极目的,贯穿政治权力的产生和发展全过程。这个解放是一个历史过程,在于人的"类"意识包括自由意识、平等意识、尊严意识、权利意识、道义意识的觉醒。

(二)政治伦理生活化

就政治伦理基本内容而言,政治伦理面向具体丰富的政治生活事实和实

---

① 马克思,恩格斯.马克思恩格斯全集(第1卷)[M].北京:人民出版社,1956:452.

践。随着国家职能从全能走向权限,统治国家的政治方式主要依赖于现代社会治理方式。政治国家与公民社会、政府与非政府组织、公共机构与私人机构、公共领域和私人领域之间,自愿、合作、对话、联合方式更趋普遍。政治伦理的内容更趋向面对具体的生活实践,更具有世俗性、实证性和生活性。政府传统意义上的政治——政治权力的争夺和维系,大多带有对抗性、强暴性甚至流血性,那么今天的政治则越来越成为各个国家发展的一种不可缺少的社会资源。吉登斯在阐释现代性社会政治关系的变化趋势时认为以前的政治是解放政治。这是一种生活机遇的政治,主题是减轻或消灭剥削不平等或压迫,关心的是权力与资源的差异性分配,特点是等级制。而在现代性高度稳固之后政治秩序的取向则是生活政治。生活政治是一种生活方式的政治,权力已不再是等级制的基础,而是自我实现的一种决策能力。生活层面的东西已经纳入了政治的视野,并开始获得了政治的话语权。人们不仅关心政治人物公共生活中的话语和行为,更关心政治人物私人生活。随着社会的崛起和发展,许多社会性社团组织,如绿色和平组织或环保生态组织,都在全球范围内开展着活动。政治日益被理解为达到人类公共事务的事件。

(三)政治伦理新制度化

政治伦理新制度化是指人们把关于政治公共领域的伦理原则和道德规范要求提升、固定和规定为制度,强调通过制度化的途径对政治伦理加以明文规定,依靠制度的强制手段,转换成政治主体必须遵守的硬约束规则。从制度方面解决政治领域的政治伦理道德问题,把政治伦理要求制定完善为制度并在道德生活领域内贯彻执行。政治伦理新制度化与社会道德法制化是伴随着市场经济的变革而生长起来的,也是对传统政治伦理公私不分的发展。社会生活的现代化转型,政治伦理生活的运作方式也必然变化,客观上要求对政治伦理评价的外部化、明文化,并需要强制力做后盾。宪法政治适应了现代社会公共领域和私人领域,清晰界定两个领域的边界,为日趋广泛的私人领域和每个社会成员的个人权利提供法律制度的保障。

(四)政治伦理的新"天下"化

政治伦理新"天下"化是在对古代中国"天下"政治伦理观批判性继承,也是对近现代理性主义政治文明发现的具有普遍性的自由、平等、民主、法治等政治伦理价值和原则的吸取,强调政治伦理的发展应着眼于全球化时代和世界发展的客观现实和发展趋势。新时代未来的政治伦理更应具有一种普遍关怀的"新天下观"生命精神,有一种以政治担当"他者"意识,本着政治主体责任、平等、对话、宽容、共在、法治等态度和方式，进行反思和解决政治体内部乃至全球政治问题。

中国人自古就有一种"天下"观念。这种观念既是一种最大的"地理"意义的空间概念，又是一种人文观念。荀子说："四海之内若一家，故近者不隐其能，远者不疾其劳，无幽闲隐僻之国，莫不趋使而安乐之。"（《荀子子·王制》）明王阳明说："大人者，以天地万物为一体者也，其视天下犹一家，中国犹一人焉。若夫间形骸而分尔我者，小人矣。大人之能以天地万物为一体也，非意之也，其心之仁本若是，其与天地万物而为一也，岂惟大人，虽小人之心亦莫不然，彼顾自小之耳。"（《大学问》，《王阳明全集》卷二十六）在他看来，仁乃"天命之性"，在普世之仁的沟通下，我与他人，乃至与鸟兽、草木、瓦石也是连为一体的。万物与我同体同仁。这种天下精神实质是一种通达宇宙世界的普遍生命价值精神。"以天地万物为一体"，在政治上就是要做到"视天下犹一家，中国犹一人"。具体来说，便是"视天下之人，无外内远近，凡有血气，皆其昆弟赤子之亲，莫不欲安全而教养之"（《答顾东桥书》，《王阳明全集》卷二）。将仁的普世生命精神推广到天下每一个人（即"明明德"、"亲民"），以至每一物。中国以儒家为主流的德性政治伦理文化注重仁爱实践智慧思考生活世界。尽管这种观念带有儒家普天王土的宗法性、分等级、定亲疏、非理性等"王即世界"观时代缺陷，但"协和万邦"、"天下一家"、"中国一人"的政治文化理想可成为新时代全球政治治理文化价值观的一个重要的文化基础。

康德哲学讴歌理性，颂扬人的尊严，始终强调"人是目的本身而不是手段"。人凭借自身先验的普遍自由理性，不仅为自然立法，而且也为自己立法。直到市场经济充分发育的现代，生活在"陌生人"的社会中的人们发现了自由、契约、平等、权利、民主、法治等理性政治文化价值。在"公共视域"中，人们发现了"他者"在场的伦理意识。齐格蒙特·鲍曼认为在这种对他者的基本态度中，我们可以对称性的彼此互惠，可以彼此理解。"与他者相处"的最基本特征是"责任"。如果我们将他者理解为在"公共视域"中的他者，那么他者与我们就应该是人与人之间的相依与相赖。把他者看作是自己的伙伴，不仅意味着与他者的共存，同时还意味着"为"他者而存在。人类对待异己的他者意识的觉醒不断进步，尤其全世界对二次世界大战反省，使得共存共在的政治"他者"意识获得了普遍共识。

早在资本主义原始积累时期，马克思在其《共产党宣言》一书里就对未来人类社会发展趋势做了预测："资产阶级，由于一切生产工具的迅速改进，由于交通的极其便利,把一切民族甚至最野蛮的民族都卷进到文明中来了。"①人类现代化源起西欧,之后扩散到美洲和亚非拉,逐渐成为不可阻挡的世界性潮流和时代潮流。现代化既给人类创造前所未有的文明和进步,又产生前所未有的全球问题。所有国家、各种类型的政治很难能摆脱其影响。现代化使得全人类各国家民族的联系性越来越密切,全世界越来越成为利益休戚相关的命运共同体。越是要推进现代化,命运共同体特征越是显著。现代化也是个社会系统工程,需要经济、政治、文化价值观层面系统推进。尊重、平等、合作、共赢、创新、发展、可持续、包容、平和等价值观,是人类现代化以来各个民族和国家在国内与国际关系上取得文明进步的宝贵经验。在大数据信息化时代的今天,需要这些价值观念为国家治理和全球治理确立人类命运共同体意识提供价值共识基础。

小结:在现代政治领域人们所关注的是政治权力和公民的权利,关注权力的公共性质及其作用领域在应然意义与实际运行中造成的差异问题。只是到了近代权力的神秘面纱才被揭开,权力的公共性和公域性被发现了。因而,关于权力问题上的应然与实然之间的差异甚至对立成了政治学家们竭力所要解决的问题。如近代社会关于权力制衡的制度设计、关于民主的呼唤、对公民参与的重视以及通过法律制度来规范权力行为等,都是出于维护权力公共性、确保其功能作用领域合理归位的考虑。但至今这依然是一个问题,也意味着政治伦理的发展还有很长的路要走。

思考与探讨题

1. 解释政治伦理化和伦理政治化,试比较两者的差异和影响。
2. 试评价董仲舒的政治伦理思想及其历史影响。
3. 如何认识近现代政治伦理的非道德化和世俗化?
4. 试评价中国古代的"天下"政治伦理观及其现代意义。
5. 如何认识政治伦理的发展趋势?
6. 李泽厚在《回应桑德尔及其他》书中谈到功利主义,他说:"任何个体都生存在群体中,从而就维系社会生存的政府说,为了保障最大多数人的最大幸福在必要时牺牲个体或少数,便不可避免甚至必要,并非不正义。Benlham 本来就是从政府应重公共福利这一角度出发来谈论的。我们不能把它当作个体行为的道德准则来推广"。"这主要是在政府的政策决定和规章实施上这里我

---

① 马克思恩格斯选集(第 1 卷)[M].北京:人民出版社,1956:255.

所讲的'伦理'与'道德'的区分就很重要。因为它包含了社会体制、政府作为与个体行为、内心状态的区分。Sandel 所举的许多事例恰恰没有作这种区分,因此就混淆不清。功利主义作为政府行为(即不是为财政税收而是为改善大众生活来制定政策、设立方案等等)在许多时候是完全适用的;但作为个人行为的准则则不必然。"(李泽厚:《回应桑德尔及其他》,生活·读书·新知三联书店,2014 年版,第 26 - 27 页。)

请结合上述材料,谈谈如何认识功利主义与早期自由主义权利观关系。

第二章 政治伦理的基本范畴

> **本章提要**
>
> 政治伦理学是关于政治权力应当性的学问,是一门关于政治行为善恶、应当与不应当及其评价的理论学说。其内在逻辑构成有基本范畴:权力欲望意志与政治理性、政治诚信、政治正义、政治荣誉、政治良知和政治信仰等。自然政治权力来自权力欲望。权力欲望有利己性、人格两面性、非理性、扩张性、持续性和可控性等特性。权力意志,处于伦理欲求、反思、判断、选择等中间环节,是一种能力范畴。权力意志需要服从理性。政治理性即权力的公共理性。政治是人们的实践政治善的行为。政治善内在体现为一种政治主体德性。追求政治上的向善德性,是政治伦理内在价值和内在目的。政治善需要通过政治伦理主体的政治生活实践去获得,即坚守政治诚信、追求政治正义和担当的政治责任。高层次的政治美德表现为政治良知、政治荣誉和政治信仰等。追求政治善,还需要回答政治"应当如何"。政治应当是每个人的政治应该。这就要求政治既需要合法性,也需要合理性。

政治伦理学是关于政治伦理问题的理论,是研究政治伦理的产生、发展、本质、基本原则、规范以及政治伦理文化等基本原理和规律的学说。根本上说,伦理学是一种关于人类行为善恶、应该与否及其评价的学说。政治伦理学也是一门关于政治行为善恶、应当与不应当及其评价的理论学说。政治伦理是公共政治生活中人们处理政治权力与权利、与政治组织机构、与民众等利益关系应当遵循的规则、善与恶的行为评价,包括相应的政治伦理意识、意志、信念等。从政治伦理学内在逻辑构成来看,是通过政治善与恶、政治权力欲望意志与政治理性、政治诚信、政治正义、政治荣誉、政治良知和政治信仰等一切范畴和体系来体现的。

本章知识结构图

第二章 政治伦理的基本范畴

第一节 政治权力欲望、权力意志与政治理性

一、政治权力欲望

（一）权力及其合法性

1. 权力

权力（Power）这个概念是什么？中外古今许多人都对此关注并研究过。不同的学科、不同角度都提出不同的回答。美国丹尼斯·朗研究过，关于权力有几百甚至几千种定义。很少有什么词汇像"权力"一词这样，几乎不需考虑它的意义而又如此经常地被人们所使用。像它这样存在于人类所有的时代。通过王权和荣誉的结合，权力被包括在对超我存在（Supreme Being）的圣经式的赞誉之中，每天，有成千上万的人都要和权力打交道。伯特兰·罗素认为，权力和荣誉是人类最高的欲望和最大的报偿。[①] 自有记载的历史以来，其实不管人们是否意识到，每个人每时每刻都存在在一定的权力关系中。概而言之，权力有以下含义：其一，权力是一种意志力。马克斯·韦伯关于权力的界定比较流行，他认为权力是强行实现自己意志的能力。米尔斯也认为，权力实现意志的能力，特别是在别人反对的情况下仍能实现自己意志的能力。其二，权力是一种强制性影响力。美国政治学家杰克·普拉诺认为权力是一种行为影响力，"影响是政治活动者以一种他喜爱的方式左右他人行为的能力，而权力则是根据需要影响他人的能力"。[②] 罗伯特·达尔把影响称为"行动者之间的一种关系，通过这种关系，其中某个人带动别人采取行动。没有这种关系，他们就不会这么做"，权力是"A 驾驭 B 的权力达到这样的程度：他可以让 B 做他本来不愿意做的事"，"正是惩罚的威胁使权力有别于一般的影响。权力是施加影响的一种特殊形态，意即利用威胁手段对不遵守既定政策的人采取严厉剥夺的办法来影响他人政策的过程。"[③] 从这个权力的定义出发，一个人或一个集团在牺牲其他人或集团的利益的基础上，达到自身目的的能力便是权力的本质。权力包含有强制的因素，不能把商议或劝说视为执行权力。[④] 其

[①] （美）约翰·肯尼思·加尔布雷思.权力的分析[M].陶远华,苏世军,译.石家庄:河北人民出版社,1988:1.

[②][③][④] 张明.新时期预防职务犯罪理论与实践[M].北京:新华出版社,2007:74.

三,权力是一种预期效果力。丹尼斯·朗在《权力论》中借鉴罗素的定义,提出权力"是某些人对他人产生预期效果的能力"。① 权力具有意向性、有效性、潜在性、关系的非对称性等特性。其四,权力是普遍承认的强制力。强制的影响力有很多种,迫使、强制他人不得不服从的力量并不都是权力。权力区别于其他强制影响力的根本特征和性质是社会的普遍认可或同意。"权力是社会承认、认可或同意的强制力量"②。最后,权力是管理者具有的合法强制影响力。权力关系本质上是一种管理与被管理的社会关系。只有在这种管理关系中权力才得以存在。任何社会的存在和发展,都不能离开管理,因而形成了管理者和被管理者的角色。管理者角色得以形成的条件必须拥有一种被社会成员普遍同意的迫使被管理者服从的强制影响力,即权力。马克斯·韦伯说:"权力意味着在一种社会关系里哪怕是遇到反对也能贯彻自己意志的任何机会,不管这种机会是建立在什么基础之上。"③一个人如果离开了管理者角色,尽管有时他的权力资源还在,但他拥有的权力也不复存在。

2. 权力的合法性

权力的合法性是指权力获得和运行的正当性和认同性。合法性中的"法"不仅是指它的严格涵义即"法律",而且还包括最广泛的认可、同意的集体公认的标准和价值。合法性是保持社会政治秩序的基础。离开合法性,管理者或领导者就必须依靠压制或强制来保持他们的权力。但是,单纯依赖强制力量是不能持续保持权力关系的。迪韦尔热把社会的普遍同意当作权力之为权力的根本特征:"权力的合法性只不过是由于本集体的成员或至少是多数成员承认它为权力。如果在权力的合法性问题上出现共同同意的情况,那么这种权力就是合法的。不合法的权力则不再是一种权力,而只是一种力量。"④

当权力被授予合法的性质,就成为权力权威。马丁说:"在权威概念中,根本性要素是合法性。"⑤达尔说:"当领袖的影响力被披上了合法性的外衣时,通常就被称为权威。那么,权威就是一种特殊的影响力,即合法的影响力。"⑥不同的权威具有不同权威构成的条件和基础。如个人权威,权威不仅包括管

---

① (美)丹尼斯·朗.权力论[M].陆震纶,郑明哲,译.北京:中国社会科学出版社 2001:3.
② 王海明.国家学(上卷)[M].北京:中国社会科学出版社,2012:20.
③ (德)马克斯·韦伯.经济与社会(上卷)[M].北京:商务印书馆,1997:81.
④ (法)莫里斯·迪韦尔热.政治社会学:政治学要素[M].杨祖功,王大东,译.北京:华夏出版社,1987:117.
⑤ (英)罗德里克·马丁.权力社会学[M].陈金岚,陶远华,译.石家庄:河北人民出版社,1992:93.
⑥ (美)达尔.现代政治分析[M].王沪宁,陈峰,译.上海:上海译文出版社,1987:77.

理者角色的职权,更主要的个人包括职业素养的综合素质、才能、品格、成就、业绩而形成的一种使人信从的威望。权威关系属于情感、心理的和道德认同的关系,它与建立在强制胁迫的影响力不同:权威在行动上是一种自愿认可或服从的行为。权威不一定需要借助权力,但权力不能离开权威的合法性——即权力的合法性。权力的权威来源于其所具有的相当的公信力,具体就是一定社会的国家机关及其辅助机构以及国家工作人员和依法从事公务的人员,通过其职权活动在整个社会形成的一种正面影响力,这种正面影响力包括民众对权力的信任、对权力权威的自觉服从。权力公信力的获得,其中一个关键性因素是权力权威的树立。权力的有效性"与权威成正比,与强制成反比:管理者越有权威,使用的强制便越少,权力便越有效;管理者越没有权威,使用的强制便越多,权力便越无效;管理者如果彻底丧失权威而完全依靠强制,权力便失去合法性而成为纯粹强力,因而也就不称其为权力,沦为所谓'捆猪的力量'了"。①

(二) 政治权力欲望

政治权力是一个社会中至高无上、不可抗拒的权力,它是形成一个国家的核心要素。无政治权力的社会便无政府和国家。政治权力无论对内对外都应该具有不受挑战、不可抗拒的特性。政治权力欲望是指一种对政治权力的渴望和追求。欲望是人的欲求和需要,有生理的、心理的和生存与生活的欲求和需要。政治权力欲望是一种普遍的社会和政治心理现象。一般说来,人们都不同程度地存在影响、支配、控制他人并使他人服从的本能和意志,这种本能和意志的对象化就表现为一种权力欲望。任何社会都是各种不同层次权力构成的体系和结构。权力体系有类别、层次、大小、强弱能力差异。权力的实现既可通过担当不同角色的职权和职务实现出来,也通过相应的体制和制度来保证其实现。政治权力最终被掌握政治权力的组织机构的管理者、领导者以及民主制度社会中选民所掌握。话语权、支配权和上下等级的确立保证了权力欲的实现。一定意义上说,人人都有政治权力欲望,只是渴望和追求的权力类型层次不同而已。

权力是一种实现使他人服从自我的意志,基于人性中潜在欲望。政治权力欲望既是政治主体的一种心理现象又是一种权力存在的形式。政治权力欲望产生根源:其一是政治文化心理基础。政治权力欲生生不息在于它的永不

---

① 王海明.国家学(上卷)[M].北京:中国社会科学出版社,2012:25.

枯竭的政治文化心理土壤。人并不只是一个纯理性的动物,在人身上还存在着许多非理性的因素,比如情感、欲望、本能、冲动等。柏克指出政治和社会的体制只是在很小的程度上依赖于盘算或自利,甚至很少依赖于自觉的理性意志。社会和政治很大程度上依赖于一定政治文化形成的"偏见"和习惯、根深蒂固的爱与忠诚的感情。这种自然而又本能情感发端于家庭和邻里,然后扩散拓展被移植到国家和民族。从根本上说这些情感是原始和本能的,但它们构成政治人格及其魅力的巨大基础。政治人格魅力助长了政治权威意识,这种意识又逐步发展弥漫社会的政治偶像造神心理。权威的东西被奉若神明,并使自己膜拜在他们脚下。这种权威意识和权威崇拜又助长人的权力欲望。① 其二是生命保存的需要。财富和权力是保证人类生命秩序的基本前提,甚至可以说是生命自由秩序的根本保证。权力保证生命的尊严,财富保证生命的生理和心理的需要和欲求。权力与财富往往互相支持,财富成为可靠的权力资源;权力又能保证获得源源不断的财富。任何法律本身所保护的权力和财富又是先天不均匀甚至不平等的。因而,每个人都本能地渴望最大限度地拥有权力和财富。"'目的的单一性和手段的多样性',使权力和财富的占有本身具有不确定性,即权力和财富占有必然要在合法性与非法性之间游离。在私欲意志常常获得胜利的鼓动下,许多人皆希望通过最少的劳动获得最大的利益"。②

但是一旦当权力能够不断地转化为社会的物质财富、个人地位和声誉等经济资本和社会资本的权力资源时,权力欲望又呈现以下特性:

(1) 利己性:利己是人的本性,也是自身得以发展的逻辑起点和动力起点。最低程度的利己是自我保存,高层次的是追求自我利益最大化。权力与人一样有着强大自我保存欲望,自己很少去选择结束自身的命运。任何权力欲望及其结成的欲望体系,由于其不断扩张的冲动本能同样拥有与人一样追求自身利益最大化的本性。权力欲天生追求持续满足自身不断扩张了的利益。权力的利己性经常导致权力自保目的性和手段性倒置、错位,即通常所说的为达到目的不择手段或将手段作为目的。其结果,最终导致权力私域化。

(2) 人格两面性:权力欲在权力运行过程中,有时候一方面把自己伪装成天使,一方面又充当魔鬼。获取权力、维系权力、巩固权力、放纵权力成了权力

---

① 周安伯,亓方,赵常林. 精神现象探秘[M]. 南京:南京大学出版社,1994:37.
② 李咏吟. 美善和谐论[M]. 杭州:浙江大学出版社,2011:447.

欲用来满足自身的唯一目的。人的兴趣、爱好、才能等都被成为权力工具化成为权力资源后,人格就会缺少或分裂。

（3）非理性:非理性控制和占有冲动是权力欲望常常显性的方式,其行为特征或结果往往就是诉诸于激情和暴力。权力欲望它本身往往本不具有仁爱悲悯情怀,恰恰相反的是,借助权力场使得权力得寸进尺、欺软怕硬。古罗马奥勒留说:"假如让欲望超越了理性的范围,那它就会像脱缰的野马一样狂奔乱撞,难以施控。且看一看那些失去理性控制的人吧,他们有的愤怒无比,有的欣喜若狂,有的激动万分,还有的焦躁恐惧,这些精神状态使他们的容颜衰老,使他们的动作滑稽,甚至声音和态度都发生了极大的变化。"①

此外,权力欲望还具有扩张性、持续性和可控性等特性。权力欲望与人性其他欲望一样,具有膨胀性和扩张性特点。权力欲望往往只愿按照自己的扩张逻辑运转。"有权者抓住权不放,权小者伸手要更大的权,为达此目的,可以出卖灵魂、杀妻煮子、认贼作父、为奸作伥、唯利是图、唯权是夺。目标就是一切,手段可以不加选择。宋朝时期变诈反复、唯权是营的蔡京;南宋末年贪婪无耻,无恶不作,腐败朝政的贾似道;明代阿谀投射,投机钻营,伸手要官的焦芳等都是这类欲壑难填,得寸进尺⋯⋯"。② 权力欲望的本质特性是持续性。权力欲望只有在运动的持续性中发挥作用。权力欲望一旦停下来就等于自我消亡。"所谓的贪污腐败其实源于人性的异化,而导致人性异化的原因是欲望与权力的联姻。欲望与权力的联姻可以产生多大的力量？权力本身就可以生杀予夺。而欲望既是生命的基本能量,又是一种致死的痼疾。权力的来临会把酣睡中的欲望唤醒,让它从蛰伏期勃然萌动起来;如果欲望本来就已经是醒着的,一旦有权力加盟进来,那它就会疯狂地旋转"。③ 权力欲望的本性也是不可改变的。古代往往通过宗教、道德教化手段制衡权力欲望,现代主要通过制度手段来改变权力产生和行使的方式来驯化权力欲望。奥勒留讲:"欲望和理性是精神活动的两种方式,前者促使我们为追求事物而奔波忙碌,后者则告诉我们通过什么方式来追求这些东西。可见,理性掌管着欲望,欲望听从于理性。做事有理有据,充分谨慎;如果一个人的行为符合了这两点,那么他就是一个有责任感的人。"④

---

① （古罗马）奥勒留. 蔡新苗,史慧莉译,沉思录[M].北京:中国华侨出版社,2013:221.
② 张明.新时期预防职务犯罪理论与实践(第1卷)[M].北京:新华出版社,2007:81.
③ 程一身.权力的旋流 中国官吏群像馆[M].敦煌文艺出版社,2009:210.
④ （古罗马）奥勒留. 蔡新苗,史慧莉译,沉思录[M].北京:中国华侨出版社,2013:224.

【案例】

象牙筷定律

殷纣王即位不久,命人为他琢一把象牙筷子。贤臣萁子说,象牙筷子肯定不能配瓦器,要配犀角之碗,白玉之杯。玉杯肯定不能盛野菜粗粮,只能与山珍海味相配。吃了山珍海味就不肯再穿粗葛短衣,住茅草陋屋,而要衣锦绣,乘华车,住高楼。国内满足不了,就要到境外去搜求奇珍异宝。我竟为他担心。果然,纣王"厚赋税以实鹿台之钱,……益收狗马器物,充仞宫室。……以酒为池,悬肉为林,使男女倮相逐其间,为长夜之饮。"百姓怨而诸侯叛,亡其国,自身"赴火而死"。为什么事态会如萁子所言,一步一步地发展下去?世人的贪欲,不都是这样?得寸进尺,得陇望蜀。没有止境的。君王的贪欲,更为可怕,因为他拥有无限的权力,没有人可以阻止他。《诗》云:"商鉴不远,在夏后之世。"第一次可能是微不足道的,一双筷子或一只木盆。只是大坝一旦决了口,洪水便会一泻而下。看一看那些贪官,只要收了第一笔贿金,以后的事便不由他了。只是,人的意志力是多么薄弱。一旦坐上权力的交椅,有几个人能拒绝这第一次?

思考:上述案例体现如何权力欲特性?权力欲与权力意志何种关系?

二、政治权力意志

心理学意义的意志是有意识地支配、调节行为,通过克服障碍,以实现预定目的的心理过程。意志具有发动、坚持和制止、改变等调节控制行为的动机作用,比一般动机更具有选择性和坚持性。意志通过行为表现出来,受意志支配的行为称为意志行动。具有自觉的目的性、运动的随意性、克服困难的坚韧性等特征。哲学意义的权力意志,是尼采提出的。他认为生命的本质应该是古希腊酒神精神,是积蓄能量和追求超越和强力。因为力求积蓄力量的意志是生命现象所特有的,是营养、生育、遗传所特有的,是社会、国家、风俗、权威所特有的。尼采把生命现象这种自我创造、扩张、征服的本能的冲动和意欲称为权力意志。他认为这种本能具有更高价值。尼采说:"这个世界是,一个力的怪物,无始无终","这是权力意志的世界,此外一切皆无!你们自身也是权力意志"。① 他认为，人的本质就是权力意志，这是一种高级的生命意志，它不只是单纯地求生存，而是渴望统治、渴望权力。人生的本质就在于不断地表现自己、创造自己、扩张自己。正是这种权力意志派生并决定了人生命过程中所有的一切，包括追求食物、追求财产、追求工具、同化他者的意志等。

政治伦理意义的权力意志，是一个相对于政治权力欲望和政治权力理性之间的基本范畴，是政治行为主体在政治权力行为过程中，为追求和实现一定权力目的，克服困难和障碍，进行选择、确定和调节权力行为的过程。伦理意志或意愿只是一种处于伦理欲求、反思和判断的中间环节的范畴。由于普遍伦理理性的作用，它比反思更进了一步，更接近理性使人摆脱欲望的诱惑或奴役的一种自由选择的环节和状态。在一定境遇下一个人尽管经过审思，他看到了一个事物是好的，但基于人性的软弱局限等因素，他不一定就会选择或亲近这一事物。这时候，意志的作用就发挥出来。近现代区别传统社会最显著的标志是理性的启蒙觉醒。人们运用理性来理解世界，也依据理性来反思、判断和选择行动。在康德看来，自由意志不再像奥古斯丁那样认为必然与信仰问题相关，而与人的认知理性、实践理性有关。康德认为自由首先表现为意志的自由。意志的作用在于行为选择。人类的意志活动有两种形式，一种是受到感官影响的意志活动。这种意志活动使得人可能会仅仅由感官冲动或刺激之类的爱好所决定而选择行为，康德认为这可以说是未走出自然的、非理性的、无异动物性的选择。这种意志活动出于变动不居感性偏好，其实是不自由的，还不能成为真正的意志。另一种是自由意志活动。这种意志活动进行行为选择是由纯粹理性决定的。纯粹理性设定一个无条件的、普遍的绝对命令，要求意志（实践理性）在每一次选择行为时所遵循的准则都符合于这个作为普遍法则的绝对命令。遵从纯粹理性设定的绝对命令的要求进行行为选择，这是意志的自由。人的行为自由，意味着其能够按照自我意志选择去行动，所以它根源于意志自由。在现实的实践关系中，为了防止人们的意志活动偏离纯粹理性命令，人们建立了一系列渊源于纯粹理性绝对命令的道德法则和个体的行为准则。这些法则表现为强制命令或禁止我们做某些行为。它们表现为一种义务。② 人的意志选择不再是原罪的根源，而是一个人追求和实现德福统一的内在依据和条件，实践理性和善良意志是人的道德活动的主体。道德的根据不再被看作是在感性的情感之中，而是在于理性的意志之中。政治权

---

① （德）尼采.权力意志[M].张念东，凌素心，译.北京：中央编译出版社，2000：7.
② （德）康德.法的形而上学原理——权利的科学[M].沈叔平，译.北京：商务印书馆，2009：23-24.

力意志如果欲成为自由意志,只因为"自由是独立于别人的强制意志,而且根据普遍的法则,它能够和所有人的自由并存"①。这一自由基本律则,不能到源自政治权力情感欲求中求得,而首先只能在政治的理性中获得。这种理性就是被康德所称的"理性的公共使用"、罗尔斯所称的"公共理性"。对理性所渴望的欲望情绪转化为政治权力意志,再由政治权力意志转化为权力主体政治行为。但实际政治生活中,政治权力意志则存在于政治权力行使中。政治权力的行使实质是使权力对象按照权力者自己的意志作为或不作为。"所谓权力意志的形成,就是政治权力主体在进行实际的权力操作、控制、影响和支配之前必须有一个完整的行为意志,这个意志应该包括确定明确的控制对象、力求达到的控制目标、能够运用的媒介手段、权力行为的各个阶段等"。② 国家意志是政治权力意志的唯一代表和最高主体,是一个能合法使用公共权力乃至暴力的公共权威机构。政治主体国家行为体现强烈的意志色彩。但政治权力意志在现实中总是存在于以权力拥有者和权力作用客体对象两个意志主体的不对等关系中,并且在交互作用的过程中展示自己。从这个角度看有两种基本类型的政治权力意志。

  第一类是统治服从意志。这种权力意志又被称为专断性权力意志。权力意志事实是统治者意志的反映。因为统治者之所以是公共领域的代表,因为他们是真理或神意(天意)所授的代表。天意真理是不能靠每个普通的人就能得到的,只能是少数人的天赋。所以只有少数天才可以处理公共事务,一般普通人没有参政权利。普通个人或者大众的政治权力意志是杂乱无序而且偏私任性的意志。国家权力意志只需要强制性自上而下通达。对权力的义务又只能以单向度由下至上对最高统治权力的负责和效忠——即个体意志对少数统治者权力意志单向度强制性服从。这种单向度的服从一般要依赖非理性情感和信仰以及对大众进行相应的政治文化教化。这种类型的权力意志的基础是强制力。决策过程可能比较迅速,运行方式是自上而下式的。统治服从意志的优势,可以形成强大的权力威慑力与巨大的社会动员能量,但由于无法与社会形成稳定的良性互动,尤其在现代社会分工复杂、利益多元化的社会中,往往难以形成可持续的政治治理能力。这种权力意志力也会在向下贯彻过程中经常遭受各种来自不同意志力量的冲撞而出现梗阻扭曲的现象。

  第二类是公权认同意志。这种意志又被称为制度性权力意志。国家权力

---

① (德)康德.法的形而上学原理——权利的科学[M].沈叔平,译.北京:商务印书馆,2009:53.
② 王楷模等.政治学原理[M].北京:中国政法大学出版社,2014:120.

是一种公共权力,公共权力作用的对象和领域是公共领域。公共领域区别私人领域的,最重要和最基本的是"公共性"。主导政治的公共领域的意志应该有别于私人领域的情感性、任意性、浪漫性、神圣性意志。公共意志应该是所有民众意志的公共表达。但所有民众的个人意志都是个别性的,各自不同的,如果所有人的意志都要在同一件事情上得到同样的表达,那么结果是对这件事情根本就难以形成一个大家都同意的公共决定。于是,就应该找到一个性质上有别于个别性的个人意志的、有普遍性的公共意志的途径。这就是保证公共意志能够最充分表达的制度。因此,公共意志必须要制度的方式加以实现。换言之,政治权力即公共权力,政治权力意志即公共权力意志。政治权力意志应该通过制度实现自己的目的。因此,任何个人,包括最高权力者行为只能服从制度而不能服从自己个人的意志。这种意志的权力便成为制度性权力。服从制度的政治权力主体在行使制度性权力时,就需要与社会民众广泛协商,征得社会的同意和支持。制度性权力意志的基础是权力对象的非强制性认同和同意。公权认同型权力意志运行模式是主体客体的互动以及自上而下与自下而上的结合。尽管这种权力意志的决策过程贯彻貌似缓慢,但重要决策事先已得到社会的多数支持,其执行效能与效率大大提高,也大大减少了权力意志贯彻的梗阻扭曲现象。

政治权力意志机械论者霍布斯看到了国家和政治权力的利益性、公共性、认同性,但认为从经验看意志必定是具体的,公共意志只能是统治者的个人意志来代表和体现,因为意志必须真实地、经验地存在,不可能有普遍(公共)意志。利维坦国家就是一个巨人人格,其意志的代表性就是其公共性,由契约制度赋予。这种权力意志问题在于:公共意志要由君主个人来行使,如何才能保证君主个人的主观偏私任性不掺杂到权力运行实践过程中,以及如何才能保证臣民绝对服从与君主的道德自觉。"霍布斯认为道德建立在政治权威之上。但是,追溯他的论点可以把我们带到这么一个结论上:除非政治权威建基于道德之上,否则它无法赢得它的臣民的理性赞同。"[①]霍布斯的权力意志,其一,他看到了权力基于安全、自保等社会成员个体利益的公共性而非神圣性。其二,他希望将政治权力意志贯彻公共意志。其三,他希望权力的公共意志通过制度(契约)来实现。最后,他又将权力意志完全安置在君主一个人强制统治,民众的绝对服从上。结果却是制度服从君主,而非君主服从制度。霍布斯的政治权力意志总体来说是积极性权力意志观,其局限性根本在于企图建立一

---

① 王晓玲.执政能力的伦理维度[M].长沙:湖南大学出版社,2008:66.

种人民授权的绝对的政治权力意志来保证众人的权利,却难以确保制度的公共性表达。

洛克进一步修正霍布斯的权力意志,第一,凸显政治权力意志的消极意义。他认为:"人们联合成国家并受制于政府的一个主要的重大的目的,是保护他们的财产。"①进而使得国家变成一个工具,以保护社会每个个人的生命、自由、财产为底线尺度。国家权力意志是保护性而非统治、征服、占有性的公共权力意志。第二,凸显政治权力意志运行机制的公共性。洛克认为政治权力只能是一种委托性的、有限的。如果政治权力是绝对的无限的,那契约对人民来说就是卖身契。因此真正的政治权力不在立法者那里,而在人民手中。只要人民发现立法行为与他们的委托相抵触时,人民仍然有权罢免或更换立法机关。而将所有权力都委托政治权力意志不可能是绝对的,于是他提出以分权化解特权和专权的权力运行机制。但洛克的公共权力意志由于过度集中于个人财产权利消极性保护,无法确保这种政治社会因财产问题产生的平等公正等公共性问题。

卢梭认为合理的社会制度应当是主权属于全体人民的民主制度,这种制度也就要由全体自由平等的人民来掌握立法权。强力意志不能形成权利和义务。唯有人们制定和服从自己的法律,才能形成保护人们自由的权利和义务。法律是由人民自己参与制订的,服从法律也就不是服从他人的意志而是服从人民自己的意志了。在这里,法律也就成了公民"公共意志"的表现。卢梭把"公共意志"和"全体意志"区别开来。"公共意志"只是指每个人的意志趋于一致的部分;"全体意志"则是指每个人的意志表现的总和,其中包含着每个人各自所要追求的特殊利益。罗尔斯说,卢梭的公共意志(普遍意志)是"所有的公民——作为以社会契约为基础的政治社会成员——都具有的意志。不同于作为特定人格的每一个各自具有的意志"②。罗尔斯认为,公共意志所欲求的就是公共善,也不是凌驾于社会成员之上的某个实体意志,如整体社会的意志。真正具有公共意志的是个体的公民,是实现公共利益慎思理性的一种形式。因此,公共意志依赖于公民自爱、自尊、互利、合作等所有成员的共同的根本利益。而私人意志的本性总是倾向偏私,只有公共意志才能倾向于平等和正义。卢梭的逻辑,认为正因为"公共意志"是大多数人的真正共同的意志,据此而制定的体现每个人自由意志的法律也就必然能够代表全体公民的共同利益。每

---

① (英)洛克.政府论[M].赵伯英,译.西安:陕西人民出版社,2004:201.
② (美)罗尔斯.政治哲学史讲义[M].杨通进等,译.北京:中国社会科学出版社,2011:229.

个人献出自己的权利再从共同体那里获得符合自己根本利益的所有权利。由于道德共同体过滤了自身偏见,于是一个主权在民的道德政治共同体就能建立起来。卢梭的权力意志最大贡献是,凡是权力意志必定要体现公共善的人民主权意志。公共善的实现离不开共同体意志,共同体意志又必须体现和确保每个个体的自由意志。公共善与个体权利比较,共同体权力优先于个体权利,这样才能保证共同体成员的平等、尊严和人类仁爱的自然道德美德。洛克意义的包涵个体权利的公民在卢梭这里转化为抽象和含糊的集合概念——人民。但事实上,古往今来的政治生活,都是经验型而非柏拉图式理念型的。经验型政治生活,并不是一个抽象的集合的过程。卢梭的最大问题在于权力意志的落实问题,即如何将人民的抽象意志和权力落实为具体的公民权利。其公意说寄希望于道德的乌托邦之上,如果公意一旦被异化了,乌托邦的梦想就必然随之而破灭。其道德理想国范式,最终会对个人的基本权利构成一种威胁。其根源在于其一,卢梭没有认识到道德规范在公共领域和私人领域的区分。他一反格劳秀斯和洛克将自然法归结于理性的基础,而将人类自然法则归结为私人领域的情感原则——仁爱(自爱和怜悯)。这构成卢梭理想道德共同体隐蔽又内在的规范标准和目的。其二,卢梭也没有解决公共意志与个人权利、共同体利益与个体利益的一致性问题。公共意志如何能够在不借助于权力强制的情况下与个人的自由选择相一致。其三,卢梭没有解决在经验政治生活中权力意志的制度化问题。有观点认为卢梭"无法在现实的政治实践中解决公共意志的制度化问题,公共意志在他的理论中仅仅成为了'在场的'民众的意志,或者是未经组织化的民众的自发运动。这样,公共意志的内容一旦在规范层面被掏空,在实践层面就易于被'charisma'(神性魅力)型领袖所替代,假借民意推行民粹主义的专制统治"。[①] 对此,贡斯当认为,卢梭没有分辨清楚古代人自由与现代人自由别,"未能认识到两千年的时间所导致的人的气质的变化",他"把属于另一世纪的社会权力与集体性主权移植到现代,他尽管被纯真的对自由的热爱所激励,却为多种类型的暴政提供了致命的借口"。简而言之,他"误将社会机构的权威当作自由"。[②] 卢梭的出发点是公民自由和平等,但其追求自由的公权意志结果,让公民丧失个人的自由;追求权力意志的公共性,结果是权力的私人化、特权化、极权化,让公民丧失平等。

---

① 姜涌.哲学与政治:当代中国政治哲学研究[M].山东大学出版社,2007:53.
② (法)贡斯当著.古代人的自由与现代人的自由[M].阎克文等,译.北京:商务印书馆,1999:34,35.

【材料阅读】

政治发展历史中有过许多次政治变革,也出现过许多优秀的政治人物和集团。他们具有高度的献身精神和政治激情。他们追求新型的有效的集权政治,他们的权力欲求和对权力的使用最初都出于一种高尚的使命感。但是,长久保持一种高度的献身精神是困难的;某些革命党人的政治热情或激情并不能保证为其第二代或第三代所继承;这种献身精神和激情往往可能为其成就所腐蚀。一旦这种献身精神蜕变了。这种政治热情消退了。其中的相当一部分人就可能惊奇地发现他手中所有的那些权力。在他与同辈或其先辈所创造的特定的政治体制下具有他以前从未意识到的功效。当他重新发现了权力和新的权力内涵,他就可能产生对权力的更大、更强烈的利己主义的要求。同时他对此往往心安理得,因为他或他的先辈曾为之付出血汗。这是享用权力的"质变效应",这样的权力欲求具有自我保护和制度保护双重保险,会奇迹般地达到登峰造极。(——周安伯,亓方,赵常林:《精神现象探秘》,南京大学出版社,1994年版,第37页)

思考: 政治权力意志与政治激情何种关系?仅凭一种情感和意志的权力能否持续发展?

三、政治理性:权力的公共理性

"理性(reason)是人生而具有的一种能力,一种发现什么是真理的能力,这个能力就是理性";换句话说,"理性是一种使我们了解真理的本领。"[①]"公共理性"(Public Reason)一词源自西方。霍布斯在《利维坦》中使用"公共理性"这一短语来指主权者的理性或判断;卢梭在《论政治经济学》中将公共理性与私人理性相对照,后一种理性是利己主义的,而前一种关涉的是公共善;托马斯·杰斐逊在其第二次就职演讲中也使用了"公共理性"一词,将其与民主政府的理念相关联;康德在《什么是启蒙》一文中,提出"理性的公共运用",认为公共理性是面向整个公众的、自由的。沿着卢梭的道德理想型的权力逻辑,康德与黑格尔将权力公共意志推进到思辨哲学权力理性主义王国。康德发展了卢梭的道德学说,第一,康德将人的意志看作实践理性。权力意志是权力的

---

① 林毓生.中国传统的创造性转化[M].北京:三联书店,1988:47.

实践理性,即理性在公共权力领域的"公开运用"。实践理性的形式赋予了人先验自由本性。康德认同卢梭人生来是自由的这一观点。从存在论意义看,人又是有尊严的有限理性存在物,人应当是目的而不能当作工具而存在。第二,公共理性产生之初,存在一个先在的合法的主体权利。康德的目的和自主概念隐含着一种先在原初的平等主体行动自由的权利。这种先在原初权利分化的一个权利体系,把它运用于外在关系——主体的私人权利,即"从道德原则出发就获得其合法性的,它独立于公民的政治自主。康德类似于洛克,认为那些保护私人自主的'自然权利',是在主权立法者之前就存在的"①。第三,通过理性而信服强制才是合权利的。康德说:"在每个共同体中,⋯⋯在有关普遍的人类义务问题上,每一个人都渴望通过理性而信服这一强制是合权利的","凡是(为了不致失误自己的目的)需要有公开性的准则,都是与权利和政治结合一致的。"②从实践论意义看,在《实用人类学》即道德的实践经验生活中,康德认同了人对世俗偏好、利益和幸福的追求。作为理性的存在者的人的行动必须遵守法则,"除非我自己愿意自己的准则也变为普遍规律,我不应当行动","因为大家必须赞同这一点:要制定那些能够使权利得以可能的程序,所有的人都必须同意,因为没有这样的程序,平等的自由就是不可能的,而且这样一来,每个人的外在自由也是不可能的。"③因此,政治生活中自由就是法权意义上的自由。康德认为个人权利源自理性法律——公共意志的授权。国家作为公共生活的权威机构,他是公共意志的代表,其任务就是要维护公民自由权利。康德完成了公共意志理性化、法律化第一步,但还没有深入到具体现实的民主制政治社会中公共领域及其个体意志和公共意志如何统一的问题。

　　黑格尔则在康德基础上进一步思辨化。黑格尔认为,卢梭在探求公共意志这一概念中作出了他的贡献,即提出了国家的公共意志原则,但是卢梭理解的公共意志还不是意志中绝对合乎理性的东西。卢梭的契约国家结果只能是意见的同意。它只能产生其他纯粹理智的结果。黑格尔认为公共意志是绝对精神伦理化发展的一个历史进程中的最高阶段。世界的本源是绝对精神,绝对精神的运动必须经历三个阶段:家庭、市民社会与国家。

　　"伦理的最初定在又是某种自然的东西,它采取爱和感觉的形式,这就是家庭。在这里个人把他冷酷无情的人格扬弃了,他连同他的意识是处于一个

---

① 龚群.重新激活卢梭的人民主权思想[J].哲学动态.2005,(5).
② (德)康德.历史理性批判文集[M].何兆武,译.北京:商务印书馆,1990:199,144.
③ 王晓玲.执政能力的伦理维度[M].长沙:湖南大学出版社,2008:68.

整体之中。但在下一阶段,我们看到原来的伦理以及实体性的统一消失了,家庭崩溃了,它的成员都作为独立自主的人来互相对待,因为相需相求成为联系他们的唯一纽带了。人们往往把这一阶段即市民社会看作国家,其实国家是第三阶段,即个体独立性和普遍实体性在其中完成巨大统一的那种伦理和精神。因此,国家的法比其他各个阶段都高,它是在最具体的形态中的自由,再在它的上面的那只有世界精神的那至高无上的绝对真理了。"①

作为伦理实体(概念中普遍性意志和个体意志统一)历经家庭和社会阶段的扬弃,发展到最高阶段——伦理精神,一个重要标志是它实现了理性精神与理性制度的统一。如此,公共意志才有了自己新的精神面目和现实的制度落脚点,同时也解决了卢梭道德理想国威胁个人自由的难题。公共意志表现为一个绝对精神不断自我否定、下降又上升、复归的历史过程,表现为一种理性精神的历史性、制度性和现实性。但黑格尔这种运思路径本质上依然是一种抽象的观念论思辨。在实际政治生活实践中,如何避免黑格尔意义国家伦理实体不至于类似卢梭那样吞没个人自由,也依然是一个问题。

康德、黑格尔批判分析了卢梭的公共意志学说,力图挖掘并演绎公共意志中的理性资源,但由于缺乏民主政治生活的实践经验,终究没有能发展出明晰的公共理性观念。直到20世纪罗尔斯时代,罗尔斯才宣布说:"公共理性是一个民主国家的基础。它是公民的理性,是那些共享平等公民身份的人的理性,他们的理性目标是公共善,此乃政治正义观念对社会基本制度结构的要求所在,也是这些制度服务的目标和目的所在。"②在后来的《万民法公共理性观念新论》中,对公共理性进行了进一步的解释,公共理性就是如何理解民主政府与公民等政治主体之间的政治关系,指各类政治主体基于"满足互惠准则的一系列政治正义合理思想之合理总念达成的公共推理"。③

实践层面的公共意志理性化——公共理性。

1. 公共性

公共性是现代社会现代性最基本的特征。17~18世纪欧洲社会随着市民社会的形成和发展,出现了追求"公共利益"的"公共领域",与之相伴的产生了各种形式的公共议论和以公共事务为目的的自发性组织。公共领域,它并不指称某种特定的公共场所,而是任何能体现公共性原则,即原则上对所有公

---

① (德)黑格尔.法哲学原理[M].范扬,张企泰,译.北京:商务印书馆,2009:49.
② (美)约翰·罗尔斯.政治自由主义[M].万俊人,译.南京:译林出版社,2000:225-226.
③ (美)罗尔斯.万民法公共理性观念新论[M].张晓辉等,译.长春:吉林人民出版社,2010:109.

民开放而形成的场合。一经形成后,它又能有效地保障人们自由地表达或公开他们的意见,不受任何教条与强制性权力干扰。[①] 哈贝马斯认为,公共领域就等于公共性,公共性与民主制度相关联。早在古希腊城邦民主政治中,公与私领域界限就已经形成了。"公"代表国家,是一种政治性的共同生活,通过交谈与实践来实现;"私"代表家庭和市民社会。在中世纪专制制度下,公私不分,公吞没私,不允许私的存在。近代以来,在市民社会逐步发育下,私人领域的基础上产生公共领域,才有了现代意义上的公共性。现代性中的契约精神、理性精神、主体性精神和权利诉求都可以说是公共性发展的必然产物。正是公共性的发展,社会资源配置的公平、公正、公开等公共性品格才日益凸显。现代契约精神才能引导个人性的让渡、交换和扩展,从而才使个人理性提升到更为科学与民主的公共理性,使主体性中的个人意志服从并融汇于公共意志。作为现代性基石的理性和主体性,是以人的公共性为条件和前提的,不是人的理性和主体性决定了人的公共性,而是人的公共性决定了人的理性和主体性。[②] 人们是在其实践的基础上,生成和发展了自己的公共性、理性和主体性。总之,公共性,指现代市民社会中的市民(公民)理性和权利意识觉醒对政治权力和制度所体现出来的公共意识、公共意志、公共理性、公共价值、公共利益等方面的总体属性。

2. 公共理性

英文中的 reason 作为哲学概念,大致有两种主要涵义:一是推理能力和活动(*a faculty of rea-soning, discursive reason*),通常被译为"理性",包括理论(或思辨)理性和实践理性;二是一个或多个理由、原因、动机、根据。《牛津大词典》中,译自意大利语"*ragione di stato*"和法语的"*raison d'état*"的英文概念"*reason of state*",被理解为"统治者或政府行为的纯粹政治根据(*ground*)",因此是"理由"而不是"理性";"*public reason*"在 17 世纪则是"*reason of state*"的同义词。[③] 罗尔斯说:

"按照我的理解,公共理性的观念属于秩序良好之宪政民主社会的一种构想。这种理性的形式与内容——其为公民所理解的方式及其对于公民之间政治关系的阐释如何——是民主观念自身的组成部分……公共理性观念具体位于最深的基本道德与政治价值层面,这些价值用以决定宪政民主制政府与其

---

① 张茂聪.论教育公共性及其保障[M].北京:商务印书馆,2012:43.
② 袁玉立.公共性:走进我们生活的哲学范畴[J].学术界,2005,(5).
③ 韩东晖.重叠共识、公共理性与启蒙规划[J].中共浙江省委党校学报,2016,(1).

公民之间的关系,并决定公民与公民之间的相互关系。简言之,公共理性观念关怀怎样理解政治关系的问题。"①

公共理性观念位于最深的基本道德与政治层面,关怀怎样理解政治关系的问题,其理性目标是政治学意义上的公共善。从政治学的视角来看政治秩序和谐稳定、社会正义、公共安全和集体防御、公民平等的自由等重要的价值都属于公共善的范围。罗尔斯的公共善分为两类,即宪法根本和基本正义问题。公共理性观念将政治社会理解为由自由而平等的具有正义感和善观念的公民所组成的公平的社会合作系统。公共理性是一个民主国家的基本特征。它是公民的理性,是那些共享平等公民身份的人的理性。他们的理性是公共的善。总之,作为自身的理性,它是公共的理性;它的目标是公共的善和根本的正义;它的本性和内容是公共的。

罗尔斯严格限制了公共理性的适用领域,他认为公共理性只适用公共政治论域的问题:法官在做决定时所使用的话语,这里法官尤指最高法院的法官;政府官员的话语,这里的官员尤指主要行政长官和立法者;最后是公共机关的候选人及其竞选管理者的话语,这里尤指他们在对公众演讲时、在政党舞台上和在政治声明中所使用的话语。三种情况之中,对法官的适用更为严格。其他的领域则被视为背景文化,并不适用公共理性。

公共理性基本特征有:首先,公共理性是与个人理性相区别的,个人理性是私人生活领域里的理性,是有关自己生活的价值以及这些价值如何实现的理性,而公共理性是公共领域中的理性,是关于公共的善及其实现的制度创设的理性;其次,公共理性的目标是公共的善和根本性的政治正义问题,是政治生活中的宪法的根本和基本制度的要求。最后,公共理性是公民在处理社会政治生活、决定他们基本的社会合作形式时,相互沟通、平等交往所应用的理性以及在此过程中所达成的最基本的共识和共有的价值系统,也是民主国家基本制度设计以及作为公共权力的国家强制力的应用的理性。公共理性深藏于公共政治文化中,是民意的集中表达。公共理性作为现代政治公共权力运作的根本理念,是现代文明政治程度发展程度的重要标志,最终体现于公共决策的行为之中。在公共理性的平台上,各种政治与社会力量可进行充分、深入的意见表达。

公共理性政治伦理意义:公共理性运作的现代民主实践是培育公民理性的重要途径和手段;公共理性蕴含的宽容精神是现代民主社会和谐共生的价

---

① (美)罗尔斯.政治自由主义[M].万俊人,译.南京:译林出版社,2000:225.

值基础;公共理性有利于构建社会交往与合作的制度性框架、发展社会的信任机制、形成和谐有序的理性社会。

第二节 政治善与公共善

政治是人们的实践政治善的行为。政治善外在体现为是利益关系的协调均衡,实践善的政治,将善的政治理念、价值、决策体现并落实在制度中,形成制度善,实现优良的政治生活。政治善内在体现为一种政治主体德性,追求政治上的向善德性,是政治伦理内在价值和内在目的。政治善需要通过政治伦理主体的政治生活实践去获得,即坚守政治诚信、追求政治正义和担当的政治责任。高层次的政治美德表现为政治良知、政治荣誉和政治信仰等。

一、政治善与公共善

关于善的定义、什么是善行的认识,具有悠久的历史。孟子讲,"可欲之谓善,有诸已之谓信,充实之谓美"(《孟子·尽心》),他认为对某事物(仁爱)的欲求、喜爱的满足称为善。善就是"可欲",就是人的欲求可以得到满足。人们关于善的概念扩展到了一切事物对人的生存、生命、美德等的欲望的满足。亚里士多德曾将善区分内在善和外在善。前者指的是事物自身就是善,后者是事物作为达到自身善的手段善。黑格尔在他的哲学里面将善分为两个层面:一是把符合道德规范和伦理原则的行为称为善;二是指认识和实践的目的、要求和价值。列宁说:我把"善理解为人的实践"。即世界不会满足人,人决心以自己的行动来改变世界。人通过改造客观世界,实现或满足自身的要求和目的。善同善行不一样,善仅仅存在于善行之中抽象出的概念属性或本质。善同价值和意识不同,价值和意识普遍存在于每一个具体事物之中。善是善行具有的、有别恶行的特殊性规定,是各种各样善行具有的共性。

元伦理学有几个基本范畴:"正当"、"应该"和"善"。这几个范畴都是客体对于主体需要、欲望、目的的某种效用,因而都属于价值范畴。"善"是一切事物对于主体需要、欲望、目的的效用;"应该"则仅仅是行为对于主体需要、欲望、目的的效用。"应该"又分为"道德应该"与"非道德应该"。道德应该亦即所谓"正当",是行为对于社会创造道德的目的的效用性,是行为的符合道德目的的效用性。道德目的是普遍的、任何社会都一样的:都是为了保障社会存在发展、增进每个人利益、实现每个人幸福。①

政治善。在一定的政治权力行为(包括制度行为)中,政治主体按照政治正当、合理、有益、可普遍化的道德准则去做自己认为的应当之事。依据政治可欲的目标和适宜手段途径,不同的政治,政治善有"善"之共性也有个性。政治的善共性在于实现优良的、好的政治生活。政治的善也有自己的个性,这种个性源自政治活动自身的行为特性以及不同时代不同国家政治差异性。孙中山对政治有一解释:"政"是众人之事,"治"是管理,"政治"就是管理众人之事。② 政治的善是治理之善,管理之善,是在管理国家事务,确定国家方向和国家活动的形式、内容、任务时,做出有利于众人的事。政治善意味着好的管理,亦可表述为"善治"。《布莱克维尔政治学百科全书》定义的政治是"一群在观点或利益方面本来很不一致的人们作出集体决策的过程","是在共同体中并为共同体的利益而作出决策和将其付诸实施的活动","这些决策一般被认为对这个群体具有约束力,并作为公共政策加以实施"。③ 更加凸显现代政治的实质,处理具有不同观点和利益的人们之间的关系。政治如果要成为善的,都必须从制度、机制、决策和主体美德等方面,"保障社会存在发展、增进每个人利益、实现每个人幸福"。如国家富强,百姓安居乐业,社会道德风气好,政通人和,制度和政策公平正义。总体来说,政治善体现为:正义的政治制度的制度善(善制)、好的政治主体执政党政党善(善政)、行政组织政府善(善治),以及有现代政治素质公民美德。

公共善。公共善是指实现美好公共生活、追求最大公共利益及其实现方式的政治价值反映,是实现自我认同的价值根源。以最大程度地促进社会整体利益和公共利益,在"作为公平的正义"与促进"最大多数人的最大利益"之间达到一种平衡与协调。公共善以应当追求何种价值而不仅仅是政治哲学所追求的价值是什么为目的。政治伦理的公共善不仅是对现实的应然把握,它更追求终极的价值理想。公共善也包含政治正当性判断标准。政治正当性判断标准,是指政治行为和政治统治在价值层面上的可成立性与可辩护性的判断标准。公共善所产生的领域只能是公共领域。公共善的价值取舍主体不仅包括一般社会政治成员,还包括政治权力行使者的政府及其他主体。公共善的本质以最大化公共利益促进社会成员每个人利益的增进。

---

① 王海明.新伦理学[M].北京:商务印书馆,2008:197.
② 孙中山.孙中山选集(下册)[M].北京:人民出版社,1980:661.
③ 布莱克维尔政治学百科全书[Z].北京:中国政法大学出版社,1992:584,583.

二、公共善与私人善

公共善是以公共性为特征的社会关系、制度、规则所体现的善,主要关涉公共领域的事,如经济关系、政治和法律制度、职业伦理等,它针对的主要是陌生人的社会;个人善主要是私人生活领域的事,它关涉的是亲人、朋友等熟人圈子。公共善的建设涉及经济、政治、文化、法律、宗教等一系列复杂的因素,特别是这些因素所构成的系统的建构方式和运行机制;个人善则侧重于个人利益的满足和个人美德的修养。公共善着眼于整体、系统、宏观的层次,是社会的关系、制度、规则所体现的公共价值取向;个人善着眼于微观层次、私人生活空间,关涉个人的品德修养、价值观、思想境界,以及由此表现出来的言论与行动。公共善的建设,目标是确立公平、正义、自由、幸福、人道等社会价值,和谐、合理、有序、效率等公共规则;个人善的建设,目标是培养高尚人格,培养人的善良仁爱之心。

哈贝马斯说过,个人的德性有别于政治的德行。正如整体不是个体简单相加、系统不是要素的堆积一样,社会善、公共规则的合理性,不是个人行为"慎独"扩展的结果,一定意义上说恰恰相反,它是要形成这样的机制:社会价值和公共规则不受个人品德影响,而是反过来影响个人善恶的发挥。如果一个社会的制度、体制、公共关系、规则、管理出问题,即使个人愿意行善,也很难实现。个人善与公共善之间存在本质的区别,并根据这种区别采取不同的建构方式和路径,这是公共秩序建设、社会善养成的基本前提。

三、制度善

制度善是一定政治制度、规则和体制所体现的公共利益价值及其实现能力。罗尔斯说:"合理正义而有效的制度过程,能够使不同的组织良好的社会成员形成正义感,形成基于对万民法的尊敬而对政府的支持"[①]。第一,制度善是政治核心的伦理要求。公共善的实现离不开社会正义(政治正义)制度的保障与协调,社会成员普遍利益的实现是以公共正义价值制度的存在为前提与保障。政治的正义道德性质本质上取决于:政治能否得以合理地运用整个制度手段合理调节利益冲突、保障自由和强化社会公正。政治善主要体现在制度善上。按照少数人意志制订出来的制度是一部分人统治另一部分人的工具,它只对一部分人公正,对另一部分人不可能公正;按照多数人意愿制订的

---

① (美)罗尔斯.万民法公共理性观念新论[M].张晓辉等,译.长春:吉林人民出版社,2010:14.

制度,由于汇聚的是多数人的共识,比较而言最有可能公正;按照所有人意愿制订的制度,体现所有人利益诉求,是绝对意义的正义。第二,民主制度最能体现制度善。民主这个概念本为古希腊人创造,其含义是城邦全体公民的统治。民主制度善,是政治制度的正当性、合理性的道德评价判断。民主价值作为制度伦理的核心范畴,是政治制度的伦理价值追求。专制制度不善,民主制度善。专制制度不善不是说它一点好处没有,民主制度善不是说它一点坏处没有。专制制度和民主制度的好坏是两种制度后果利害得失比较而言的。第三,制度善根本上说是一种能力,一种公共利益、公共理性的实现能力,对个体或集体非理性行为的规范能力。制度善是制度理性的内在要求。制度理性选择理论认为:"从理性个体行为中产生出集体理性——如果没有制度规范的出现,或许导致集体的非理性的能力,是制度理论中理性选择视角的核心特征。"① 制度善能力,其一是聚合、包容、协调能力。它能够将具有不同观点和利益的人们聚合和包容在一个共同体内,既能最大程度激发每个成员的自由个性,为成员提供足够的自我发展、自我实现的空间平台,共同体充满创造性活力,又能保持共同体的良性秩序。其二是具有科学有效的协调能力。有一种科学有效机制整合利益需求,化解冲突。尤其"对于社会发展而言,特别是对于转型社会的发展而言,制度善是最大的善,制度不善是最大的不善"。② 帕森斯说:政治利益的实现主要依靠"制度化、社会化和社会控制一连串的全部机制",政治价值"通过合法与社会系统结构联系的主要参照基点是制度化"。③ 其三是规范能力。科学合理的制度相对于个体行为和道德修养而言,是一种重要的外部伦理文化环境。罗尔斯指出:"离开制度的公正性来谈个人道德的修养和完善,甚至对个人提出严格的道德要求,那么,即使本人真诚相信和努力奉行这些要求,充其量也只是充当一个牧师的角色而已。"④

四、政治行为主体善

政治行为主体善是政治行为主体(政府、政党和公民)追求、实践和实现良善的政治生活所应具备的道德德性和能力,也称为政治主体美德。政治制度善的美德和政治主体美德,具有互成互为的前提意义。制度美德应当确保所

---

① (美)彼得斯. 政治科学中的制度理论:"新制度主义"[M]. 王向民,段红伟,译. 上海:上海人民出版社,2011:48.
② 鲁鹏. 政治的善及其与道德的差异[J]. 山东大学学报(哲学社会科学版),2011,(1).
③ (美)帕森斯. 现代社会的结构与过程[M]. 梁向阳,译. 北京:光明日报出版社,1988:141,142.
④ (美)罗尔斯. 正义论[M]. 何怀宏,译. 北京:中国社会科学出版社,2009:22.

有人有可能在既定的制度环境下维护自身的利益、协调他人利益。作为行为主体——组织和个人应当如何过良善的政治生活方面具备应有的道德素质、能力和技能。苏格拉底说:"美德就是知识"。美德就是要求人们不断追求认识事物现象背后的本质——"什么是理智或智慧"、"什么是正义"、"什么是勇敢"、"什么是节制"、"什么是德性"等普遍的、一般的、共性的概念、本质、规律等。亚里士多德则进一步指出美德是一种实践能力。德性与行为有关,是人的行为选择能力。美德在于人对自身灵魂中理智、情感、欲望保持一种协调、正当的关系。"一个有德性的灵魂是一个很有条理的灵魂,其中的理性、感情和欲望保持正当的关系。"①政治主体美德在于由理性引导,通过一系列行为实践活动考验,长期形成的内在的坚定的品性和品质。政治主体善包含以下范畴。

(一)政治诚信

诚信,即诚实信用。政治诚信指政治理念和政治制度所具有的诚信品格以及政治主体在其活动中对诚信原则的遵循,主要包括政治理念诚信、政治制度诚信和政治活动主体诚信。政治主体诚信指的是政治主体的行为规范,要求传达真实信息,恪守信用,遵守规则和契约,言行一致。诚、信的本义都含有真实无欺之义。《说文》:"诚,信也。从言成声","信,诚也,从人言"。段注云:"人言则无不信者,故从人言。言必由衷之意。"(《说文解字注》)首先将"诚"、"信"纳入伦理道德范畴的是孔子。孔子尚礼崇德,把信作为非常重要的道德规范之一。孔子说,"人而无信,不知其可也。大车无輗,小车无軏,其何以行之哉"(《论语·为政》)。孔子认为治理政事就是"足食,足兵,民信"。三者最重要的是民信,因为"自古皆有死,民无信不立"(《论语·颜渊》)。朗西斯·福山的《信任》说:"如果想象一下失去信任的世界将会变得如何,我们就很容易赞同信任具备的经济价值。如果我们必须在对待每份合同的时候都认定,对方在可能的情况下都会试图欺骗我们,那么我们就不得不花费大量时间对文件进行推敲,做好防备,确保文件上没有可以被人利用的法律漏洞。这样,合同就会变得冗长无比,需要列出所有可能发生的附带情况,规定所有可以想象得到的义务。"②

政治诚信具有不同于其他诚信的特征:③

---

① (古希腊)亚里士多德. 尼可马科伦理学[M]. 苗力田,译. 北京:中国人民大学出版社,2003:94.
② (美)弗朗西斯·福山. 信任[M]. 新北:自由出版社,1995:152.
③ 彭定光. 政治诚信的特征[N]. 光明日报,2006-04-11.

(1) 公共性。政治生活领域是一个公共生活领域,这决定了政治诚信具有公共性。这种公共性首先要求政治表达公共意志,代表公共利益,并致力于满足公共生活的需要。

(2) 合理性。政治诚信的合理性是指政治既具有科学性又具有正义性。政治的科学性指的是政治符合公共生活的本质和发展规律,政治的正义性指的是政治关系和政治生活应基于人的真实需要。

(3) 制度性。诚信有着两种不同的表现形式,其一是人格性诚信,其二是制度性诚信,维系前者的力量是人格,维系后者的力量则是制度。尽管政治诚信也要求政治人格诚信,但主要是一种制度性诚信。民众对政府的信任取决于政治制度的安排和国家的法治化程度。

(4) 效益性。政治有无诚信,既表现在政治制度及政策是否制定得合理全面上,又表现在政治社会是否获得了某种效益。政治诚信不只是有承必诺,更重要的是在预定的期限内兑现承诺,被民众所信赖满意。

一个家庭内部的关系,主要依靠亲情来维系,而政治社会的种种关系,则主要依靠诚信和正义来维系。社会政治生活是公共生活领域最重要的方面。政治诚信是适用于政治领域的诚信。政治诚信具有重要的价值:首先,诚信是民主制度的根基,没有诚信,就不会有健康成熟的民主法制。民主政治的代表制或代议制就是建立在诚信的基础之上的。宪法是社会的契约,契约的根基就是诚信,无诚信,契约就是废纸。其次,政治诚信是政府树立威信、政令畅通、政策稳定的前提。从权力伦理关系看,现代政府与公民关系是一种信托关系。无威信和诚信,政府所制定的政令就难以贯彻执行。政治诚信的核心功能是通过信任调节政府和民众的利益关系。再次,政治诚信是政治体制和社会健康发展的基础和前提。它有利于政治体制的良性运行,有利于政治共同体凝聚力的增强。最后,对于国际关系来说,是国家与国家的主要伦理基础。无信用的国家在国际上没有地位的,在全球化时代必将面临逐步被孤立的危险。

(二) 政治伦理责任

责任,指主体对某项义务或某项工作任务承担主观职责和任务。作为伦理学范畴的"责任"被用来评价主体的行为(负责任的和不负责任的),并被赋予了伦理主体性的内涵。政治责任主要指政治主体的政治行为及其后果进行合法性与合伦理性的评价,以确认行为主体是否履行好义务、是否应受谴责和制裁。政治责任不仅仅是对政治责任主体政治行为是否符合法律规范和法律程序即形式正义的评价,更是对其政治性决策及其后果是否合理正当即实质正义的考察。它包括积极意义的政治责任和消极意义的政治责任。前者如官员制定符合民意的公共政策并推动其实施的职责,后者如官员未能履行职责时应承受的谴责和制裁。政治伦理责任不同法律责任。法律责任必须有法律的明文规定,而政治伦理责任却不能完全精确地由法律明文规定。法律责任有专门的评价机关,政治伦理责任不必也不应仅以专门机关来评价,而应以真实体现公民民意的媒体和大众社会舆论为主。政治责任与法律责任的承担方式不一样;法律责任不能追溯而政治伦理责任却可以追溯;法律责任不能连带而政治伦理责任可以连带。两者之间的联系在于:政治责任的追究要符合法律程序,而且两者之间存在交叉。政治责任评价的依据是制度的价值原则,不能以私人道德及其标准来评价政治伦理责任。政治伦理责任主要是针对现实政治的公共领域,不能以具有道德色彩的理想主义的理想是否实现来评价政治伦理责任。最明显的一点,政治伦理责任是历史性的。有人彪炳史册,有人遗臭万年。即使是阿伦特讨论的像艾希曼那样的普通常人也概莫能外。

(三)政治宽容

宽容(toleration,有时译为"容忍")作为一种个人德性自古便有不同的含义。宽泛意义看,宽容、容忍,是指包容、谅解、忍耐对方不合自己认可的意图、观点、规范等心态、性情、品行,属于一种个人行为的私德范畴。即使是最不宽容的社会和时代,也多少存在宽容。没有宽容就不会有社会关系的发生。中国古代偏重情理方面的宽容,西方古代更注重法理方面的宽容。但宽容上升到学理高度被思想家、哲学家所重视的,则是近现代的事了。现代宽容萌生于欧洲16世纪的宗教改革运动,这个时期的宗教教派纷争和宗教战争,宗教不宽容问题成为时代性政治生活问题。罗尔斯说:"政治自由主义的历史起源,是宗教改革及其后果,期间伴随着16~17世纪围绕宗教宽容所展开的漫长争论。类似良心自由和思想自由的现代理解正始于那个时期。"[①]从卡斯蒂利翁、斯宾诺莎、洛克、皮埃尔·培尔,到20世纪初一战二战时期的房龙、当代美国迈克尔·沃尔泽等宽容思想家们,从早期以良心自由、思想自由和信仰自由为宗教宽容所作的辩护,到宽容成为与政治自由、法治制度相容的政治伦理原则性范畴。现代宽容意识到:每个人都是自己生命的主人,人都是有自由意志且能对自己生命负责的行动主体,有理性能力去构想和规划自己想过的生活。现代宽容主张:容许别人有行动和判断的自由,对不同于自己的、流行的或传

---

① (美)约翰·罗尔斯.政治自由主义[M].万俊人,等译.南京:译林出版社,2000:89.

统的见解的理性、耐心和公正的容忍。包括容忍者对被容忍者的信仰的负面评价;容忍者对被容忍者自主人格的尊重。消极意义的宽容:尽管不同意对方的观点,但还是选择不作干涉。积极意义的宽容:在尊重每个人都是独立自主的个体基础上,包容他者,与他者合作,组成共同体。

政治宽容主要是指对待不同的政治意见或观点是否有平等对待。一般指的是一个人对另一个人的言论思想信仰和行为极不认可,同时相信自己的不认可是有理由及经得起考验的,但他却有意识地选择约束自己不作干涉,即使他有能力这样做。政治宽容主要指向政治权力主体政党和政府。因为只有国家政府权力才拥有干涉及限制他人行动的权力。罗尔斯讲合理的多元主义是现代社会的现实。不难看出,政治宽容是政治自信的表现,容忍异见者的共存,也是追求真理的、保持政治秩序可持续发展的需要。追求真理、包容他者、容忍多元、平等对话和协商、寻求重叠共识是现代民主政治公共利益与个体利益协调的主要途径。政治宽容的实质是容忍不同政治意见和不同政派的对话,其表现形式则是对利益和价值观多元现象的肯定。宽容已经成为现代政治文明的共识,但对宽容的内涵理解和限度把握还存在着不同的看法。政治宽容也有限度和底线,那就是个人权利和公共利益。

(四)政治良知

良知也称为良心。洛克认为:"所谓良心不是别的,只是自己对于自己行为的德性或堕落所抱的一种意见或判断。"①我国也有学者认为:"良心是每个人自身内部的道德评价,是自我道德评析,是自己对自己行为的道德评析,是自己对自己行为道德价值的反应。"②良知是人们内在的道德认同、评判和自觉,政治良知则是政治主体对自身政治行为的政治价值意义的一种内在的伦理认同、评判和自觉。所谓政治良知,是指政治主体自觉意识到自身的政治人格身份和责任,自觉以一定普遍的理性的政治规范和价值指导自己政治行为和活动,并在此基础上形成的深刻的政治责任感、政治信念及其自我评价能力。政治良知是政治道德自律最集中的表现形式。政治良知作为一种实践理性,不只停留于政治伦理的心理意识领域,它是一种政治实践理性的本性能力,它是促使人道、自由、公正、平等、法治等政治价值向实践领域延伸和转化的中介环节,是主体在责任意识的基础上形成的对自身行为政治价值的自我评价。现代政治主要依赖法律制度手段从外在强制性规范制约和界定政治主

---

① (英)洛克.人类理解论(下)[M].关文运,译.北京:商务印书馆,1959:31
② 王海明.新伦理学[M].北京:商务印书馆,2008:1443.

体的权力和权利边界。

但政治行为主体在内心深处树立政治良知的道德理念,增强道德主体的政治行为反思和判断能力,有利于从根本上杜绝政治不当行为及其给人类和社会造成的祸害。汉娜·阿伦特在她的《艾克曼在耶路撒冷》和《责任与判断》中反复强调,为了对抗恶之平庸(艾克曼式"良知"),人们必须重新强调人的独立思考和意志抉择,强调人在责任担当方面的个体性和道德自主性,重点是强调人类在针对困境和行动时勇敢作出理性的、是非判断能力的重要意义。阿伦特第一次区分了思考与行动,她指出思考是自我反思性的,而行动者只有和他者而非自我在一起时才能行动。当思想者开始行动时,在独在(solitude)之中进行的思考就停止了。尤其是政治行为方面,艾克曼式"良知"——这种忠顾的行动者对其行动的后果是不负任何责任的。阿伦特认为艾克曼式"良知"只是对康德责任观念的滥用,康德的"你不可杀人"的道德命令,立即被颠倒为"你要杀人"。尽管康德自己当然对此毫不知悉,但却犯了"无思之恶"。"故而,向那些参与罪行并服从命令的人提出的问题绝不应该是'你为何服从',而应该是'你为何支持'","如果我们能够把'服从'这个毁灭性的词语从我们的道德和政治思想词汇中剔除,那我们就会受益匪浅。如果我们对这些事情深思熟虑,我们就有可能重新获得一些自信的财富,甚至骄傲,这就是说,重新获得从前时代被称为人的尊严或光荣的东西:也许不是关于人类的,而是关于人之为人的地位的"。①

电影片段

【电影《阿伦特》"平庸之恶"片段 http://www.tudou.com/programs/view/FcQ5YZS28sY】

(五)政治信仰

信仰是人们关于普遍、最高价值的信念,也是在人类精神生活领域中核心文化价值活动现象。信仰的本质是通过一种价值信念对人的激励、引导,使得人不断自我超越。政治信仰是信仰在政治生活领域的集中反映,表现为一定历史阶段一个民族或国家政治统治的精神基础和追求的最高价值目标;也表现为特定社会和国家的个体成员对政治理论体系、基本政治制度、政治行为所体现的政治价值的信服、敬仰和追求。政治信仰的对象主要是政治价值,而一定政治价值由特定的观念和意识形态来确定。从内容看政治信仰:对主流政治意识形态的信任和追随;对根本政治制度的认同;对政治主体根本价值目标

---

① (美)汉娜·阿伦特.责任与判断[M].陈联营,译.上海:上海人民出版社,2011:38.

取向的信任,以及必要时能为此做出必要利益牺牲。政治信仰的主要功能就是一种意识形态性质的功能。

所谓"政治信仰危机"一般表现为意识形态的危机,而"政治信仰的重塑"也表现为相应的意识形态的调整和变革。信仰虽然可以以理性为根据和基础,但信仰过程本身却是一个非理性情感和意志的过程。意识形态是一种观念的力量。人们对政治生活的看法一旦内化为政治信仰,便内在地决定他的政治生活态度、政治道德态度和政治生活的总体精神特征。现代政治信仰的基础是科学和理性,非理性的政治信仰容易导致信仰专制、信仰歧视、迫害甚至暴力战争。而信仰对象的物化——非政治价值理性而是权力欲望和权力资源(名誉、金钱、地位),则会造成信仰牟利、权力异化、政治人格分裂等问题。

第三节 政治应当与政治合理性

哈特曼在他的《伦理学》中,把伦理学的问题概括为两个基本方面,其一:我们应当做什么?其二:生活中什么是有价值的东西?前者涉及"应当",后者则指向"价值"。伦理学一般在讨论人们"怎样去做"之前,需要讨论的是人们"应当怎样去做"。"应当"是一个反映伦理学最本质特征的核心范畴,它指一种道德的可欲性、应然性。政治伦理既要对政治事实进行判断,又要对政治事实的价值并作应然性伦理性分析。政治学回答政治事实和本质如何,政治伦理学则要回答政治"应当如何",如何判断政治生活中什么是有价值的东西。这其实便是政治应当和政治合理性两个基本问题。

一、政治应当

现代意义的政治伦理区别传统的在于:不再直接对个人的道德品质提升加以规范和引导,而在于"应当"如何最大程度上为提升个人的道德品质创造社会制度性基础、条件和环境。政治"应当"重在探讨如何竭力避免"使得好人变成坏人的坏政治",竭力创设"使坏人变成好人的好政治"。"政治伦理学不仅仅是研究政治价值观、政治伦理原则和政治主体道德的学问,更应该是一门研究政治正当性及其操作规范和方法论的学问","所谓政治伦理,在现代意义上,应是指处理政治关系、解决政治问题、开展政治活动'应当'遵循的普遍法则。换言之,政治伦理就是回答政治的价值和政治的正当性"。①

好、善是价值的一种具体形态,即道德价值。我国学者包利民把道德价值确定为二阶之好,他认为生活之"好"与道德之"好"的区别十分重要,因为它们分别处于两个不同的阶层之上:一阶之"好",即非道德的生活的价值,比如生存、创造、爱、友谊、思辨、自由、健康、财产、权力等;二阶之"好",即道德价值。这一系列中的价值的存在与本质都在于对第一系列(生活的、非道德的)价值进行某种操作,比如拯救生命、与友交而守信、保护自由、公平分配财产、权力竞争上的合游戏规则等。② 政治善或政治价值应当属于上述二阶价值。政治善揭示了政治生活中"什么是有价值的东西",接下来自然就是"应当如何拥有实现这些东西"的问题。这就是政治应当的问题。政治价值是政治活动和行为的基础和条件,但政治价值并不能直接决定政治行为的选择。能够决定政治行为选择的是对政治价值的评判,即主体认为某种政治伦理价值对自己有效用、有意义的,符合自己的利益和需要,这就是政治应当。于是政治伦理意志才会产生,进而产生相应的政治伦理行为,以满足主体自己利益和需要。

(一)应当是每个人的应该

从伦理学看,行为的价值评判既包含了行为的非道德价值评判,又包括了行为的道德价值评判。凡是有利于达到价值主体目的的行为,都是应该的。这里的"应该",实际上是表示行为主体达到自身行为目的的人为(有出于个体自身自然本能的、偶然机遇的、投机就会的;有出于普遍理性原则)行为选择。但还不完全是道德"应当"。"应该"有时仅仅用来表示达到某种目的的最好手段,是一种趋利避害的个别算计,而不管这种目的究竟是善还是恶的。如,"凶手应该不把自己的指纹留在凶器上"。道德"应当"与非道德甚至不道道道的"应该"都是行为的效用性,区别仅仅在于前者是行为对于道德目的的效用性;后者是行为对于非道德目的的目的(如个人目的的效用性)方面。而区分的一个主要标准是道德"应当"具备康德意义的"可普遍化性",而非道德应该则不具有"可普遍化性"。"应当"是普遍理性或社会对社会成员个体提出的行为准则要求。"道德最终目的是普遍的、一般的、任何社会都一样的:都是为了保障社会存在发展、增进每个人利益、实现每个人幸福。反之,个人目的却是千差万别的。这样,非道德应该便因其是行为对于千差万别的个人目的的效

---

① 戴木才.政治伦理的现代视域[J].哲学动态,2004,(1).
② 包利民.价值层级与伦理生活辩证法[J].哲学研究,1996,(2).

用……。道德应当则因其行为对于任何社会都一样达到道德最终目的的效用,而具有可普遍化性:它是每个人的应该"。①

(二)政治应当是每个人的政治应该

政治应该是政治价值对于政治主体个别或少数人目的的利益和需要的满足,比如传统政治的控制、等级、特权对统治者来说只要有效用,就是善的,就是政治应该,也是一种政治善。现代极权体制下艾希曼屠杀犹太人也是政治应该,同样是一种政治善。而政治应当是政治行为的公共善,是政治行为对于目的的普遍效用性,是所有人的政治应该。政治应当既要具有合法性,也要具有合理性。如利奥塔以"荣誉"为总目标、哈贝马斯以"价值共识"为终极目标、李普塞特以合法性确定价值。还有许多学者以"政治的良好秩序"为其主要目标和评价标准等。

"政治应当"表现为政治伦理最一般的普遍性、确定性的规范和原则,为政治权力立法,为政治公共生活实践交往规则确立理论思维和行动基点。如近代启蒙思想家霍布斯、洛克、卢梭他们设想的所谓"自然状态"、"自然法"、"自然权利";当代政治哲学家罗尔斯设想的"无知之幕";康德的关于人自由意志和先验理性能力等。他们通过逻辑抽象、理性推理,将人的身份、地位、职业、特权等差异以及现有文明社会规范——剥离和抽象掉,还原到人的自然状态,为政治权力和公共规则寻求到具有普适性的价值尺度。如此,政治应当实质上依赖于政治价值应当性。应当的政治价值是关于人类社会政治发展的最一般价值理念和价值系统。它集中体现和反映人类政治的普遍的伦理价值选择。

政治应当是以政治行为的道德价值选择和判定为前提的。任何政治行为都是有目的而且对自己有效用的行为,即任何政治行为都是主体应该的行为。其实政治应当问题的核心,也就是回答如何从政治应该过渡到政治应当的问题。换言之,政治应当和政治应该的标准有何差异?其一,两者的价值判断都是以行为的效用为判断对象。政治应当的行为的道德价值判定要排除政治主体行为结果无社会利害关系的政治应该行为效用评价。其二,政治应当行为是全社会意志而非个人或集团意志对社会成员个体提出的行为要求。政治应该的要求者很明晰直接,就是每个人自身的利益诉求的个人政治意愿。而政治应当必然是政治普遍性的规定。我应该做什么是相同境遇下每一个人的应

---

① 王海明.新伦理学[M].北京:商务印书馆,2008:213.

该做什么。这意味着需要一个行为道德价值的评判主体。在传统习语俗称"人在做,天在看"。历史以来,有天、道、上帝、圣人、佛、自然理性、"公正旁观者"等。但是政治领域是一个经验领域,人人都是道德立法者,而每个人又不可能成为最终标准制定者。政治道德价值的评判只能是体现公共意志、公共利益的社会。其三,政治应当的评判标准只能是所有人自我实现和公共利益的增进。"人格利益和公共利益是行为的道德价值评价的两个标准。对一个行为的道德价值判断总是问对公共利益是否有损害,或者有什么好处"。[①] 保障所有人权益,增进所有人的利益,既是一种政治公共善,也应成为政治行为最后的标准。政治自由、平等、法治是这个标准的理性依据。

政治应当伦理价值特征:

(1)终极性:体现政治对人类的终极关怀,即对人类政治活动的终极依据(合理性、合法性)和社会生活的终极理想和意义的探求。这也是政治伦理得以建立起来的根本的理论前提和基础。如马克思的政治解放和"自由人联合体"所蕴含的人的自由全面发展的政治价值。马克思认为人的发展最终要达到"自由、全面"的状态,而这正是"人"的本来的真实状态,也是"人"这个类存在"应当"的状态。但文明社会中人却疏离这一"应当"的状态,故被称为人的"异化"。

(2)反思建构性:体现政治伦理的反思性和批判性,即作为政治的根本伦理价值观应该具有评价现实社会政治的伦理价值判断功能和建构优良政治社会的伦理导向功能。应当政治伦理价值不仅考察政治活动本身,而且批判地考察人们关于政治的种种价值观念,为人们认识政治活动及其变化提供基本的观念框架和伦理价值指向。

(3)工具规范性:体现政治伦理作为人类政治最高层次的方法论所具有的指导人们对政治的认识活动和实践活动的工具性功能和规范性功能。只有在这种意义上,政治伦理学才能真正深刻揭示政治伦理的逻辑起点和发展归宿。

二、政治合法性

合法性(legitimacy)概念,最早出现于古希腊的政治思想中,与柏拉图、亚里士多德所阐述的义务和服从等概念相联系。中世纪,人们把合法性的基础与自然法中的"同意"结合。在近代,第一个提出合法性概念的学者是

---

① 曹刚.论善与应当[J].伦理学研究,2013,(1).

卢梭。他认为,社会公意才是合法性的基础。之后,马克斯·韦伯系统地论述了合法性理论。政治的最基本功能就是对人们相互侵害对方的法定权利的禁止,它只要求人们的政治行为合法。康德认为政治是在适当法律秩序下使人们的意志自由能够并处的制度设置。这种法律秩序来自于理性律则,不过它不是如道德律令那样针对人们的内心意志,而是针对着人们的外在行为。康德把自然权利规定为意志的任意自由,只有在社会的法治状态下,人们才能获得自己的政治权利和政治自由。人们的意志自由在正确的法律下能够并处的条件就是权利,也就是人们平等对待、相互约束的条件,这构成政治的基础框架。

政治合法性是政治权力客体所认可的政治权力主体占有及运用权力的正当性[1]。政治合法性就是统治者的权力得到至少被大多数被统治者的接受、同意、认同。合法性取决于政治体系本身所确立的一整套运行规则和程序,依赖于统治者与民众之间所达成的广泛价值共识。任何一个国家的政府都必须遵循与本国体制相适应的价值观念,服从它的人民的普遍意志。马克斯·韦伯认为,传统型权威的合法性基础取决于统治者的世袭地位和制定、执行法律时遵循的习俗;个人魅力型权威的合法性基础依靠个人的英雄气概和领袖气质的超凡感召力;法理型权威的合法性基础依靠由理性制定的规则建立起来的事物性的"权限"。马克斯·韦伯强调合法性是促使一些人服从某种命令的动机,而不论这些命令是由统治者个人发出的或是通过契约、协议产生的。人们之所以服从,是因为相信发出命令的统治系统是合法的。

合法性政治特征:其一,在经济政治系统之外,社会文化生活获得健全的发展。社会文化领域确立一套普遍有效的行为方式和价值规范。在这些行为规范中,公民能形成个性自由发展而又具有群体认同共同体。其二,政治权威在人们中获得广泛的信任、支持和忠诚。而这源于人们在社会生活系统中对政治权威的合法性进行公开的讨论。哈贝马斯认为:"合法性指对被认作是正确和公正的对于政治秩序的判断存在着健康的讨论;一种合法性秩序应当被认可。合法性意味着一种值得认可的政治秩序。"[2]

三、政治合理性

政治的合法性和合理性共同构成了政治的伦理基础和前提。一个合法、

---

[1] 周光辉. 论公共权力的合法性[M]. 长春:吉林出版集团有限责任公司,2007:148
[2] 方朝辉. 市民社会与资本主义国家的合法性——论哈贝马斯的合法性学说[J]. 中国社会科学季刊(香港),1993,(4).

广泛认可的政治观念、行为、制度并不一定是合理的。同样,一个合乎理性原则、合理的政治观念、行为、制度也可能难以得到广泛认可。合法性面对和解决的问题是政治观念、行为、制度何以可能的问题,而合理性则面对何种政治观念、行为和制度才具有普遍有效性问题。合法性的基础和土壤是主体之间的交往共识,合理性的前提是普遍的实践理性。合法性基于一定的利益基础——给人带来利益,合理性基于带来利益的正当性、公正性等价值。德鲁克指出"'合法性'乃是一个纯功能的概念。根本就没有绝对的合法性。权力只有在涉及基本社会信念时才可能是合法的。'合法性'的构成乃是一个必须根据特定的社会及其特定的政治信念来回答的问题。一种权力只有在已被社会接受的道德伦理或先验的原则认为正当合理的时候才是合法的"①。"理性"源自于古希腊超越的"努斯"精神与规范的"逻各斯"精神。合理性就是主体合乎普遍理性所确立的秩序、规范和价值。马克斯·韦伯把合理性分解为工具合理性和价值合理性两类。政治合理性指政治主体出于自身的行为需要所确立的合乎理性政治规范、原则和价值。

(一)现代政治合理性的规则理性

政治离不开道德或伦理理性。与古代政治的政治伦理化或伦理政治化相比,现代政治更注重的是主体理性自觉的普遍有效性。而这个普遍有效性的起点是主体理性规则意识的自觉,规则理性的形成。康德认为现代政治要求的是一种法治状态。政治需要建立在理性律则及其表象——道德法则的基础上。这种道德基础有着客观性维度,就是人类主体自身理性中普遍有效性。他认为:"建立国家这个问题不管听起来多么艰难,即使是一个魔鬼的民族也能解决的(只要他们有此理智)。"②这是因为人的理性告诉人们,要保存自己而在一起生活,就会要求普遍的法律。但起初人人都又是各怀自私之心,总希望法律只约束别人,而自己例外。然则,人们又不得不一起过活,虽然心存私念,心愿彼此相反。但他们行动的结果却又好像他们并没有恶劣的心愿一样,总能彼此协作、合作共存。其奥秘就在于人类先验的理性利用人们的自利之心,让人们通过历史的过程,逐渐认识到体会到道德法则的存在。理性作用于生活经验历史,总使得人们每每因为彼此的私利和野心而发生相互冲突,却使人们达到了逐渐迈向道德的效果。历经阴谋、残酷而野蛮的争斗的结果,先验理性教会了处于蛮荒境地的人们制定各方自愿认可、同意、服从的最基本的规

---

① (美)彼得·德鲁克.工业人的未来[M].上海:上海人民出版社,2006:26-27.
② (德)康德.历史理性批判文集[M].何兆武,译.北京:商务印书馆,1996:125.

则和制度,确立了最高权威——政治权力,人们终于迈出走向文明的步伐。政治权力规则的普适性使得权力走向理性,让野蛮走向文明。政治理性让野蛮政治、自然政治走向政治文明。现代政治文明的重要特征是合法性的制度理性文明——民主制。这使得政治合法性与合理性统一有了可能。

(二)现代政治伦理价值的底线性和现实性

现代政治制度不是直接的伦理规范,但在设计这些政治制度时,又依据了特定的政治伦理价值。现代政治制度指向了特定的政治价值,并产生于一定的制度道德理性。制度道德"包括一组旨在使我们现有的政治制度具有最大限度的道德意义的原则"①,政治制度与政治价值具有内在的同质性,并且具有政治伦理意蕴。制度伦理不再像传统政治制度那样将伦理规范直接加以制度化,而是将重心下移到以秩序和权利的底线价值、基本价值基点上。制度伦理价值和原则回归公共领域,不再是逾越私人领域替代私人道德、给私人道德立法,要求人人成圣,而是确立了阿多诺式的"道德底线",即底线伦理。阿多诺说,我们可能不知道什么是绝对的善,什么是绝对的规范,甚至不知道什么是人、人性和人道主义,但我们却非常清楚,什么是非人性的。制度伦理价值在为制度本身的正当性、合法性提供伦理支撑的同时,又担负起为所有公民实现个体权利和自由提供正义的制度安排制度保护。"政治制度伦理不因其与政治制度和道德的重叠或交叉而丧失其相对独立的政治价值,政治制度伦理的价值在于使政治价值获得具体的落实"。② 进而现代政治制度能够更好实现政治伦理的道德价值上应然与实然、合法性与合理性在政治生活实践中的契合。

(三)现代政治体制的有效性

亚里士多德说:"只有具备了最优良的政体的城邦,才能有最优良的治理",而理想的政体"须有必要的条件并以建立社会的善德为宗旨"。③ 制度不仅需要具有伦理价值上的合理性,而且也需要一种追求效用的工具理性。政治伦理价值规定了政治行为的总方向,更重要的是政治伦理价值的实现问题,即通过制度化的伦理价值何以能保证它的普遍有效性的实现,使得制度合理性得到具体落实?现代政治制度伦理理性的首要的任务就是为社会基本政治

---

① (英)尼尔·麦考密可,魏因贝格尔.制度法论[M].周叶谦,译.北京:中国政法大学出版社,1994:210.
② 戴木才.政治伦理的现代建构[J].伦理学研究,2003,(6).
③ (古希腊)亚里士多德.政治学[M].吴寿彭,译.北京:商务印书馆,1965:382-383,169.

制度体系的有效运作机制——政治体制(权力分立与制衡)的建构提供必要的政治价值(个体权利、自由、制度公正等)。这些构成了政治体制背后的价值理念,并以此区分于传统政治体制(权力监督或权力制衡)。这种体制最大程度消除了规则适用差异性,具备了相对稳定连贯性、透明的确定性、开放性等特征。合理良好的社会政治体制意味着最大可能的优良政治生活。正是由于现代制度体制设计与运行旨在推行和体现政治价值理性而非传统意义的权力价值,才为达到有效的多元共治的善政和善治创造了可能的前提。

(四)现代政治伦理主体的公共性

现代政治伦理价值的合理性经由政治制度伦理——政治体制伦理——过渡到政治伦理行为主体(政府组织和公民个人伦理),最终通过政治行为的主体——政治家、公共行政人员和公民加以体现。现代政治合理性在政治主体身上实现的主要衡量标志就是政治伦理行为主体的公共责任和公共精神。可称之为现代政治伦理主体的公共性,表现在:

其一,政府职能的公共责任转型。现代政府的制度设计与运行向治理、服务、协调、民众福利的转型,是政府政治合法性和应当性的前提。政府是最权威的承载公共权力的政治组织,成为不同利益主体的不同利益的共同诉求对象。政府组织按照一系列的行为规则和道德规范进行管理,从而形成了区别于传统的"公共服务+有限责任型"的政府组织伦理。政府组织既遵守现代社会的伦理规范,同时又努力使管理者在自我伦理方面追求公共性,最终达到道德的主体性和规范性的统一。

其二,政府行政人员的公共责任角色担当。政府组织道德与政府公务人员道德理性共同蕴含于公共行政、政府治理的过程之中。公共行政人员在公共权力行为过程中既要遵循一定的政治或行政角色规范和责任,以体现行政合法性要求,又要涉及公共价值的行政伦理问题,防范公共权力的私有化。在现代社会,对于行政人员来说,常常面对由行政角色责任冲突产生的种种伦理困境。面对冲突,公务行政人员应该是那些"特别负责任"的公民,他们是国家公民整体的受托人。他们"不是简单地为自我实现而工作,而是以增加公共福利的方式为公民服务,他们是公民利益的真实代表,一切以公众的福利为重。……只要你选择了公务员这一职业就必须为公众利益献身"。[①]

其三,政治主体积极行动的反思和引领。现代政治在确立了主权在民、权

---

① (美)特里.L.库珀.行政伦理学:实现行政责任的途径[M].张秀琴,译.北京:中国人民大学出版社,2001:15.

力公有的基本制度及其价值的前提下，个体权利和自由得到了制度性保障。政治成了所有公民应有之事，所有公民都应成为政治主体。阿伦特认为，相对于匿名、自然、欲求、情感、支配的私人家庭领域和经济生活领域，公共领域成为政治领域，成为独特性、平等、公开、自由的公共理性领域。但随着世俗化、大众化、市场化、平庸化社会的兴起和发展，资本万能，市场利益规范进入公共领域，也带来了污染公共领域、侵蚀公共性价值的危险。政治主体制度依赖、公民政治淡漠、官员机械官僚化、自由个性磨灭，主体成为制度机器的零部件。因此，阿伦特认为公共领域中的公共人，应该具有告别家庭、走出私人领域必然性的勇气，以联合他者的行动替代自然必然性的"劳动"和"工作"，提升作为自由人的理性反思、判断、决断、坚毅自由意志能力和卓越品性。古希腊马拉松战士——行动者卓越美德才是真正体现公民主体责任的公共性的楷模。从阿伦特对公共性的理解可以看出，现代政治合理性和公共性的另一面——积极意义的合理性。公共性对于政治主体公共人来说，首先是个自由人，不能因制度、规范包括自由价值制度规范，丧失做人的自由个性条件。"阿伦特看重的不是社会基本制度或政治结构性的公共意义，而毋宁是政治语境中的人及其行动的公共意义，仿佛这才是政治的公共性本质所在"。①

积极意义的公共性，从政治合理性另一面弥补了制度规范主义底线责任倾向的公共性的缺陷，承袭古代亚里士多德实践德性，进一步回答康德理性何以在公共领域公开运用的问题。且将政治主体伦理的合理性推向实践性和普遍性更深层次，可以说是一种政治理性"努斯（Nous）"精神。

思考与探讨题

1. 政治伦理与公共理性有何关系？
2. 用事例理解政治应该、政治应当、政治正当关系？
3. 课外阅读雨果《悲惨世界》中的冉阿和与阿伦特"平庸之恶"中艾希曼的例子说明政治良知理论。
4. 课后阅读：(美)罗尔斯：《政治自由主义》，(增订本)，译林出版社，2011年版，第418-426页。讨论：如何理解和评价罗尔斯的公共理性的特征和适用领域。
5. 你是否同意政治合理性不一定有合法性，合法性不一定具有合理性？如何理解两者之间关系？

---

① 万俊人. 公共性的政治伦理理解[J]. 读书, 2009, (12).

第三章 政治伦理的本质、结构和功能

> **本章提要**
>
> 在政治意识领域,政治伦理具有自身特定的内部机制和机理。政治伦理是一种公共伦理精神,本质是政治权力在公共政治生活中体现的实践理性精神。政治伦理体系主要由政治伦理意识、政治伦理规范、政治主体及其道德活动三个子系统构成,其中每一个子系统又各自包含着特定的组成部分。政治伦理美德是政治伦理的归宿,其实质是政治主体的道德良心和品性。在建设现代政治文明的今天,政治主体内在的公正、民主、责任、开放、包容、友善、守法、效率、廉洁等优良的政治伦理品质就是现代政治伦理精神的具体体现,这对提升现代政治治理能力具有重要现实意义。政治伦理主要功能:为各种政治政策制度的设计与安排提供人文价值关怀,为人们的政治行为和政治信仰提供思想价值支撑;规范和调整社会政治关系,为政治活动中的主体行动提供道德上的合法性;调节和约束政治行为者个体的政治行为等。

政治伦理,作为一种社会意识领域中高层次精神现象,在一定社会形态的结构中,它根源于社会的经济关系,随政治制度的变化而变化。但一定形态的政治伦理一旦形成,便有了自身相对独立的认知评价系统、内在结构和运行机理,并作用于一定社会的政治理念、政治制度、政治文化等。尽管从学科知识的逻辑分类看政治与伦理分属不同的学科和社会意识形态领域,但并不是各自独立的,在价值和规范意义上,在实践理性精神作用下,政治与伦理互相会通、结合,政治伦理形成独特的机制和发挥其独特的功能。

本章知识结构图

第一节 政治伦理的本质

所谓本质,是指事物的根本性质,是一事物区别于其他事物特性的方面。它是由事物本身所包含的内在的特殊矛盾所决定的。伦理本质是一种

实践理性精神,政治伦理本质上是由伦理的普遍性在政治领域中体现出来的特殊性所决定的,是政治伦理内部诸基本要素的联系及其形成的一系列必然性和规律性的总和。它既体现政治价值关系的本质属性,又体现伦理关系的本质属性,概而言之:政治伦理本质是政治权力在公共政治生活中的实践理性精神。

一、政治的目的性、秩序性与政治伦理

自人类政治现象产生以来,伦理与政治在人的社会生活中便难以分离。阿伦特认为真正的政治是平等政治主体之间的对话并融入公共伦理以实现政治目的和理想的行动。① 政治领域是属人的领域,是一个有人之目的、秩序和价值意义的领域。从目的论哲学看,本质、目的和秩序是一致的。本质为一事物"是其所是"的本性特质,目的则是该事物意欲经历一个过程实现自己的本质,"成其所是"。而秩序是事物在实现自己本质过程中形成的应有的状态和情势。古希腊苏格拉底、柏拉图、亚里士多德便认为,人的自然本性是合群性,人是必然要过群体性公共生活的。公民个人和公民的集合——城邦追求的都是善的,都需要具备理智、勇敢、节制、正义德性,都要求过一种良序的德性生活。而且个体只有通过城邦公共政治生活,才能实现每个人的价值和目的。政治与伦理的秩序性、目的性便呈现了内在的会通性。

中国古代先秦的"礼"制秩序也是一种伦理秩序。《礼记》有:"道德仁义,非礼不成,教训正俗,非礼不备。分争辨讼,非礼不决。君臣上下,父子兄弟,非礼不定。宦学事师,非礼不亲。班朝治军,莅官行法,非礼威严不行。祷祠祭祀,供给鬼神,非礼不诚不庄。是以君子恭敬撙节退让以明礼。"(《礼记·曲礼上》)荀子说:"君师者,治之本。"(《荀子·礼论》)管子说:"凡治国之道,必先富民。"(《管子·治国》)

"治",便是指治理国家的政治实践。治理的主体是"君师",治理的依据——法,治理的步骤——先富民。如做到如此之治,政治上自然呈现有序状态。施特劳斯说:"政治哲学是一种尝试,旨在真正了解政治事务的本性以及正当的或好的政治秩序。"② 探究政治的本性和秩序,也是政治伦理的内在目的。政治的目的、本质及秩序难以分离。本质和秩序不仅构成了政治领域的现实目的之一,同时也影响着社会成员的政治意识和政治精神趋向,为国家和

---

① (美)阿伦特. 马克思与西方政治思想传统[M]. 孙传钊,译. 南京:江苏人民出版社,2012:41.
② (美)施特劳斯. 什么是政治哲学[M]. 李世祥,译. 北京:华夏出版社,2011:3.

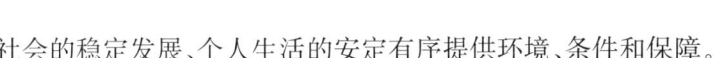

社会的稳定发展、个人生活的安定有序提供环境、条件和保障。

二、政治伦理本质上是一种政治实践理性精神

（一）政治伦理是一种伦理精神

黑格尔曾指出："需要秩序的基本感情是唯一维护国家的东西，而这种感情乃是每个人都有的。"①"需要秩序的基本感情"，是一种价值层面的精神导向。这种导向所体现的，正是政治领域的目的性追求，在价值目标和价值导向上显示了政治领域秩序背后价值意义和伦理精神。在黑格尔看来，人的意志自由发展是由法、道德、伦理三个阶段构成的，伦理是意志自由发展的最高阶段。在伦理阶段上，家庭、市民社会、国家又是三个不同的发展阶段。他强调说，在市民社会中，社会成员的人是作为"独立的单个人的联合"，在国家中因国家超越了家庭和社会，由于体现普遍理性——法的存在，人的权利和义务实现了完全统一。人在统一中返回于自身本质，人的意志自由才达到了真正的实现。伦理精神到了国家政治阶段，才能充分展示出来。换言之，国家政治权力实体、伦理精神实体以及公民个体意志自由，实现了高度融合与统一。个体伦理与权力伦理的张力问题只有通过政治伦理精神才能得以解决。因此，政治伦理本质上是一种伦理精神，它以一种普遍性价值观念的形态，成为一定的政治权力运行的政体、体制、法制等政治制度模式背后的原则和秩序意义。

（二）政治伦理是一种政治实践精神

政治伦理活动作为一种实践精神，根本上是融政治善恶价值判断于政治行动来审视和把握政治现实的一种伦理意识。亚里士多德认为道德是一种区别于理论理性的实践理性，政治是伦理的延续。道德是内在于政治实践之中。他认为美德或德性其实就是活动或行动，就是思想（思辨）与行为（实践）的统一。思就是行，行也是思。"城邦以尽可能达到优良生活为目的"，"幸福是至善，是德性的完美实践和实现活动"。康德用实践理性的道德命令统领政治和伦理；黑格尔用伦理精神扬弃道德，将国家的政治结构纳入伦理体系中。马克思指出，哲学家们只是以不同的方式解释世界，问题在于改变世界。人类把握世界是通过各种各样的方式实现的，从科学、理论上把握世界，就不同于"从世界的艺术的、宗教的、实践精神的把握"。这里所说的"实践精神的把握"实质指的就是道德方式的把握。这种实践精神也渗透在马克思理论和思想的整体

---

① （德）黑格尔.法哲学原理[M]北京：商务印书馆，1982：268.

系统中,成为马克思政治伦理的鲜明特征。马克思认为"在批判旧世界中发现新世界"的首要任务是直面物质生产过程中社会痛苦的深层原因和规律,而不是类似运用黑格尔式抽象的人类本性和永恒正义之类道德教条来支撑科学社会主义理论的正义性。因此,诺奇克说:"马克思和恩格斯'从来都不是道德哲学家,而他们的伟大智力花费在这一问题上的也不多。按照马克思的见解来写认识论是完全可能的,按照马克思的见解来写伦理学的原则,依我看总是一件绝对没有希望的事。"①

马克思的政治伦理宗旨在于改变世界的实践精神,这种实践精神指向的就是争取无产阶级和人类的解放——即人的自由全面发展,从而揭示了政治伦理发展的根本目的和客观规律,即向着真正自由、平等、民主等政治善的方向发展。基于当时巴黎公社政权政治实践行动经验,马克思认为:"虽然资产阶级的政治解放,把人们从君主专制下解放了出来,但它并没有将社会交到人民手中,其民主人权实际上是被资产阶级作为阶级的权利加以实现的。这样的政治民主,没有也不可能实现人由政治动物向成为真正的人的转变。"②意即只有类似巴黎公社的民主制,才是真正由人民自己当自己的家。马克思始终本着实践理性的精神视角注视现实的政治生活世界,其思想深刻地蕴含追求和实现平等、自由的政治伦理价值,而这些价值的实现也只有通过革命的实践行动并蕴含在革命的实践行动中。这是理解马克思政治伦理所要把握的基本点,同时,其理论特征也彰显出政治伦理的内在精神特质。

(三) 政治伦理是一种公共伦理精神

政治伦理是一种公共伦理精神,从特定的善恶价值出发,以公共理性精神手段来调节人与人的政治利益关系,使之符合某一价值诉求的精神活动,从而形成一定的政治伦理秩序。近代以来,政治实践在内容与形式上都发生了重要的变化。政治实践的主体逐渐由君转向民,从政治领导人的选择,到重大的政治决策,普通公民的政治参与程度大大超越了以往的历史时期。政治的公共性特征在政治实践过程中表现得愈来愈明显。

政治生活的伦理合理性乃是由于政治本身所具有的伦理理性。现代政治伦理的目的更趋于转向为其根本目的——人的自由和全面发展,实现政治共同体个体权利和价值。马克思在他的早期著作中,尤其在关于人的政治解放

---

① (美)罗伯特·诺齐克. 无政府、国家与乌托邦[M]. 何怀宏,译. 北京:中国社会科学出版社,1991:242.
② 马克思恩格斯全集(第17卷)[M]. 北京:人民出版社,1965:565.

和人类解放的思想中,突出强调了个人的价值。他认为,在现实的社会中,那种作为公民的具有明确私人利益的个人,才能说是现实的人。马克思说,任何一种解放都是把人的世界和人的关系还给人,人才能得以解放。恩格斯说:"到目前为止在阶级对立中运动着的社会,都需要有国家,即需要一个剥削阶级的组织","国家是整个社会的正式代表,是社会在一个有形的组织中的集中表现,但是,说国家是这样,这仅仅是说,它是当时独自代表整个社会的那个阶级的国家,……当国家终于真正成为社会的代表时,它就使自己成为多余的了。……那时,国家政权对社会关系的干预在各个领域中将先后成为多余的事情而自行停止下来。"①由此政治也就不再是作为体现阶级意志与阶级利益的政治,而是"作为非政治的政治"而发挥着促进人的全面发展的功能,因为"那时,对人的统治将由对物的管理和对生产过程的领导所代替"。

政治伦理定位于政治公共领域的公共理性。政治伦理体系应面对政治公共性,着力于个人权利与公共利益的结合,人的目的性与良性秩序的统一,要求确立人的发展理念、秩序理念、自由理念、平等理念、法治精神理念。"共同面对"、"共同分享"、"共同担负",探索"陌生人领域",解决公共难题,积累公共生活经验,达成共识一致。政治伦理在社会结构中地位看,它直接根源在于一定利益主体的政治经济利益。一旦经济关系、经济利益发生变革,政治伦理总是随之作出或迟或早相应变革。当社会发生明显的制度性变迁时,由于社会阶层利益固化、利益主体的利益冲突就会发生剧烈变革,新的政治伦理规范必然要代替陈旧落后的政治伦理规范,完成一种伦理的质变。当经济关系经济利益变化不明显时,也会发生社会阶层利益的流动性,同样需要政治伦理规范作出相应调整,诸如权利、分配正义等。政治伦理的公共理性体现为:

其一,现代市场社会的公共理性。现代社会的"公共性"意味着维系市场社会本身秩序的市场规则本身的公正性和普适性。市场社会在其自身产生、发展过程中,内在衍生了许多与这种体制形态相适应的规则、规范,这些规则、规范构成市场社会时代的公共理性。罗尔斯的两部代表作即《正义论》和《政治自由主义》中有过典型的表达:基于经济权益的公平正义分配被提升为公民基本权利与义务的正义分配问题,因而也是且根本上只是社会基本结构,即社会基本制度体系的制度安排问题。《政治自由主义》主张通过寻求一种基于"重叠共识"的"公共理性",寻求超越文化多元和政治差异的普遍政治原则——政治之"合法性"、"正当性"、"公共理性"的原则以及基于这些公共的、

---

① 马克思恩格斯选集(第3卷)[M],北京:人民出版社,1995:630-631.

普遍的政治原则之基本制度建构。

其二，现代社会的公民的公共精神。现代社会的"公共性"还意味着市场社会主体行为的自我负责、自主选择、自我约束、公共参与，这是"公共性"在个体行为中的具体体现的公共精神。"公共精神并不是对私人利益的排斥，也不是对个性自由的否定，而是一种最低限度的公共价值、标准和态度。公共精神是对人的最起码要求，是一种合理层次上的行为约束，它指向的目标是正直而非圣洁"。① 这种基本公共价值、标准和态度主要是对他人生命、财产、自由权利的尊重。现代社会应该建立一种民众普遍自觉的公共人格（"公民意识"、"公共理性"、"公共责任"、"合作与参与的热情等"），关键是公民现代公共精神——公民公共政治伦理精神品质的培养。以确保公共生活领域的政治公共性不被世俗利己的和功利主义的市场规范价值所腐蚀，保持政治与道德之间的内在关联。阿伦特主张的"行动"和"行动者"的政治美德意义，也充分地体现了一个理性的现代公民个体应该坚守的个体政治人所应具有的政治美德德性。

因此，政治伦理在本质上就是政治的"实践—理性"精神，是一种特殊的政治意识形态。它是对政治的道德价值目标进行一种合乎规范的建构，以反思、指导人们的政治实践，规范和审视人的政治行动。政治伦理不仅具有实践的特性，同时也表现出实践主体的精神特性。政治伦理使政治实践活动与政治精神活动相统一。政治主体的政治实践过程同时也是政治主体自身的公共理性精神不断发展和完善的过程。

第二节　政治伦理的结构

政治表现为一种涉及多重维度的系统，其中包括观念层面的政治理念和价值原则、体制层面的政治制度和机制、政治主体、政治实践活动。所谓政治伦理结构，是指作为系统而存在的政治伦理，其内部各构成要素的组织方式。《左传·桓公二年》讲："夫名以制义，义以出礼，礼以体政，政以正民，是以政成而民听。"在传统的礼制政治几个要素构成中，道义是一种普遍的政治价值原则，务必要贯彻渗透进礼制之中，而礼则是一种政治体制。这种体制在"政"之中进一步具体化，"夫名以制义"价值原则要明确化，"义以出礼，礼以体政"要

---

① 袁祖社.市场经济与现代社会的公共理性研究[M].北京：中国社会科学出版社，2011：650.

根据道义的价值意义和原则形成政治体制,才能使得政事端正,百姓顺服。这样"政以正民"涉及政治生活的主体要素,也说明了这是一种政治活动及其功能要素。从古至今政治结构体系要素基本包含:政治观念、政治体制、政治主体以及政治实践活动,构成了政治的现实形态。相应地,政治现实背后就是一套政治伦理价值体系在支撑。政治伦理结构也是政治伦理价值体系的构成模式和方式,包括政治伦理理念、政治制度伦理、政治主体伦理以及政治活动伦理等方面要素。政治伦理体系主要由政治伦理意识、政治伦理规范、政治主体及其道德活动三个子系统构成,其中每一个子系统又各自包含着特定的组成部分。

一、政治伦理意识

政治伦理意识是指政治伦理行为主体对政治行为与伦理要求是否一致而在主观心理上产生的价值体验,以及与之相应的思想观点和理论体系。它是政治行为的伦理认知的基础。政治伦理意识一旦产生,就会对人们的政治伦理活动具有指导作用。人们对某种政治行为的价值体验而生发的善恶取舍的态度直接影响着每一个政治行为主体的行为选择。政治伦理意识一般可以包含如下一些层次:政治伦理情感、情绪、态度、观念、意志、信念、习惯模式、理论体系等。这些层次,由简单到复杂,由低级到高级,构成政治伦理意识这个子系统。

政治伦理情感是指人们对政治义务或政治行为是否符合伦理要求而在个体价值层面上产生的一种关于善恶判断的主观而朴素的感受,它是政治伦理意识的初始阶段,没有经过政治行为主体的实践检验与理性分析。人们还需要在政治活动实践中不断深化认识,反思和批判自身的政治伦理意识,得出一定的理性判断,形成一定的观念、信念、理想、意志和理论等。

政治伦理观念是让人们根据一定的伦理认识对政治行为的善恶在主观意识上产生的一种理性认识。它是在人们的道德判断能力提高、政治行为活动加深及政治伦理情感增强的过程中,逐步形成与发展的。它是主体行为选择的理性基础,也是形成个人品质的重要条件。

政治伦理理想,是指人们对于值得追求的社会政治制度的理性构思与认同,它是形成坚定的政治伦理信念及坚强的政治伦理意志的必要环节。

政治伦理信念,是指人们对政治伦理理想和要求的正确性和正义性的深刻认识与笃信,是政治伦理理想与政治伦理情感的结合体。

政治伦理理论是政治伦理的灵魂,它制约和统领着政治伦理规范的构建,其实质性内容即政治的道德价值目标。

政治伦理意识的这些不同层面,在实践中经常是互相联系、互相渗透和互相补充的。

二、政治伦理规范

规范是一种准则、一种标准,它是一种客观的社会需求和人们的主观意志相统一的结果。政治伦理规范作为一种特殊的规范形式,是指政治行为主体的普遍性政治要求的准则化、具体化、制度化。它是政治伦理的核心,是政治伦理理论的现实化存在,又是政治人完善政治社会、完善自我政治人格的客观依据,它揭示了政治伦理的适用范围,其实质性内容即政治的伦理责任和义务。政治伦理规范的具体表现形式是多种多样的,具体表现为政治伦理基本范畴、政治伦理原则、政治伦理准则三个层次上。

政治伦理基本范畴,是指那些概括和反映政治伦理现象的特性、方面和关系的基本概念,是概括和反映人们政治伦理关系的最本质、最重要和最普遍的概念,如政治善、政治良心、政治义务责任、政治应当等。

政治伦理原则是调整人们政治关系的各种道德规范体系的基本出发点和指导原则。它在规范体系中处于主导地位,是规范体系的总纲和精髓,最集中最直接地体现了规范的本性要求,是规范的元规范。

政治伦理准则是指在一定的伦理原则指导下,政治主体自觉用以调整政治关系和规范人们政治行为的具体的伦理行动要求。

政治伦理规范的制定。"人的行为应该如何的道德规范,虽然都是人制定的、约定的;但是,只有那些恶劣的不科学的道德规范,才可以随意制定、约定。而优良的、科学的道德规范是决不可以随意制定的,而只能通过社会制定道德的目的,从人的行为事实如何的客观本性中推导、制定出来"。[①] 政治伦理规范的制定不是随心所欲的,要考虑到两个方面的因素:一方面取决于对政治行为事实如何的客观规律的认识,尊重政治客观规律;另一方面取决于对政治的道德价值目标的认识,要体现追求政治价值总目的。政治伦理规范体系的规范性构建和政治伦理的本质特性,要求政治伦理理论应重点关注和研究如何把政治的道德价值目标转化为政治行为的规范,用以指导和规约人们的政治行为。在当代中国,政治的道德价值目标体系已是一个包含发展、公平、公正、正义、权利、义务、责任、自由、自主、平等、友爱、民主、和谐、法治、人民主权等

---

① 王海明.伦理学原理[M].北京:北京大学出版社,2001:71-72.

内容十分丰富的道德价值目标系统,而对这个庞大的政治伦理价值目标体系进行合乎规范的构建,所形成的政治伦理规范体系也必然是一个大的系统。

政治伦理规范是政治伦理的核心:

(1)它是政治伦理理论的依托。政治伦理规范内在地体现着政治伦理理论的内容,政治伦理理论实质内容是政治的道德价值目标,而为实现一定的政治的道德价值目标,在政治行为中就必须履行一定的政治的道德责任和义务,它用规范、原则确定下来,就成为政治伦理规范。

(2)政治伦理规范的内容揭示了政治伦理适用的领域范围。政治伦理规范主要是指对政治行为的道德规约,使政治行为符合一定的政治的道德价值目标,因而政治行为与政治伦理规范是紧密联结的。总的说来,政治伦理规范,主要包括:政治国家民族伦理规范、政党伦理规范、制度伦理规范、政治领导人公务人员伦理规范、公民伦理规范等关系的伦理原则和规范等。

(3)政治伦理规范是政治主体完善政治社会,完善自我政治人格的客观依据。完善政治社会必须与社会的政治伦理价值目标相融合,完善自我政治人格必须在自我的政治行为中自觉地承担起政治的道德责任,认真履行政治的道德义务。

三、政治伦理活动

政治伦理活动是指人们根据自己的道德认识和道德规范要求去履行政治义务、选择政治行为和进行政治评价的实践活动。政治伦理活动可分为政治伦理教育、政治伦理修养、政治伦理评价、政治伦理行为选择及其践履等。

政治伦理教育,是指对政治行为主体有组织有计划地对受教育者施加系统影响,使政治伦理能够被行为主体认同、接受。政治伦理在何种程度上为人们所接受,在很大程度上取决于其影响人心的程度,取决于政治道德教育。

政治伦理修养,是指政治行为主体在政治道德意识、道德行为方面,自觉地按照一定的政治伦理价值要求所进行的自我审思、自我反省和自我完善的活动。如果说政治伦理教育着重于外界因素对行为主体所实施的影响,政治伦理修养则着力于行为主体内在的反省和提升。如果没有行为主体要求提高自身道德人格与品质的自觉性与主动性,再好的政治伦理教育也无法发挥其积极作用。

政治伦理行为选择,是指政治行为主体依据一定的伦理价值取向,以自由意志为前提,在不同的甚至是在对立的道德价值之间,经过判断分析而作出的自觉自愿的选择。但是政治伦理选择不是凭空产生的,必须要具备一定的前

提条件。在这些条件中,最重要的是政治的民主化与法制化。选择必须要有性质多元、种类多样的可供选择的对象,在一个法制化、民主化的社会体制中,可以为行为主体提供足够的选择空间。

政治伦理评价是指人们在政治伦理生活中,根据一定的政治伦理标准,对社会中的个体或群体的政治伦理行为以及其他政治伦理现象所作的善恶性质与价值的判定。它主要是将社会对个体或群体政治活动的善恶价值判断反馈给行为者和其他社会成员,通过舆论的赞许或谴责,传递一定的政治伦理价值理念。

四、政治伦理美德

政治伦理美德是政治伦理的归宿,其实质是政治的道德良心和品性。政治伦理美德是指政治主体在治国、行政、用人等系列政治行为中体现出来的(也包括应当具有的)美德的总称。政治伦理美德是一定的政治价值理念、伦理原则、伦理规范被政治主体通过长期的行为活动所内化而形成的较为稳定的政治德性。政治伦理美德是政治伦理的归宿:

(1) 政治伦理美德是政治人内化政治伦理规范的结果

政治伦理美德的形成离不开政治伦理规范他律性的制约,政治主体努力认知和践行政治伦理理念、规范成为习惯后,在政治主体的系列政治行为活动过程中其内心便会自然形成一种政治的道德品质。政治伦理美德具有主体性和内在性的特点。政治伦理美德内在地包含在政治主体的思想观念和精神世界之中,并在具体的政治实践过程中能自觉呈现出来。

(2) 政治伦理美德是政治实践伦理精神外化的体现

政治实践伦理精神是一种按照"善"的政治伦理规范去创造性地完善政治社会和完善政治主体自身的精神,它是政治主体在对政治的道德规律进行自觉意识后所达到的政治道德自由的境界,同时又是一种积极的、能动的力量。这也是政治伦理精神即政治的道德良心力量。作为政治的道德良心,它不是虚无缥缈的不可把握的,而是一种道德技艺和能力。它在政治行为前表现为一种伦理义务、动机和目的,在过程中体现为一定伦理责任、选择、判断能力,在过程结束后又体现为一定伦理反思和评判能力。它往往凝化为政治主体的内在稳定的政治品性。在建设现代政治文明的今天,政治主体内在的公正、民主、责任、开放、包容、友善、守法、效率、廉洁等优良的政治伦理品质就是现代政治伦理精神的具体体现,对提升现代政治治理能力具有重要现实意义。

第三节　政治伦理的功能

"功能"一词源于《管子·乘马》："工,治容貌功能,日至於市。"意即技能、能力。《汉书·宣帝纪》："五日一听事,自丞相以下各奉职奏事,以傅奏其言,考试功能。"其意为功效、效能。在英语中,"功能"(function)一词也有官能、机能、作用、能力、达到目的的行为模式等多个含义。政治伦理的功能,指它对政治活动的价值引导、理性批判以及规范与调节的效能、能力和作用。[①] 政治伦理在人类的政治文明发展中发挥着重要的利益整合、价值导向与政治美德塑造等效能和作用。政治伦理因其系统性内容、结构和功能组成的伦理合力体系,而决定了政治伦理存在的意义和价值。因此,研究政治伦理的各种功能,才能有利于有针对性加强政治伦理效能机制的建设,发挥政治伦理在政治和社会中应有的作用。

一、政治伦理主要功能

(1) 为各种政治政策制度的设计与安排提供人文价值关怀,为人们的政治行为和政治信仰提供思想价值支撑

从哲学的角度考察政治伦理的功能,它的最根本的价值意义就在于预设了伦理价值取向,为一切政治关系和政治行为的产生提供了人文价值关怀。尽管现代政治社会早已脱离了传统伦理化政治价值直接目标,但伦理与政治关联的根本价值,如关于人性自由、社会平等正义、人的政治责任与义务、政治秩序的和谐发展等普遍有效的理性价值原则,依然是政治伦理存在和发展的持久的使命。从这一意义上来说,一切政治制度的最终合法性的来源在于其内含的伦理理性价值。当一种基本政治法律制度的设计安排反映和体现了这些根本而又普遍的政治道德价值要求时,这种政治法律制度就具有让人自觉认同、支持和尊崇的威信,进而发挥出积极有效的伦理功能;反之,当政治法律制度与这些根本而又普遍的政治道德价值相背离、相违背时,政治法律制度的就会失去人们的认同。而单纯依赖强制、暴力或欺骗的制度,在现代政治体系中是难以长期持续的。

[①] 徐黎明,孙守春.政治伦理学[M].北京:中国社会出版社,2011:33.

（2）规范和调整社会政治关系，为政治活动中的主体行动提供道德上的合法性

政治伦理可以调整不同集团、阶层、民族和国家之间的政治关系。功效优良的政治伦理，一般都是政治伦理体系系统、架构合理、体现根本伦理原则、反映时代精神的合理有效的体系。它凭借有机系统的整体性和生态性发挥整体效能。因而能够有效调节政治利益集团、阶层、阶级之间的矛盾，减少社会组织和集团之间的对立与摩擦，减缓政治系统运作的压力。统治阶级滥施权力或大搞特权、歧视和压迫都曾导致过大规模的民众不服从等问题。

（3）调节和约束政治行为者个体的政治行为

与法律相比，政治伦理不具备法律那样的强制力和调节力度，但在一个政治伦理规范和约束机制健全的社会里，政治伦理对行为者政治行为的规范和约束仍然具有法律所不能替代的功效。一个社会的政治法律制度是"良法"而非是"恶法"，更充分地实现了善的理想，行为者个体就能够自觉地将政治伦理的价值要求内化为自己的政治信仰和行为准则。在一个法律制度不甚健全，特别是缺少法治精神的人治社会里政治伦理规范功能会更加显示出其特别重要的意义。

（4）促进政治系统的有效运转

政治伦理与法律相比，没有法律法规那么具体明确和富有强大的约束力。在人类政治文明的发展史上，法律制度的完备使政治系统的运作有章可循、有据可依。但是法律制度毕竟也是由人来执行、由人来运作的，离开了政治伦理信念和一系列行为规范的约束和支持，任何政治制度的运作都是不会有效率的。一定时期占统治地位的政治伦理如果能够得到社会的普遍认同并内化为政治行为体的政治信念和行为准则，政治制度的运作就会非常富有效率，甚至收到不令而行的功效。但是与此相反，如果一个社会风气不正、政治伦理颓废，就会出现有令不行、有禁不止的局面。具备理想的政治伦理环境是任何政治法律制度有效运作的一个重要社会前提。

二、政治伦理的功能机制的培育

离开了各种有效的规范和调节机制，对政治伦理再完美的理论设计也都只能是空洞的说教和不切实际的神话。因此，从理论上和现实运作中探讨政治伦理发挥作用的机制并加强对这些机制的培育，就成为政治发展中的一个重要课题。

(1) 加强政治伦理理论研究,为政治制度的伦理关怀提供价值支持

理论上,应当加强政治伦理的研究,厘清政治伦理运行和发展的自身机制和机理,使政治伦理的人文关怀能够为政治制度的设计、主体行为及其政治信仰等提供有力的思想支持。从缺乏伦理价值支持的政治制度长远来看,必定会阻碍政治与社会的进步。在今天要增强政治伦理的人文价值关怀意义,首先就要弘扬学术,倡导政治理论研究的科学性。只有政治伦理的理论研究层次提升了,才有可能为政治制度的设计和人们的政治行为提供强有力的思想价值支撑。其次要普及政治伦理学理论教育,只有具备了一定的政治伦理学理论素养,才有可能使广大民众具有在政治上判断是非善恶的能力;只有具备了政治伦理的自觉性,也才能够消除恶政、恶行赖以生存的文化土壤。

(2) 借助制度化建设,强化政治伦理的规范和约束力量

政治伦理与法律相比,约束的强制力要弱得多,要提高政治伦理的约束力,加强政治伦理的制度化建设就成了政治伦理建设的一个重要方面。在制度化建设中,对于那些具有可操作性的政治伦理领域,特别是政治职业道德,应具体研究其可操作性,尽可能地将其纳入制度化、法制化的建设轨道。如加强问责、监察、权力制衡制度建设,将政风党纪纳入制度范围等。同时,设立权威性的民意调查机构也是加强政治伦理制度化建设的重要措施。民意调查研究、深入底层等长期以来一直是我国优良的政治传统,但是如何使其运行和操作科学化、精准化却是一个紧迫的政治课题。

(3) 依靠公共舆论监督机制充分发挥政治伦理的规范和约束力量

舆论监督是伦理道德最重要的外在约束机制,也是政治伦理重要的外在约束机制。建立和形成有效的公共舆论监督机制和网络是社会对政治行为者的政治行为进行道德监督的重要手段,也是政治伦理发挥规范和调节人们政治行为功能的主要途径。要建立起有效的公共舆论监督机制,就必须从加强政治民主建设,保护人民宪法和法律赋予的合法权利,鼓励合法的公民社会组织的规范发展,发挥新媒体舆论功能,依靠全体公民高度自觉的政治意识来形成有效的公共舆论监督机制。建立起自上而下、自下而上有机结合的高效灵敏的信息反馈机制,增强制度透明性、公开性和有效性等。只有建立起了有效的公共舆论监督机制,才能真正发挥出政治伦理应有的政治功能。

(4) 依靠历史文化的伦理力量增强政治伦理的约束力

在一切政治活动中,所有的政治行为者都应该具有明晰的是非善恶辨别力、坚强的政治责任感和永久的历史责任感。政治伦理的责任具有历史性、终身性、永久性等特点。对于一个不具有政治责任感的权力者在施政中所犯下

的违法的政治恶行，如对古代历史上君王所犯残暴恶行、二战时期纳粹首领屠杀犹太人、日本军国主义者南京大屠杀等，不仅要受到法律的惩罚和追究，而且还要受到政治伦理的历史永久性的谴责。对于一个普通的公民来说，即使手中不掌握行政决定权力，但在重大的历史时刻和政治活动中也要保持坚强的政治责任感和历史责任感，也要对政治和历史负责，一旦作出政治上的不道德行为，同样难逃政治伦理的历史惩罚。如二战时期德国艾希曼为代表的所犯"平庸之恶"，对他们的政治伦理责任的追究也是历史的永久的。如果他们具有政治良心自省意识的话，他们自己也应该永远在良心上背负政治伦理谴责的十字架。充分发挥历史文化的感召力，就是使每一个政治行为主体都能从历史文化中感受到政治伦理的强大威严的历史约束力量，树立政治伦理自觉意识，提升整个民族和国家的政治文明素质。

思考与探讨题

1. 针对下列观点，谈谈对政治伦理关系和政治伦理的本质的理解：

（1）政治本身不具道德，其道德要求源于外部；（2）儒家：政治不能没有道德，否则会招致失败。政治由人运转，所以统治者应具"恭、宽、信、敏、惠"的道德品质；（3）政治本身就具有道德。康德：政治与道德不是一回事，"政治说你们要聪明如蛇，道德又补充说，还要老实如鸽"，"真正的政治不先向道德宣誓效忠，就会寸步难行。"康德区分了"道德的政治家"与"政治的道德家"。埃德蒙·柏克说："真正的政治原则是道德原则的扩大——指导我们处理公共事务与私人事务的原则不是我们的发明创造，而是灌注在事物的存在与本性中，为事物所固有。"

2. 如何理解政治伦理本质上是一种政治实践理性精神？

3. 如何认识政治伦理美德与制度伦理规范在政治伦理结构中的关系？

4. 政治伦理中的政治伦理信念与个体私人道德中道德信念之间关系如何？

5. 结合实际讨论如何培育政治伦理的功能机制？

第四章 政治伦理的基本原则

> **本章提要**
>
> 政治伦理原则是政治伦理体系中居于主导地位、起统摄和引领作用的最根本伦理规范。政治伦理原则有不同的分类。按其基本构成有机要素分有政治人道、政治自由、政治公正和政治平等四大原则。政治人道原则的基本内涵：权力为了人、权力服务人以及权力发展人。政治自由是一种人人平等享有基本权利的原则。政治自由可分为积极自由和消极自由、群体自由与个体自由、观念自由和行动自由。政治公正，从内容看指的是制度设计与权利分配公平正义和政治权力主体应当具有的公正品性。社会公正的前提是社会生产力的发展。彻底社会公正只有在共产主义社会才能实现。权利平等是平等原则的基本含义。权利的分配分基本权利完全平等原则和非基本权利比例平等原则。这四大基本原则，人道是前提、目的和总原则，自由是基础，公正为核心，平等为实践和实现。四大原则应共时存在，发挥协同作用。

政治伦理原则是政治伦理体系中居于主导地位、起统摄和引领作用的最重要、根本、核心、稳定的伦理规范。政治伦理原则有不同的分类，有社会政治伦理原则、群体政治伦理原则和个体政治伦理原则之分等。政治伦理原则的性质决定着政治伦理体系的性质。政治伦理原则具有普遍意义，对政治伦理体系的形成和建构具有规范、导向与引领作用。政治生活如同经济生活一样存在于一切社会形态之中，而人们的政治生活离不开政治伦理体系包括政治伦理原则的调节和调整。从这一方面来说，一定社会的政治伦理原则对该形态的社会政治生活秩序具有一定维护和调节的作用。研究政治伦理基本原则，按其基本构成有机要素分，基本政治伦理原则有政治人道、政治自由、政治公正和政治平等等几大原则，这几大原则互为关联，构成政治伦理基本原则的有机体系，并发挥其效能。

本章知识结构图

第一节　政治人道原则

政治的一个根本问题就是在政治活动中如何看待人的问题，即如何处理政治活动中政治权力与人之间的关系中——谁是目的谁是手段问题。政治权力的文明化过程，是人类一直在努力逐渐脱离野蛮、摒弃动物世界中那种弱肉强食的丛林法则的过程，也是一个驯服权力、规范权力的过程。人类建立社会，形成政治权力。其初衷无非是权力为了人，而不是相反。但在人类长期的政治生活历史中，政治权力一旦获得社会中至尊的无可挑战的地位后，便会偏离甚至颠倒了权力与人的关系。被权力所主宰的人连同权力者自身，都无法抗拒这种至尊权力的魔力。人成为权力的手段和工具。人道思想尽管在不同时代、不同思想流派有不同表达，但主旨依然只有一个，即如何看待人的问题。人道中的"道"，是路径、方式、规矩、规范的意思。人道是伦理的根本之道，是人在人世生活中认识人的方式、做人之根本规范。因此，政治伦理中如何对待人的问题，也是一个根本政治伦理问题、善恶问题，是解决其他一切政治道德理论问题的基本前提。

一、人道和人道主义

人道，即为人之道，人之为人所应遵循的基本道理、原则和规范。《左传》曰："天道远，人道迩。""人道"相对于"天道"。先秦儒家思想家们大都非常重视和强调"人道"、"人事"。到了汉朝，《礼记》进一步阐述人道思想，"亲亲、尊尊、长长、男女有别，人道之大者也。"《大传》称之为"人道亲亲"。度量衡、历法、衣服、器械、旗号等可以因朝代而异，"得与民变革者也"。可是"其不可得变革者则有矣，亲亲也，尊尊也，长长也，男女有别"。做人准则的第一条就是爱父母，即孝道。孔子、孟子、荀子都讲孝道，《小戴礼记》将孝道推崇到最高位置，"一举足不敢忘父母，一出言不敢忘父母"。董仲舒将这种思想统一于"天地之道"。他还用阴阳五行说论证了君臣、父子、夫妇关系并使之统一于天道。他还进一步将孝道绝对化、本体化，即所谓"王道之三纲可求于天"。班固的《白虎通义》正式把"君臣、父子、夫妻"关系道德要求强化为"三纲"并人为地突出了君主地位，而《易序卦传》中仅有"有男女后有夫妇，有夫妇后有父子，有父子后有君臣"。朱熹进而认为"父为子纲"是三纲的基础，"仁爱自孝弟始"。至此，可以看出，人道亲亲，尤其是孝道成为传统伦理道德的基础和核心。又由于传统社会是以家庭宗法制为特征的,事父能孝,事君必孝,忠君是孝父的表现。因此,中国传统社会人道思想的核心是孝忠之道,以孝忠之道治天下。当然,我们在考察传统伦理思想时,也会发现许多可贵的超越时代的普遍性的人道思想。如① 利人的思想。孔子"因民之所利而利之";墨子"利人乎即为,不利人乎即止";孟子"民为贵,社稷次之,君为轻"等。② 经济利益基本平等的思想。孔子的"不患寡而患不均,不患贫而患不安";墨子的"有力者疾以助人,有财者勉以分人,有道者劝以教人"等。③ 人格、法律平等的思想。墨家"爱无差等"、"不辟亲疏";儒家"教无类";法家"赏罚不阿,法不阿贵"。到了近代,康有为、梁启超、孙中山等人受西方人道主义思想影响,否定了儒家道德绝对主义观念,批判了人道天道化、天理化的本体论思想,再次进行了从天道到人道思想的转型。但由于历史的原因,也存在着不同程度的历史局限性。

罗马人用"人道的人"与"野蛮的人"相对立。"人道的人"指接受希腊文化教化的罗马人。这种"教化"被译作"humnitas"(人性、人道)。最初的意大利文艺复兴也即罗马文化复兴。人们试图努力使自己成为自由的人,在自身的人性或人道中发现自己的尊严。人道主义概念由此而出现了,其内涵就是人本身具有不可替代的价值,人是最高价值和尊严。"人道主义"概念"humnisim",又译作"人文主义"、"人本主义"。黑格尔曾把天主教独霸一切的中世纪称作"是一种独特形态的野蛮,不是纯朴、粗野的野蛮,而是把最高的理念和最高的文化野蛮化了","如果我们要寻找一些正好与经院哲学和神学的经院式的认识相对立的最容易找到的东西,我们可以说,那就是健康的常识、经验(内在的和外在的),自然观察、人性、人道主义"。[①] 黑格尔把人道主义当作他的"最高理念和最高文化"。近现代启蒙理性中的人道主义是相对于神道主义的,其核心是以人为中心,在处理人与自然、社会、神、人自身、历史等关系中地位而言,确认人的价值地位。康德讲:"人本身就是目的。"他说:"你须要这样行动,做到无论是你自己或别的什么人,始终把人当目的,总不把他当作工具","人,实则一切有理性者,所以存在,是由于自身是个目的,并不是只供这个或那个意志经常任用的工具;因此,无论人的行为是对自己或是对其他有理性者的,在他的一切行为上,总是把人认为目的。"[②]。可以看出:

(1)人本身是目的而不是手段或工具。自古希腊哲学家开启了目的论哲学以来,一直认为,目的是行为主体赖以存在的价值和意义。康德进而认为,

---

[①] (德)黑格尔.哲学史讲演录(第3卷)[M].贺麟,王太庆,译.北京:商务印书馆,1981:323-324.
[②] (德)康德.道德形而上学探本[M].唐钺,译.北京:商务印书馆,1957:13,42.

有理性的主体一定是普遍性的主体,目的、价值和意义同样也是普遍的。因此,目的不是个别主体的主观价值,而是普遍的、主观之客观性的价值和目的。"每个理性者都是一切目的的主体"。任何主体,之所以成为主体、具有主体性,一个绝对意义的命令,就是不要将其他理性主体甚至自己的主体当作工具。比如康德反对自杀,其理由是很明显的,就是说自杀是将自己当成解除痛苦绝望的工具,完全背离主体自己也是一个应予尊重的目的原则。

(2)"人本身就是目的"中的"人",不只是"我",而是意味着一切人皆具主体性,任何人都是目的。人们应该将对方、敌人、所有人看作是与自己具有同等主体资格的人。人与人具有天生的平等性。对待任何人,纵使他有多坏多恶,他依然是人。我们还是要把他当作人看,当做一个坏人、恶人看,而不是当作坏的动物或邪恶的魔鬼看。由此,我们可以得到人道主义的第一条原则即人要尊重人的价值,善待一切人。惟如此,人的目的性,才可以成为可普遍化之原则。

(3)"人本身就是目的"中的"本身"无疑包含有主体性、人性的因素,当然也理应看到,既然是人性,自然也包含人的理性的有限性、包含人性的弱点。人总是带有感性的人,人在先天包括后天社会化过程中,存在着若干潜在的优势和长处,也存在若干弱点和缺点,如贪婪、虚伪、残忍、怯懦等,这些弱点是否应该成为目的?答案是肯定的。这些优点、弱点和缺点都应该成为有限理性的人"自我完善、自我超越、自我发展"的目的。这是人主体性重要特征,也是人、社会和历史进步发展的条件。

一方面,人要实现自己的潜能,全面培养和充分发挥人的创造力。德国格·克劳斯和曼·布尔主编的《哲学词典》:"人道主义一般指追求人道和合乎人的尊严的生存方式的一种努力。在人类历史上人道主义是这样一些思想和努力的总和;这些思想和努力是建立在相信人的可教化性和发展能力、尊重人的尊严和个性基础上的,其目的在于全面培养、自由地运用和发挥人的创造力和能力,最后,高度发展人的社会,使整个人类越来越完善、越来越自由。"另一方面,要实现对自我的超越。培里说:"人道主义是那样一些抱负、活动和成就的名称,自然人由于它们而加上了超自然的东西。……它是由自然人和他的超越的可能性所构成的二重性",萨特说:"人道主义一词,有两种不大相同的意义。一是用以指一种把人视为目的或高级价值的学说……人道主义还有另一种意义,它的基本思想如此人经常超越自己。"① 德沃金也认为,每个生命都

---

① 罗国杰.人道主义思想论库[M].北京:华夏出版社,1993:509.

有其内在价值,有其特殊的潜在意义。每一个降临到这个世界上的人,都有其不可取代的自身起点、自身逻辑和自身历程。只有发现并发展了自身的内在潜能,实现其内在价值的人生,才是成功的人生。每个人生命这种内在价值,不仅对于本人来说是重要的,而且对于其所有他人也同样如此。一个人如果尊重自己的内在价值,那么他也自然需要理解和尊重别人的独特性,视它如自己的一样珍贵重要。因此,现代意义的人道是人的发展之道:自我发展和尊重他人的自我发展。人道原则,是人道主义的伦理原则。"人道主义,有广狭、高低之分:广义的、浅层的、基本的人道主义是视人本身为最高价值、尊重,将任何人当作人来尊重、来善待的意思;狭义的、深层的、高级的人道主义则是视人本身自我实现为最高价值。从而主张使人自我实现而成为可能成为的最有价值的人的思想体系。"①

人在马克思文本中首先是个类概念,指称的是以自由自觉活动而与动物相区别的生命实体。生命是马克思理解人的基础和起点。"全部人类历史的第一个前提无疑是有生命的个人的存在"②。为了满足生命需求,人不是像动物那样依附自然,融于自然,而是通过实践活动,不断地改变自然,生产出自然界本来没有的东西。马克思从实践层面颠倒了青年黑格尔派头足倒置的悖谬,致力于把握"现实的个人"的历史命运,将人的世界还给人本身。马克思称自己的理论为"彻底人道主义"、"现实的人道主义"、"实践的人道主义"等。马克思对人与社会关系的论述明确表述了这种历史观:

"人的依赖关系(起初完全是自然发生的),是最初的社会形式,在这种形式下,人的生产能力只是在狭小的范围内和孤立的地点上发展着。以物的依赖性为基础的人的独立性,是第二大形式,在这种形式下,才形成普遍的社会物质变换、全面的关系、多方面的需要以及全面的能力的体系。建立在个人全面发展和他们共同的、社会的生产能力成为从属于他们的社会财富这一基础上的自由个性,是第三个阶段。第二个阶段为第三个阶段创造条件。"③

马克思认为一切国家和社会历史发展与人的历史发展内在一致,国家和社会发展从根本上表现为人的发展,任何人之外的发展都不能离开人自身的发展。马克思正是在社会生产生活史的基础上把握人道主义的历史实践性。他"认为人类历史,从一定的角度看,就是人的不断发展和人道主义的不断实

---

① 王海明.公正与人道:以德治国的道德原则体系[J].苏州铁道师范学院学报(社会科学版),2002,(2).
② 马克思恩格斯全集(第1卷)[M].北京:人民出版社,1995:67.
③ 马克思恩格斯全集(第30卷)[M].北京:人民出版社,1995:107,108.

现的历史"。① 马克思哲学对自柏拉图以来的形而上学思维方式的超越,为人道主义的实践提供现实的可能性,同时提升人道主义的价值内涵,开拓出人道主义的时代性和实践性精神内涵,将马克思主义人道原则——人的自由与全面发展引向纵深的经济、政治、文化、自然等广阔的历史发展视域。

因此,人道有两层基本内涵:人道是尊重自己和他人人格之道,善待自己和他人;人道是人自我发展、自由全面发展之道,让自己和他人都能充分自由地实现自身价值。人越是自由全面发展,社会的创造能力越是得到提升,社会就越是充满活力,生产力也就越是得到发展。随之,社会的物质文化财富就会创造得越多,人民的生活就越是得到改善。以人为本,重视人的价值,要求政治社会为人的自由全面发展创造条件,为每一个人的发展、价值的实现提供好的制度环境和社会治理环境。

二、政治人道原则的基本内涵

政治人道原则是人道原则在政治生活中的体现,在政治生活中政治权力如何看待人、如何处理权力与人的关系时应遵循的基本原则。这里的人指的是抽离了人的现实差异性的人,是区别与动物、神圣的同类性、类本质的人,是应然状态的人。而在现实中历史中,人之所以存在阶级性、等级性、利益性等社会关系性和差异性,其根源在就在于人进入经济关系、政治关系和文化关系等社会状态后,各种社会关系使得人出现了偏离人的同类性异化现象。从政治关系看,就是政治权力偏离了权力公共性本性——权力奴役人的权力异化现象。宫岛肇说,"哪里有国家和社会制度,哪里有统治者和被统治者,哪里就会有人道主义:无论什么时代、什么社会,只要有国家这样一种社会组织,并由此形成某种程度的学术文化,大致都可以看到这种人道主义的先兆。因为我们必须承认,国家和社会的各种制度一旦出现,就由此产生统治者与被统治者、客观制度与个人欲求之间的对立和差别,人性的被歪曲和压抑,在某种程度上就必然地接踵而来。"② 马克思恩格斯考察了人类权力起源,他们认为权力最早出现于原始社会。权力是随着社会的出现而出现。人类为了生存利益需要结成关系共同体和生活共同体。公共事务的处理、共同活动的组织,产生了权力。马克思和恩格斯经过研究发现人类早期的权力主体是由特定部落或

---

① 安启念. 新编马克思主义哲学发展史[M]. 北京:中国人民大学出版社,2010:42.
② 沈恒炎,燕宏远. 国外学者论人和人道主义(第三辑)[M]. 北京:社会科学文献出版社,1991:734.

者氏族组织的全体成员推选出来的,而且他的权力是受部落全体成员监督和制约的,没有任何特权。恩格斯说:"酋长在氏族内部的权力,是父亲般的、纯粹道义性质的;他手里没有强制的手段。"① 到了原始社会末期,社会生产力有了进一步的发展,生活资料有了剩余,人类社会出现了专门的管理者阶层,他们脱离生产而成为权力主体。他们通过权力控制了社会资源的分配。这也造成了剩余的生活资料私人占有、贫富分化和私有意识。"权力从公共权力演变为国家权力或者政治权力,国家权力或者政治权力在外观上仍然具有公共性,但是,它却变成了'从社会中产生但又自居于社会之上并且日益同社会相异化的力量'"②。权力人道是对应于权力异化的。而权力异化则是权力偏离权力人道、权力公共性而导致权力私有化、权力奴役人的现象。政治人道乃是关于任何历史条件下的政治权力与人的关系最普遍的应然意义上的政治治理根本原则。政治人道原则的基本内涵:权力为了人、权力服务人以及权力发展人。

(一) 权力为了人:确立政治生活中的人的主体性和目的性价值

社会是人的社会,人是社会历史的主体。人是全部人类活动和全部人类关系的本质、基础。马克思说:"创造这一切、拥有这一切并为这一切而斗争的,不是历史,而正是人,现实的、活生生的人,'历史,并不是把人当做达到自己目的的工具来利用的某种特殊的人格。历史不过是追求着自己目的的人的活动而已。"③ 这就要求政治制度的设计和权力的运行要尊重肯定人的主体性,尊重人的平等的独立人格。人不是政治制度和权力的工具和手段,而是目的。基于"把人当作目的"的人道首要价值考量,现代政治文明的发展中才出现了"人人生而平等"、"法律面前人人平等"等伦理政治原则。

现代政治制度的最早出现,是由于重新发现了"人"。它把人从奴役与蒙昧状态下解放出来。文艺复兴与启蒙运动,最重要的是人自身的觉醒,人们对自由、平等、人权等价值理念的认同。最早的现代意义国家及其政治制度的建立,虽然从现象看是因经济税收方面的危机而发生了民主革命,但深层的动力,却是以人的权利为中心的。而在人政治权利背后深层的是人格的尊重、人的目的性的觉醒。权力的来源问题上"民授"论取代了"神授"论、"君授"论。"权力属于人民建立了一条有关权力来源和权力合法性的原则"④。人民主权

---

① 马克思恩格斯文集(第4卷)[M].北京:人民出版社,2009:100.
② 彭定光,周师.论马克思的权力异化观[J].伦理学研究,2015,(4).
③ 马克思恩格斯全集(第2卷)[M].北京:人民出版社,1985:118-119.
④ (美)乔·萨托利.民主新论[M].冯克利,阎克文,译.北京:东方出版社,1998:37.

的原则,在现代政治权力来源问题上基本取得共识。人民主权本质上确认了政治权力主体归宿,确认了对政治主体的主体性、平等地位和人格尊严的价值的尊重。

现代政治制度中"多数少数原则"的道德价值不仅体现在普遍的法权平等原则上,更主要的是它内在地包含了"保护少数者的权利"这一伦理前提。这一原则的意义主要在于当别人的自主选择与自己的意愿不一致时仍然应当得到尊重。农民、工人、妇女、少数种族族裔、残疾人等底层、弱势及边缘群体,他们尽管缺乏政治素养、欠缺政治热情,但他们依然应当是政治权力的主体,他们应有的政治参与权利理应得到合法保障。

(二)权力服务人:消除权力异化,让权力回归公共性,服务于公共利益和个体权益

政治权力的人道关怀实质是让权力服务于人,让权力回归公共性。政治权力在政治生活中应关怀人的生存和生命,正视人的人性和尊重人的尊严,维护公共利益和个体合法权益等。权力违背这个实质,权力工具性被目的性所取代,便出现了权力私有化、垄断化、世袭化,权力宰制人,让所有人屈从权力,为权力所奴役的现象,这叫权力的异化。权力异化"包含着权力主体('谁的权力')异化、权力本质('权力为了什么')异化和权力活动('权力如何行使')异化"等①。

权力异化问题,从其现象和结果看,反映的是权力与人的关系问题。权力和人,谁为目的谁为手段的问题。如果权力为目的,人则成为权力的手段和工具。所有人都不能摆脱被权力奴役的处境,包括掌握权力的统治者。这必然导致社会权力本位、权力崇拜、公权越位缺位、公权私用、公权世袭、公权私授、特权等级等现象盛行。有权者权力欲望失控,无权者冷漠麻木,人性结构失衡,权力者和被统治者人性弱点放大。反之,在权力观念上,确认人都有人性的弱点,权力和权力者必须接受理性的审视,使公共权力能时时处于公众的审视监督中。政治和权力成为人的手段,权力有了边界,权力回归自己的本性,所有人获得权力所有资格。

权力异化的消除,就是让权力合理归位,归位于权力的公共性,服务于公共利益和个体权益。所有人包括权力者能获得做人的尊严和价值,每个人有了自我发展的空间,改变"以物为本"、"人为物役"思维方式、行为方式,建立

---

① 彭定光,周师.论马克思的权力异化观[J].伦理学研究,2015,(4).

"以权利制约权力"、"以权力制约权力"、以法治制约权力制度。基本制度建设,应适应和应对政治道德的价值取向多元化的趋向,纠正缺失和扭曲的政治道德人格,培育公民的德行修养,以包括社会各阶层在内的最广大人民群众的利益、要求为根本出发点和落脚点,尊重人、关心人、爱护人,让"以人为本"的理念深入到人们的行为规范中,变成每一个人的自觉行动。

(三)权力发展人:促进每个人的自由全面发展

马克思在《共产党宣言》明确提出:"代替那存在着阶级和阶级对立的资产阶级旧社会的,将是这样一个联合体,在那里,每个人的自由发展是一切人的自由发展的条件。"[①]他认为人是一个特殊的个体,是一个个体和现实的、单个的社会存在物。因此,应当避免把"社会"作为抽象物同个人对立起来。一个理想的社会是以组成这个社会的每一个社会成员的独立性、权利、价值和尊严都得到尊重和实现为前提条件的,任何对公民的权利和尊严的侵害都会损害他人和整个社会的利益。政治人道最高层次内涵就是促进每一个个体之人的自由全面的发展,确保个人独立性、价值和尊严。"因为自由乃是每个人实现自己的创造潜能、从而成为一个可能成为的最有价值的人的根本条件,是每个人自我实现的根本条件:自由是最根本的人道。"[②]

把促进人的全面发展作为政治权力及其基本制度的目的,也是经济社会发展的目的。既着眼于满足人的物质文化需求,又着眼于促进人的素质的全面提高。关心人的价值、权益和自由,关注人们的生活质量、发展潜能和幸福指数。只有随着社会物质财富不断增加和社会文明程度不断提高,人们的物质文化需求才能日益充分地得到满足,人的自由全面发展才能得以实现。

发展是人的发展,发展应当以人为中心,发展的目的是所有人的美好生活。因此,人道的发展应着眼于整体人、一切社会以及所有人的人之为人的本性的发展,强调人在权力、财富、物品增长面前的尊严和自由。如印度阿马蒂亚·森认为发展应是扩展人享有真实自由的过程。自由是发展的首要目的和主要目的,也是提升人的生活质量和生活基本可行能力的主要标志。社会进步则是依据获得的自由的程度来衡量,发展的目标是为了一切人和人的全面人性的发展。在政治生活中应做到:人格平等、法律面前人人平等、重视人的个人价值和社会价值、重视每个人的基本权益、保障每个人的合法权益、关怀社会弱势群体;不断提高人民群众物质文化生活水平和健康水平,尊重和保障

[①] 马克思恩格斯全集(第1卷)[M].北京:人民出版社,1975:273.
[②] 王海明.伦理学原理[M].北京:北京大学出版社,2009:241.

人权，包括公民的政治、经济、文化权利；不断提高人们的思想道德素质、科学文化素质和健康素质等。

政治人道原则是政治伦理根本的总原则，它要求在政治关系和政治生活实践中，从人的"类"的角度认识人、理解人，正确处理权力和人、权力和人性的关系，尊重所有人的人格的尊严，给所有人在政治生活中的人道关怀，让人人获得应有的权利，发现自我、完善自我、发展自我，使得政治生活变得有序、有活力，能够持续发展。但是，如何能够使得这一政治伦理原则在政治生活实践中得以进一步贯彻和实现？对于这个问题的深入回答是：应该给人自由、使人自由。自由与异化是人道最为重要也最为复杂的两大原则。"自由是人道正面的根本原则，是最根本的人道。异化是人道负面的根本原则，是最根本的不人道。"①这也是政治人道与政治自由内在的联系。

第二节 政治自由原则

自由是人类政治生活的一个共同的、基本的主题。无论哪一个时代哪一种形态的政治生活，都离不开自由，或多或少都存在着自由、追求着自由。如果缺失了自由，人类政治社会是无法建构起来的。这是由于自由的概念和人的概念一起，相伴出现在人类思想和生活中。而问题在于不同时代不同类型的政治生活对自由的觉悟和理解的差异。自由存在于人类行为中，"人处于自然性和神性之间，他既是自然界的一部分，又要超越自然，人由此必然是自由的存在物。"②在人类政治生活中，由于有了自由的理念和价值的自觉，人们便开始用自由的眼光来审视政治生活，用自由的标准和尺度来评价政治行为，从自由出发来建构基本政治制度，形成并不断发展着的政治伦理中的自由理念和价值原则。

一、自由：理性人的自主——自我否定、自我选择、自我超越和自我规定

由于自由一直是人类思想和现实的主题，关于自由的概念界定，有各种各样的阐释。但自近代西方启蒙运动四百多年来，极少有人宣称自己是"自由"

---

① 王海明. 王海明论著集·新伦理学(修订版)(中册)[M]. 北京：商务印书馆，2008：977.
② 衣俊卿. 历史与乌托邦——历史哲学：走出传统历史设计之误区[M]. 哈尔滨：黑龙江教育出版社，1995：30.

的敌人。诚如卢梭在《社会契约论》中所说：一个人"放弃自己的自由，就是放弃自己做人的资格，就是放弃人类的权利，甚至就是放弃自己的义务。"①有人作过统计，迄今为止"自由"一词已被人们赋予超过 200 多种的涵义了。有从人本论视角定义自由的，将自由视为人存在的本质，人与动物的本质区别。也有从认识论视角定义自由的，将自由视为对必然的认识和利用。还有从价值、规范论视角定义自由的。为何理解和界定自由如此之难？康德道出了缘由："自由的概念是一个纯粹理性的概念。因此，对于理论哲学来说自由是超验的。因为这一概念在任何可能存在的经验中，都无法找到或不能提供相应的事例，结果，自由不能被描述成为(对我们是可能存在的)任何理论认识的一个对象。它在任何方面都不是构成性的概念，而仅仅是一种调节性的概念，它可以被思辨的理性所接受。但是，最多只能作为是一种纯消极的原则。可是，在理性的实践方面，自由的现实性也许可以被某些实践原则所证明。"②他认为一般人对自由并不是真的了解，诚如苏格拉底对雅典人对各种美德的理解一样，人们理解的自由其实并不是自由本身。他认为自由与上帝、不朽都是存在在本质界里面，那是认知逻辑理性所不能抵达的地方。但不能认识和言说，并不等于不存在，人类不可验证其存在。自由的存在，可以在道德实践领域，通过人的行动意志，证实其存在。

　　自由实践和经验领域中表现为一种自觉的生命活动。霍布斯说："自由一词就其本义说来，指的是没有阻碍的状况，我所谓的阻碍，指的是运动的外界障碍"，"自由人一词根据这种公认的本义来说，指的是在其力量和智慧所能办到的事物中，可以不受阻碍地做他所愿意做的事情的人"。③ 伯林又将自由区分了自由的积极性和消极性自由。还有将自由分为绝对自由和相对自由。绝对的自由指：个体能够完全按照本身所具有的意识和能力去做任何事情(不被其他个体或外在事物所强行改变，受到个体内在的约束条件限制)。相对的自由指：人类或其他具有高等行为的个体在外在的约束条件下(法律、道德、生态平衡等)能够去做任何事情(受到外在约束条件限制)。社会个体的自由均是相对的自由，必须受到该社会的约束。每个社会个体的自由之间相互的制约即为社会的约束，此社会即为自由的社会。马克思在他的博士论文《德谟克利特的自然哲学与伊壁鸠鲁的自然哲学的差别》中提出他对自由的理解。马克

---

① (法)卢梭. 卢梭的民主哲学[M]. 刘烨，译. 长春：吉林出版集团有限责任公司，2014：203.
② (德)康德. 法的形而上学原理：权利的科学[M]. 沈叔平，译. 北京：商务印书馆，2009：23.
③ 刘上洋等. 读精品　品经典　政治卷[C]. 南昌：江西人民出版社，2011：93.

思认为伊壁鸠鲁用原子脱离直线作偏斜运动的观点突破德谟克利特的机械论的关键和意义,就是打破了命运的束缚,从自然的角度来阐明自在个体的自为性——意志自由、个性和独特性。但马克思认为不能抽象静态地理解自由,自由的实现不能摆脱主体与周围环境的交互作用关系以及主体的必然性。在《1844年经济学-哲学手稿》里面他多次提到,人的本性为有意识的生命活动就是"自由自觉的活动"。

由于自由是一个关涉人的终极性概念,要给自由下定义其实是很难的。只能从其表现、特性来描述它。自由表现为从任意、自欺、自否;在意志的执着目的性协同下历经各种自主选择抵达自律;不断超越和创造,进而不断追求和实现人的自我目的和价值的过程、特性和能力。

(一)自我否定

反抗的自由,自己对自我和外在对象的否定和反抗。康德认为人肉体中衔接着一切的恶德。人的意识则可以超越人的肉体感性的限制,进入任何可能的世界,自由地想象向往美好的东西。为此,它对自己的对象说不,并将自己的肉身感性作为自我意识的对象和障碍。黑格尔说:"自我意识是从感性的和知觉的世界的存在反思而来的,并且,本质上是从他物的回归","意识,作为自我意识,在这里就拥有双重的对象:一个是直接的感觉和知觉的对象,这对象从自我意识看来,带有否定的特性的标志;另一个就是意识自身,它之所以是一个真实的本质,首先就只在于有第一个对象和他相对立。自我意识在这里被表明为一种运动。在这个运动中它和它的对象的对立被扬弃了,而它和它自身等同性或统一性建立起来了。"①人的意识和意志就成了自由的主体,第一次实现将自我肉体感性和自我意识作为对象,肉体生命则成了自由的客体即被支配的对象。此时,人的自由面临着游离于人肉体感性的"冲动"、"情绪"、"欲望"、"任性"等意欲走出自然的反抗状态,人的自身矛盾由此展开。自由体现为一种冲突、矛盾,一种自我否定或苦恼状态。但此时的自由意识要么被囚困在这个阶段成为自然的任意,要么经受片段的理性作用,经由自欺、否定冲出感性障碍,走向自由意志。

(二)自主选择

选择是一种意志自主,是对反抗阶段的一次否定,这里关键的原因,是理性的普遍性对前一阶段自由任意的作用的结果,并伴随着自由意志的出现。

---

① (德)黑格尔.精神现象学(上卷)[M].贺麟,译.北京:商务印书馆,1979:117.

最著名的是萨特的自由选择理论。其实在西方古代从柏拉图到奥古斯丁一直坚持人的自由意志选择——择善去恶。到了近现代自由的选择转向理性人主体选择的自主性。自由的自主选择性意味着支配状态和依附关系解除的可能性。自由,带来了选择;选择,带来了责任。奥古斯丁原罪说阐明了这点。在这种自由状态下,人成了自己的主人,自我意识近乎确立了。"自由不仅在于实现自己的意志,而尤其在于不屈服于别人的意志。自由还在于不使别人的意志屈服于我们的意志;如果屈服了,那就不是服从公约的法律了"。[①] 黑格尔说人的自我意识的确立,让人从无知的蒙昧状态走出来,也让人进入到人们共生共存的现实的社会世界。

(三) 自我超越和创造

自我超越是自由克服一个欲望实现更大的欲望,展示自我的创造性和精神追求。

自由和创造都是人的天性,也是人类走出自然走向社会和文明的关键。人类自我行为的自由特征,是不能完全用因果关系来解释的,自由行为不同于因果关系。因果关系中无自由意志可言。柏格森认为整个宇宙是一种"生命的冲进",万物乃是一大创造的进化过程。这是非理性解释自由和创造关系。但自由属于精神的原则,自然(因果联系规律)属于物质的原则。自由就是人自身,人可以认识自然对象(人自身肉体的自然感受性),走出自我,作用于对象世界,实现自我的目的性,即改造自然对象和创造另一个符合自我自由意识意向的自由属人世界,从而使得人源于自然又高于自然物。自由创造意味着万事万物从无到有和从有到无的精神能力。自由只有通过自己不断地超越和创造才能够完成自身的存在,这也是人的使命。爱因斯坦在谈到道德的意义时,指出:"每个人都必须有机会发展其可能有的天赋。只有这样,个人才能得到应该属于他的满足感;也只有这样,社会才能最大限度地繁荣。"[②]这里的天赋,可以理解为人的内在潜能。

(四) 自我规定

自由也是自主立法的自由和权利。黑格尔说,意志是不能停留在虚无中的,它必须过渡到设定一个规定性来作为一种内容和对象,"意志要成为意志,就得一般性地限制自己",也就是以自由意志限定自由意志。自由意志为自己立

---

① (法)卢梭.社会契约论[M].何兆武,译.北京:商务印书馆,1980:19.
② (美)阿尔伯特·爱因斯坦.爱因斯坦晚年文集[M].方在庆等,译.海口:海南出版社,2000:21.

法。随之,自由意志便转化为法权。从法哲学意义看,一种正当的权利,一定是为了自由而自由的立法。自由任意性提升到理性的普遍性意志,为意志而意志。为每个人的意志而立法就是公意,康德的自律才为真正的自由。这就是自为的自由。

"我们通常可以这样来说:道德就是自由意志的自由意志。对自由意志的自由意志,这个道理是后来的康德揭示出来的。我们发现他说得对,以往虽然没有这样意识到,但是,是这样做的。康德说自由意志的自律就是道德的。什么叫做自由意志的自律呢?就是用自由意志来规定自由意志,把自由意志当作一条自身一贯的普遍规律,这就叫自由意志的自律,自由意志自身对自己形成了规律,形成了法则,这就叫自律","康德讲自由意志的自律是纯粹实践理性的最高法则,就是把理性用在实践方面,它的最高的法则就是自律,也就是道德自律。这条最高法则表现为一条定言命令,不是假言命令,不是说如果你想怎么怎么样,你就要怎么怎么样,而是说无条件地你就应该怎么样。"①

自由不是我要做什么就做什么,而是我不要做什么就能够不做什么。自由属于精神的原则,自然属于物质的原则。如果自由就是我自身,我可以认识自然、改造自然以及创造属人的目的的世界。理性自由的立法能力从而为人在经验的现实生活关系世界严格地确立了责任和义务。康德认为,每一个理性存在者都会按照自己的意志立法,因此,一个人作为主权者当他立法时,他只服从自己的意志而不是他人意志。但只有主权者意志是按照理性的绝对命令的自主立法,才可能使得他的自由意志命令成为道德法则。如,一个强权者为了维护自己的统治地位,可以利用自己的权力来教化臣民遵守他所制定的准则。对于服从者来说,迫于压力,只能接受和服从这些准则。这些他律准则于是成了服从者们的假言命令。这些不是"自主立法",并没有遵循普遍性法则,也否定了人是目的的法则。一旦强权被移开,强权者就无法维持强权意志的命令的地位。只有在"自主立法"中给出的准则才是道德法则。因此,"自主立法"是绝对命令。而自由就是服从自己理性立法的自身法则。这就是自由的自我规定内涵。"自由诚然是道德法则存在的理由,道德法则却是自由的认识理由……假使没有自由,那么道德法则就不会在我们内心找到。"②

---

① 邓晓芒.中西文化心理比较讲演录[M].北京:人民出版社,2013:482,483.
② 高惠珠等著.政治伦理学——历史唯物主义的视野[M].哈尔滨:黑龙江人民出版社,2012:160.

【视频材料】 邓晓芒:什么是自由?

视频

二、政治自由

政治自由是一种社会自由,一种权利原则。从哲学的本体论的自由如何过渡到社会自由? 自15世纪开始,思想家们就指出,对自由的理解是政治和社会意义上的自由。法国孟德斯鸠明确地把自由分为两类:一为"哲学上的自由",一种为"政治上的自由"。他认为哲学上的自由,是要能够行使自己的意志。政治的自由是要有安全。政治自由就是去做法律所许可的一切事情的权利。英国密尔也说过,他要讨论的自由不是意志自由,而是公民自由或者社会自由。

【案例】

"压迫者一样需要获得解放"与"也为反对黑人统治进行了斗争"

南非曼德拉坐了28年的牢,期间受到很多非人的待遇,有一种坚强的意志一直支撑着他。他请求监狱为他在院子里开辟一块小菜园,并且坚持锻炼,做俯卧撑等等。更令人钦佩的是他出狱之后,说过这么一段话:"当我走出囚室迈向通往自由的监狱的大门的时候,我已经清楚自己若不能把痛苦和怨恨留在身后,那么我其实仍在狱中。"他认为,如果出狱了想的就只是要报复之类的,这会使自己的心仍然在牢狱之中。他说,"压迫者和被压迫者一样需要获得解放,夺走别人自由的人是仇恨的囚徒,他被偏见和短视的铁栅囚禁着。"曼德拉还说,"我为反对白人统治进行了斗争,我也为反对黑人统治进行了斗争,我怀有一个界定民主与自由社会的美好理想,在这样的社会里,所有的人都和睦相处,有着平等的机会。"(于杰飞:《永远的曼德拉》,光明日报,2013-12-07)

思考:

1. 曼德拉的"坚强意志"是什么意志?
2. 政治自由意志有何特性?
3. 政治自由意志与政治自由关系如何?

政治自由就是政治生活中人们自主地获得政治权利和利益的意识和行为。政治自由即政治权利,也是自由精神在政治生活领域中具体的作用和体现。政治自由的目的是为实现人自身个体的利益和幸福创造自由的条件。政治自由包括政治自由的意识理念、规范制度和具体行为。

至此,权利就不再仅仅是"自然"的和"天赋"的,而是人工的。马基雅维里认为,自由是人工的,是人类行动的一种产物,而非是人类所有人的自然地位的一种准则。因此,要成为自由不在于充分地能够去做任何事情,而是在所存在的可能性中进行选择。霍布斯、哈林顿、洛克、伏尔泰、孟德斯鸠等人基本持此观点。他们一再强调,自由就是在法律许可的范围内做任何事情的自由。马克思把自由作为其理论终极价值诉求,美国古尔德认为,"马克思的社会实在理论蕴含着一种价值理论,价值的核心规范就是自由。……马克思无论是在对资本主义条件下异化的批判中,还是在对未来共产主义社会规划中,都隐含着一个正义概念。对马克思来说,自由的实现需要正义。"[①]自由是一种理性的实践精神,在政治生活中体现为自由原则,落实到对自由本性认知(从消极到积极)、主体自觉(从个体到群体)、行动自觉(从观念到行动)落实在制度、决策行为,推动政治发展和个人发展的行动。

(一) 消极自由和积极自由

积极自由和消极自由,是英国思想家伯林最早提出来的。伯林在他的《自由论》中,分析了政治自由的两种含义。第一种含义,他称为"消极自由"。它回答这个问题:"主体(一个人或人的群体)被允许或必须被允许不受别人干涉地做他有能力做的事,成为他愿意成为的人的那个领域是什么?"第二种含义称作"积极自由",它回答这个问题:"什么东西或什么人,是决定某人做这个,成为这样而不是做那个、成为那样的那种控制或干涉的根源?"[②]积极自由是一种自主的自由。在伯林看来,积极自由是一种受制于理性的、自主的自由,他不是要求摆脱外在的干涉,而是要求实现个人的"观念"、"意图"、"期待"。它是指个人可以自由地做一切未被法律明确禁止的事情,不受法律的限制;它又是指政府不能阻碍这种自由,而是应积极创造条件以满足个人的正当愿望和要求。值得强调的是,积极自由突出的自由是一种能力,一种利用自由实现自我价值的能力。

对于"消极自由",伯林认为:"政治自由简单地说,就是一个人能够不被别

---

① (美)古尔德.马克思的社会本体论:马克思社会实在理论中的个体和共同体[M].王虎学,译.北京:北京师范大学出版社,2009:115.
② (英)柏林.自由论[M].胡传胜,译.南京:译林出版社,2003:189.

人阻碍的行动的领域。"①判断受压迫、不自由的标准是:一个人是否认为别人直接或间接、有意或无意地阻碍了他的愿望。不受到别人干涉的领域越广,个人自由也就越广,即"可以免于什么"。消极自由的目的在于扩大私人活动的空间,而缩小政府活动的空间,鲜明体现了自由主义的权利伦理理念。消极自由与法治系统联系在一起,有了限制公共权力的法治,公民个体也就有了免于公共权力的滥用造成对公民权利的侵害。"免于什么的自由",也是"法治下的自由"。这必须与现代社会的基本制度安排联系在一起。伯林强调的消极自由,他认为积极自由隐藏着某种危险,当个人欲望不当但又要求政府帮助实现之时,便极有可能由个人的"自主性"引起多数人对少数人的暴政,从而使自由趋向反面。对于个体发展来说,消极自由是个体自由的条件,也是一个社会繁荣进步的根本的必要条件。

(二) 群体自由与个体自由

以依共和主义"主体"为尺度给自由分类,有以群体为自由主体的群体自由和以个体为主体的个体自由。共和主义的自由概念本身就包含了对群体自由的建构。群体自由或集体自由,是自由原则在群体的运用。群体自由主要体现在免受外部的强制和干涉,群体自由还体现在群体内部,个人的自由必须得到群体保证。这样的群体自由也称之为集体自由。整个人类社会的历史也是一个经济、政治、文化和生活方式价值理念基础上形成的由相对独立的个体组成不同人群、不同群体、不同共同体发展的历史。个人与其他人因共同生活、共有的体验过着一种群体公共生活。对于外在群体来说,它们作为一群体组织,有自己的权利,理应受到尊重。公共权力或外来权力对一个群体的生活进行强制干涉,也会损害了这个群体的集体情感和利益。群体自由的另一面,就是群体内部个体自由。贡斯当认为,古代人的自由在于以集体的方式直接行使完整主权的若干部分,其目标是在拥有共同祖国的公民中间分享政治权力,在这种情况下,个人对集体权威的完全服从是与这种集体性自由相容的;而现代人的自由则是由和平的享受和私人的独立构成的,其目标在于享有拥有制度保障的私人快乐。他说:"个人独立是现代人的第一需求;因此,任何人决不能要求现代人作出任何牺牲,以实现政治自由","个人自由是真正的现代自由。政治自由是个人自由的保障,因而也是不可或缺的。但是,要求我们时

---

① (英)柏林.自由论[M].胡传胜,译.南京:译林出版社,2003:189.

代的人们像古代人那样为了政治自由而牺牲所有个人自由,则必然会剥夺他们的个人自由,而一旦实现了这一结果,剥夺他们的政治自由也就是轻而易举的了。"①

群体自由也不是个人自由简单相加的总量。西方马克思主义学者柯亨认为,当今时代无产阶级不再具备马克思时代的六个特点,即"多数"、"生产"、"剥削"、"贫困"、"无所可失"、"革命"了,无产者个体拥有个体自由,但是无产阶级在资本主义市场经济中却依然遭受着"集体不自由"。柯亨认为,一方面他们每个人都存在"发财"的可能,但一个人的成功将建立在群体其他人不可能达到目的的基础上,因此,作为群体的无产阶级并不拥有集体自由。因此,罗尔斯式的政治正义合理性,"在马克思主义看来,这种做法其实就是资产阶级思想家们把其意识形态看作是最高的和永恒的并将其强加于无产阶级,这不过是资产阶级进行权力统治的把戏而已"。② 当今时代,群体自由问题,主要突出表现在阶级自由、民族自由问题方面。但另一方面,群体自由的获得,也往往取决于群体内部个体的合作和组合,改变了整个群体的自由状况。

【讨论】"公地悲剧"。一群牧民一同在一块公共草场放牧。一个牧民想多养一只羊增加个人收益,虽然他明知草场上羊的数量已经太多了,再增加羊的数目,将使草场的质量下降。牧民将如何取舍?如果每人都从自己私利出发,肯定会选择多养羊获取收益,因为草场退化的代价由大家负担。每一位牧民都如此思考时,"公地悲剧"就上演了——草场持续退化,直至无法养羊,最终导致所有牧民破产。

试以自由、群体自由、个体自由有关观点,来探讨"公地悲剧"成因及解决办法。

(三) 观念自由和行动自由

观念自由,是人在政治生活中有关精神文化领域的自由权利,而行动自由则是政治生活中个人或群体组织的行动自由权利。观念自由包含言论自由、出版自由、宗教信仰自由、表达自由等方面权利。头脑中的思想观念是外界无法干涉的,因此,观念自由实质是表达的自由。行动自由则主要包含结社自由、集会自由、选举自由、迁徙自由、经商就业自由等权利。观念自由是行动自

---

① (法)邦雅曼·贡斯当.古代人的自由与现代人的自由[M].阎克文,刘满贯,译.北京:商务印书馆,1999:38,4.
② 刘波.发展与幸福[C].南京:东南大学出版社,2013:116.

由的前提,也是一个社会创新、创造和发明,充满活力的基础。行动自由是观念自由的外在表现,行动自由实质是意志自由的实现。观念形态的自由,就是允许人们在合法合理条件下的思想自由与表达自由。所谓合法,就是不违背国家法律;所谓合理,是合乎理性。思想言论的表达只要不违背宪法法律及"正常理性",就不会被"因言获罪"或"因言治罪"。观念自由,每个理性公民要恪守言论的道德与法律的底线。在当代,由于网络信息技术的高度发展,新媒体已成为人们观念信息交流的重要平台。观念自由的问题主要是观念自由的滥用,进而造成对个人隐私权利和信息安全权利的威胁问题。

三、政治自由的实现条件

任何一个集体和社会不可能没有强制也不可能完全没有自由,那么怎样的集体和社会才算是自由的集体和社会而不是强制和奴役的?这其实就是政治自由实现的条件问题了。政治自由原则实现有其必要的条件:法治条件、平等条件和强制限度条件。

(一)法治条件

自由之所以成为政治权利,就是因为它是靠具有公共意志的宪法法律而建立起来的。法治要求权力者依据法律和道德理性加以统治和治理。霍布豪斯说:"自由的第一步实际上正是要求法治。自由统治的首要条件就是:不是由统治者独断独行,而是由明文规定的法律实行统治。"[①]

首先,法治是划定所有人权力和权利界限的法治。没有宪法和法治,而只是人治,所有人权利义务界限不清,权力者、社会的强者首先由于缺乏强制约束,获得了为所欲为的可能。首先是他们这一群体的自由是没有保障的。因为,为所欲为必然导致弱肉强食,弱肉强食必然导致强中更有强中手,最终导致"强者为王"的专制社会。"所以,真正的自由只能是法权下的自由,即由一切人所承认的公正原则之下的自由,无法无天的自由不是真自由","西方近代自由概念则是一个法制概念和人权概念,不是每个人为所欲为,而是'群己权界',不是一个人凌驾于其他人之上,或者多数人凌驾于少数人之上,而是每个人平等的权利。人权本身是自由和平等的统一,不可能只给一部分人自由,不给另一部分人自由"[②]。其次,法治所依据的法律是包含公共意志、取得所有成员同意和服从的法律。而不能是体现少数或个

---

① (英)霍布豪斯.自由主义[M].朱曾汶,译.北京:商务印书馆,1996:9.
② 邓晓芒.中国当代的第三次启蒙[J].粤海风,2013,(4).

别人意志的法律。哈耶克说:"法治下的自由观念……它基于下述论点,即当我们遵守法律时,我们并不是服从其他人的意志,因而我们是自由的。"①里查德·普赖斯(Richard price)说:"如果法律在一国中由一个人制定,或由某个小集团制定,而不是由共同同意而制定,那么,由这些人制定的法律而进行的统治无异于奴役。"②人人服从意味着人人同等地享有自由权利,也同等地服从法律的强制。

(二) 平等条件

作为政治领域的自由是一种权利。这种权利实现的前提条件是法律面前人人平等。对法治的认同和对法律的服从,必须人人同等。其重点是法治下的强制,应该和自由一样,得到人人同样的服从。最早揭示这一原则的是霍布斯。他说:"每个人应该享有与别人同样多的自由,恰如他允许别人相应于他自己所享有的那么多的自由一样",这一原则在当代哲学家罗尔斯那里得到系统论述,并被叫做"正义的第一原则"而表述为:"每个人对最大限度的平等的基本自由之完整体系——或与其一致的类似的自由体系——都应该享有一种平等的权利。"③法律的强制是确保所有政治主体获得自由的应有之义,这种强制是自由权利的另一侧面。人人同等享有自由,便意味着人人同等服从强制。法律面前人人平等,与自由面前人人平等、法律强制面前人人平等,其实是一回事,成为一个社会是否是自由社会的一个标准和前提条件。

(三) 限度条件

理性的自由是自我意识和意志成熟的表现,理性的自由成熟的一个最主要的特征是自律和自我规定。换言之,自由的成熟或实现,需要自由意志对自己进行必要限制。这种限制的程度大小在政治社会生活中,便形成了自由原则实现的限度条件。有生命条件、认知条件、意志条件以及强制条件等。生命条件,个人自由是以不放弃自身生命为限度的。洛克说:"一个人既然没有创造自己生命的能力,就不能用契约或通过同意把自己交由任何人奴役,或置身于别人的绝对的、任意的权力之下夺取其生命。"④认知条件,是主体的认知水平。一定的政治文化水平与理性认知水平,也会影响公民的政治素质、政治权利的实现。意志条件主要指行为主体之间自由意志的关系。本人的自由,是

---

① (英)哈耶克. 自由秩序原理[M]. 邓正来译. 上海:三联出版社,1997:190.
② (英)哈耶克. 自由秩序原理[M]. 邓正来译. 上海:三联出版社,1997:220.
③ 王海明. 王海明论著集·新伦理学(修订版)(中册)[M]. 北京:商务印书馆,2008:1017.
④ (英)洛克. 政府论(下)[M]. 叶启芳,译,北京:商务印书馆,1964:17.

以不侵犯他人权利为前提的,洛克说:"每一个人对其天然的自由所享有的平等权利,不受制于其他任何人的意志或权威。"①自由不仅在于实现自己的意志,还在于不屈服于别人的意志以及不使别人的意志屈服于我们的意志。强制的限度条件,是一个很复杂的问题。王海明说:"一个社会,如果实现了自由的法治标准和平等标准,就是个自由的、人道的社会吗?为了弄清这个问题,让我们假设有这样一个社会,该社会全体成员都愿意像军人一样生活,从而一致同意制定并且完全平等地服从最严格的法律。如是,这个社会确实实现了自由的法治标准和平等标准,但它显然不是个自由的、人道的社会:它的强制的限度过大。"②那么,问题在于这个强制是否存在一个限度以及这个限度是什么。他认为,首先应该明确"强制、不自由是每个人创造性潜能的实现和全社会发展进步的根本障碍",但强制又是"必要的恶"。而强制的目的在于防止更大的恶、保护所有人的自由而不在于限制成员的自由,在于防止恶而不在于给予善,这应该是强制限度的本质。洪堡将这一原则归结为"强制只可用来防止恶而不可用来求得善",并将其作为国家作用的第一条原则。"第一条原则必然是:国家不要对公民正面的福利作任何关照,除了保障他们对付自身和对付外敌所需要的安全外,不要再向前迈出一步;国家不得为了其他别的最终目的而限制他们的自由。"③密尔、罗尔斯等人都强调了:强制只能以保障更大的自由为理由才是正当的,而不能以利益的权衡和总体功利的计算为依据这一原则理念。因此,强制只是应该用来维持社会秩序的存在,而非用来促进社会的发展。社会发展最终依靠成员的自由创造创新能力。

总之,自由实现的法治、平等、限度几个基本条件在现实政治生活实践中,应该是同时需要具备的。几个基本条件可以说是互相关联、构成了自由权利实现的现实基础和前提。缺失其中任何一个,都会造成自由权利的丧失或虚假的自由权利。虚假的自由权利,就是人人意欲获得比他人更多的权利或者绝对的权利,如大到权力任性小到闯红灯,规则意识失范。结果,所立规矩越多,强制也越多,但规矩和强制不能产生足够的普遍有效性。问题的解决,不能单纯依赖某一个条件要素,需要强制与法治、平等条件整体性建构。

---

① (英)洛克.政府论(下)[M].叶启芳,译.北京:商务印书馆,1964:34.
② 王海明.王海明论著集·新伦理学(修订版)(中册)[M].北京:商务印书馆,2008:1018.
③ 王海明.王海明论著集·新伦理学(修订版)(中册)[M].北京:商务印书馆,2008:1019.

第三节 政治公正原则

公正是关于政治权力通过制度规则来分配基本权利和义务问题的最重要的概念。俞可平说:"公正的英文是 justice,其中文即是公平正义。它是人类最基本的政治价值之一。这些政治价值简单地讲就是自由、平等、公正、福利、尊严,还有安全。它们都是人类共同的基本价值。"[1]公正,作为人类社会永恒的核心理念和行为准则,历来是人们所普遍关注的话题,也是政治伦理学研究的中心课题。政治伦理的所有论域,都离不开公正这一核心理念与基本范畴。

一、公正与政治公正

(一) 词义考察

"公正"在汉语中,公平、公道、正义的意义。"公平"一词在汉语中是公正而不偏袒的意思。管子说:"天公平而无私,故美恶莫不覆;地公平而无私,故大小莫不载。"(《管子·形势解》)唐慕幽《剑客》诗:"杀人虽取次,为事爱公平。""正义,含有"公"、"正"、"直"、"义"等含义,一般作为个体美德,描述君子的一种"德性"。如《论语·公冶》中说"子谓子产有君子之道四焉",其中之一为"其使民也义"。《荀子·正名》中有"正利而谓之事,正义而谓之行"的用法,《汉书·董仲舒传》中也有"公其谊不谋其利,明其道不计其功",其中"谊"通"宜","宜"又通"义"。"义"也是一种道德感和美德德性。近代以来,随着西学东渐,英语"justice"一词也被译解进来,人们用正义对译英语的"justice"。而 justice 一词在英语中,还有公正、公平、正确、合理之含义。至此,"公正"一词,才成为现代汉语的常用词。

在西方,"公正"自古希腊起便一直处于政治学与伦理学的重要位置。古希腊时期德谟克里特认为公正产生于当尽的义务而没有去尽。伊壁鸠鲁认为公正的本质是权益和权利的平等——人与人之间、人与社会、国家政府之间,只有保护和维护其利益,权利的平等性才是公正的。柏拉图在《理想国》中,把公正、正义与智慧、勇敢、节制一起并列为城邦和个体应具有的"四主德","公正"是四主德的最高境界。柏拉图的贡献在于,区分出了个人正义与城邦正

---

[1] 俞可平.公正与善政[J].南昌大学学报(人文社会科学版),2007,(4).

义。对个人而言,正义就是每个人各司其职、各行其长、各安其分;对城邦而言,正义的城邦就是哲学王、卫士和劳动者,各安其分,各得其所。

亚里士多德认为,公正这个概念最为完全,首先是个体德性概念,包含了人交往行为总体德性。其次公正也包括利益分配的公共性,含有分配的比例平等、公平意义。"正义包含两个因素:事物和应该接受事物的人;大家认为相等的人就该配制相等的事物。"①在此,与柏拉图的正义所要求人与人之间的不平等(各司其职)不同,亚里士多德的正义概念已内含着人与人平等的要求。"政治学上的善就是'正义',正义以公共利益为依归。依照一般的认识,正义是某些事物的'平等'(均等)观念。"②他强调公正真实意义,在于平等,在于以城邦整个利益以及全体公民的共同善业为依据。在此基础上,亚里士多德提出了"政治的公正"概念:

"我们要探讨的既是公正本身,也是政治的公正。政治的公正是自足地共同生活、通过比例达到平等或在数量上平等的人们之间的公正。在不自觉的以及在比例上、数量上都不平等的人们之间,不存在政治的公正,而只存在着某种类比意义上的公正","公正只存在法律关系中。"③

这段话对"政治公正"的解释堪称经典,对后世产生深刻的导向的意义。如古罗马法学家乌尔庇安,将正义定义为:"正义是给予每个人提供应得的部分这种坚定而恒久的愿望。"古罗马政治家西塞罗对公正的理解是"使每个人获得其应得的东西的人类精神意向"④。这一把正义理解为"给每个人所应得"的意义,影响了19世纪约翰·穆勒。穆勒对正义的基本内涵就是"给每个人所应得的"。此后,无论是康德、罗尔斯、诺齐克,还是麦金泰尔等,他们表达公正含义都有各得其所或得其所应得意义。我国学者王海明认为,"所谓公正,就是给人应得,就是一种应该的回报或交换,说到底,就是等利害交换的善行:等利交换和等害交换的善行是公正的正反两面。所谓不公正,就是给人不应得。就是一种不应该的回报或交换,说到底,就是不等利害交换的恶行:不等利交换与不等害交换的恶行是不公正的正反两面。这就是公正的精确定义。"⑤

---

① (古希腊)亚里士多德. 政治学[M]. 吴寿彭,译. 北京:商务印书馆,1981:148.
② (古希腊)亚里士多德. 政治学[M]. 吴寿彭,译. 北京:商务印书馆,1981:148.
③ (古希腊)亚里士多德. 尼各马可伦理学[M]. 廖申白,译. 北京:商务印书馆,2003:147-148.
④ (美)博登海默. 法理学—法哲学及其方法[M]. 邓正来,姬敬武,译. 北京:华夏出版社,1987:238-352.
⑤ 王海明. 王海明论著集·新伦理学(修订版)(中册)[M]. 北京:商务印书馆,2008:773.

【视频材料】 视频:邓晓芒:中西正义观比较(华中科技大学人文讲座)

视频

(二)政治公正原则内涵

纵观公正概念的历史发展,就其一般含义来说,公正是政治制度规则设计、分配社会权利、义务和利益所必须遵循的最重要的价值尺度和行为准则,是政治生活领域调节人们相互关系的基本伦理道德范畴,包括制度公正和行为主体公正美德。它是对现实政治和社会关系的评价性反映。政治公正标志着以权利与义务关系为核心的人们相互关系的合理状态,根本上是一种处理公共利益和个体权利关系的原则。它是社会制度、主体政治美德、社会治理最重要的政治伦理原则。

从内容看,政治公正指的是制度设计与权利分配公平正义、应得和权利资格以及政治权力主体应当具有的公正品性。一般分为个人公正和制度公正。个人公正是一种优良品德,制度公正是对一定的社会基本制度的设计、运行及其效果的一种伦理认定和道德评价。相对于人与人关系所要求的不偏不倚,政治制度行为也要求不偏不倚。其标准就是"权利",是义务相对于权利而不偏不倚。权利是一种资格,是获得性的社会性资格。政治公正,作为衡量一个社会基本制度行为伦理原则,表现为这样的原则:以权利为本位且义务与权利相对等、对称和对应。相对等,指每个人的权利和义务都是平等的。权利越大,义务越大。权利多于义务就叫享有"特权",义务多于权利,就叫承受"压迫"。

(三)政治公正的特性

1. 对等性

对等是指制度行为以及主体行为对人对事要一视同仁,使用同一个规则或标准。以一个标准对别人而以另外一个标准对待自己,就叫偏私,当然就是不公正。权力者制定规则、执行规则,权利与义务的分配标准不能偏私。

2. 可互换性

可互换性是对等性的要求和保证。任何公正都是利害对等性互换。要真正做到对人对己用一个标准,就必须能够让自己处在对方的位置时,仍然接受自己起初承认的法则。缺少了可互换性的公正只是自以为公正的伪"公正"。对等性与可互换性的一个著名的阐释是罗尔斯的"无知之幕"。

3. 价值依赖性

公正的标准本身不能自己证明自己存在的合理性。公正标准本身必须有公正之外的价值依据。这个依据主要是看它是否有利于全社会总体利益的增加和社会的发展进步以及是否有利于个体成员的自由全面发展。

二、政治公正的类型

社会公正是一个有层次有结构的动态平衡的复杂系统。从时间和过程维度看,公正有起点公正、机会公正、结果公正等;以社会构成看,公正存在着经济公正、政治公正、文化公正、教育公正等;从行为主体看,有个人公正与社会公正的区别;从权利看,有基本权利公正和非基本权利公正等。阿奎那认为公正可以分类,认为"有两种秩序应该考虑:一种是部分对部分的秩序,同样也是一个私人对另一私人的秩序……这种公正对象是调整指定的人们之间的相互关系。其次应该是整体与部分之间所有的秩序,这就是团体和组成这种团体的不同人们之间所有的秩序"。[①] 这里说的第一种公正即为个人公正,第二种公正即为社会公正。而政治公正则属于社会公正。政治公正有不同分类标准和方式,如效用主义的理论强调综合性的判断标准,旨在最大化公共效用;自由主义的理论强调社会自由和经济自由的权利(诉诸公平的程序而非实质性的结果);社群主义的理论强调从社群的传统和实践发展而来的公正原则和实践;平等主义的理论则强调每一个理性人都珍视的生活物品的平等获得(常常诉诸需要原则和平等原则)。[②] 依据政治行为标准:有个人美德公正与制度规则公正、程序公正与结果公正等。政治公正根本是权利与义务的交换公正,又因为权利义务都是政治权力分配的。因此,各种类型的政治公正目的都是对权力者及其设计的制度规范价值的伦理要求。

(一)个体美德公正与规则公正

1. 个体美德公正

政治公正美德,也就是政治主体应该具有的行事公正、无偏私、有公正感的信念及其品性。它没有"仁爱"、"无私"等一类的道德情感的崇高,却是制度行为、行政行为等权力者权利行为最基本的德性要求。现代政治美德公正就是忠于宪法和法律,尊重他人的权利和尊重公共规则及其形成基本公共规则体系——基本制度。公正的美德是对他人权利的尊重。因为公正的基准是权利,每个人都有自己的权利。根据义务和权利相对等的原则,其他人的权利就

---

① (法)莱昂·狄骥著.宪法论(第一卷)[M].钱克新,译.北京:商务印书馆,1959:90.
② (美)汤姆·比彻姆,詹姆士·邱卓恩.生命医学伦理原则(第5版)[M].李伦等,译.北京:北京大学出版社,2014.224.

构成了一个人行为的道德约束条件，就构成了一个人的道德义务。尊重他人权利的社会行为就是公正的社会行为，就是具有道德"正当性"的行为。因为公共规则不仅仅是保障社会秩序的工具，而且还是权利的来源和根据。不仅政治管理者而且普通公民也具有相应的权利和义务，因此，个体美德公正也是普通公民的德性。

公正感与同情感意义不同。同情感是对弱者的个人的情感认同，而公正感则是作为根据公共规则来判断行为"正当"与否的是非感。它是人们对所生活于其中的社会中所有成员的情感认同。如"仁义"和"大公无私"是心甘情愿地把自己的一切奉献给所热爱的对象，是一种道德情感，不讲利害得失的，是崇高的。而"公正"感则就显得太平凡了。但是，公正感却是最基本最重要的公共道德情感，尤其是在现代社会，奉献的美德只能奠基于公正的美德之上。个体美德公正，既是保证社会或国家的基本制度结构合乎公正原则的基本前提和条件之一，也是社会公正秩序或公正的制度安排得以最终实现的主体基础。

2. 规则公正

罗尔斯明确地把社会制度的正义安排放在高于个人美德公正的优先地位。规则公正就是规则的设计、安排、运行及其效果应当遵循、体现和符合公正原则。规则公正基本要求：第一，"义务与权利相对等、对称和对应"。一系列规则的体系就是制度。政治制度就是关于政治权力的一系列规范规则的体系。因此，规则公正实质也是制度公正。规则公正的价值和标准就是公共性和公共利益，是公共意志的体现。因此，政治规则是公共规则。公正的政治公共规则就是赋予社会成员以平等的个人权利并且尊重、维护这一权利的公共规则，而对社会成员的义务要求只能是以所赋予的权利为基础，并且与权利相对称和相对应。第二，普遍和平等。普遍指没有人不被赋予权利，平等指所有人都被赋予相同的权利和被要求相同的义务。公正的公共规则就是赋予每一个人以平等的权利和根据权利要求平等的义务的公共规则。第三，公开的、明确的和有既定程序。公共规则既然是公共意志的表达，那么它的具体机制和程序应当是公开的。作为公共意志的表达，公共规则既然是对共同的社会生活领域中人的社会行为的普遍性的规范限制，它就应当是具体的和明确的。第四，也是最重要的，就是规则制定者要求的非个人性。政治公共规则体系——政治制度的制定者是社会或社会认可的权力机关。政治制度行为是全社会政体行为对所有社会成员个体行为的控制和管理。

(二)实质公正与程序公正

实质公正,主要指政治和社会资源和要素分配的结果须符合公正原则。程序公正则要求分配的程序符合公正的要求。程序公正与实质公正在对待平等对象上的态度是有差别的。实质公正要求分配结果的实质性的平等,需要坚持社会成员基本权利的保证、机会平等、按照贡献进行分配以及社会调剂(社会再分配)等手段加以保证结果公正的实现。如罗尔斯所强调的,所有社会价值(自由、机会、收入和财富以及自尊的基础)平等地分配,除非是这些价值之一或全部的不平等分配应当对每个人都有利。程序公正原则把个人分为不同的类型或范畴,只是要求适用于这些类型的诸多规则应当内在一致,而不是对不同人采用不同的规则,制造各种各样的特权。程序公正要求"同等情况同等对待"。程序公正论者坚持竞争起点的平等,在所有情况下同类人同等对待的平等,不同类人在可衡量的标准下同等对待的权利。

如何对待两种公正关系?第一,就实践效果来看,在实质公正方面,坚持按贡献比例分配原则,成为结果公正的最有效的尺度。程序公正的实践的结果却常常导致高效率,应得到公正对待。第二,就实践可行性来看,程序公正是实践公正的必由之路,规则制定程序公正、规则对象平等、契约的诚信,有利于在形成合理公平竞争环境中实现实质的公正。实质公正是程序公正最终追求的结果,而程序公正又是实质公正得以实现的前提和保障。最终意义上需要两种公正的统一而非执其一端,结果哪一种公正的实现都成了问题。

三、马克思主义公正观

阅读材料思考马克思主义的公正观内涵及其特征:

"公平始终只是现存经济关系的或者反映其保守的方面或者反映其革命方面的观念化的神圣化的表现。希腊人和罗马人的公平认为奴隶制度是公平的;1789年资产者的公平要求废除封建制度,因为据说它不公平……所以,关于永恒公平的观念不仅因时因地而变,甚至也因人而异。"

——《马克思恩格斯选集》第3卷,人民出版社1995年版,第379页

在《哥达纲领批判》一书中,马克思批判了拉萨尔的"不折不扣的劳动所得"和"公平分配",提出了马克思公正观的重要内容。马克思针对拉萨尔的"公平分配观",指出消费资料的任何一种分配都必须服从生产方式的性质。工人获得的不是劳动的价值或价格,而是劳动力价值或价格。平等的权利仍然是资产阶级的法权。"公平"的分配在资本主义条件下根本不可能实现,只

有在共产主义社会才能实现。

（一）公正是个现实性社会关系范畴

公正,是主体间交往关系的度量,它表示一种社会关系性质。在阶级社会中,所谓的社会公正,从根本上是维护该社会强势集团和统治阶级的利益。实质上是统治阶级意志和利益的表现。马克思明确反对脱离具体历史条件、脱离具体的社会阶级谈公正,更反对资产阶级思想家为永恒正义作辩护。无产阶级的社会公正只有在消灭阶级剥削和阶级压迫,实现生产资料公有制的基础上才能实现。资产阶级的社会公正建立在私有制基础上,反映了商品关系尤其是资本主义经济关系的要求,它以承认每个人享有平等的自由权为基本内容。但资本主义制度决定了这种公正仅仅是法律形式上的而非事实的和结果上的。马克思认为"平等应当不仅是表面的,不仅在国家领域中实行,它还应当是实际的,还应当在社会的、经济的领域中实行"。① 社会公正是指社会地位、政治地位的平等,还包括社会各领域权利的享有以及形式平等和实际平等的统一。这一切只有在消灭阶级剥削和阶级压迫,实现了生产资料公有制的基础上才能实现。马克思还提出诸如基本权利平等、按劳分配、社会调剂、个人利益与集体利益结合等政治公正原则。平等、自由的理念作为社会公正的基本价值理念,渗透并贯穿于马克思社会公正理论的始终。

（二）社会公正的前提是社会生产力的发展

马克思指出："权利决不能超出社会的经济结构以及由经济结构制约的社会文化的发展","一切权利都属于上层建筑,属于政治法律的范畴。权利的性质和范围,归根到底是由社会的经济基础(即社会的经济结构)所决定、是同社会的文化发展相适应的"。② 马克思认为社会公正,而必须以社会生产力的发展和社会发展为必要条件。马克思肯定了资本在资本主义市场经济中对人类生产力的贡献,但侧重在批判分析资本主义制度性不公正的客观规律,寻求社会公正真正实现的制度机制——公有制形式。进而,揭示政治伦理发展规律和趋势。社会公正的实质是适应生产力发展水平的经济关系和利益关系,生产方式起着基础性关键性的作用。社会主义制度是较之以往任何社会更高级的社会形态的制度,应该有更高水平的生产力作为它的物质基础。不能离开

---

① 马克思恩格斯选集(第3卷)[M].北京:人民出版社,1995:448.
② 中共辽宁省委党校科学社会主义教研室编.经典著作部分章节内容提要和注释[C],1981:52.

生产力的发展水平的现实,抽象谈论社会主义的社会公正。

(三) 彻底、全面的社会公正只有在共产主义社会才能实现

马克思认为,人民群众是历史的创造者,是一切优秀文明成果的创造者,每个社会成员都应该享受社会发展的有益成果。但事实上,只有少数统治阶级享受社会发展的成果,劳动人民受统治阶级的剥削和压迫,根本无法享受社会发展的成果。它几乎把一切权利赋予一个阶级,却几乎把一切义务推给另一个阶级。关于社会公正的理想:"把生产发展到能够满足所有人的需要的规模,结束牺牲一些人的利益来满足另一些人的需要的状况,彻底消灭阶级和阶级对立,通过消除旧的分工,通过产业教育、变换工种、所有人共享大家创造出来的福利,通过城乡的融合,使社会全体成员的才能得到全面的发展。"① 而这个阶段,是一个建立在"个人全面发展和他们共同的社会生产能力成为他们的社会财富这一基础上的自由个性"阶段,摆脱了对物和人依赖关系的阶段,国家的统治权威统治职能也将消失,人类得到彻底自由成为自己的主人,这个阶段就是未来的共产主义阶段。也只有到了这个阶段,公正、自由、平等才能真正实现。

探讨:处于社会主义初级阶段的我国社会,应正确处理哪些关系对于社会公正尤为重要?

(提示:可从制度公正与个人公正、程序公正与结果公正、差异性公正与同一性公正、法治平等与公正)

公正作为社会制度的第一美德,首先是制度的合理性、合法性与以人为本性。优良的制度可以促进社会的公序良俗,安定、和谐的社会秩序的建立,从根本上有赖于公正的社会制度。政治公正作为关系范畴,其所关涉的是经济关系、社会关系与文化关系。但经济关系的变革与发展,必然需要政治关系做出必要的调整,否则,政治关系尤其是政治伦理中公正性问题就会凸显出来。公共权力的公共性的实现,政治公正实现的法治、平等和强制限度等条件的创造,具有重要现实意义。

【视频材料】 公正、平等原则

视频

---

① 马克思,恩格斯. 马克思恩格斯选集(第2卷)[M].北京:人民出版社,1995:66-167

第四节 政治平等原则

在政治伦理的基本原则中,政治平等是一个基本实现原则。托克维尔指出,追求平等,是现代一场不可抗拒的革命。何谓平等?从辞源考察,可追溯的最早词源为拉丁文 aequali,这个 aequalis 源自 aequus,意指水平的、平均的、公正的。Equality 的最早用法与物理量有关,即量的相等。对 equality 注入社会意蕴,是卢梭"阶级平等"。此后,社会平等、政治平等概念日趋流行。到美国独立战争和法国大革命时,已提出了"所有人皆生而平等"、"法律面前人人平等"。平等概念被普遍化的过程,实际是一个逐步废止政治等级特权的过程,伴随着市场化,平等也是一个持续的市民社会平等化的过程。

一、平等的概念

从辞源的流变看,平等是一个与差别相对应的概念,尽管在政治伦理内对平等概念的解释多种多样,自由主义、平等主义、保守主义都有说法,但万变不离其本,平等基本的含义是指对象之间的量与质的等同性。政治伦理将人与人的权利平等和义务平等视为最重要的平等。有学者称之为"平等是正义的操作原则"。因此,政治平等对应的是政治特权的不平等,政治平等实质是与政治相关联的权利的平等。

(1) 平等是一种人格概念

平等和自由是分不开的。尽管自由和平等的表现形式可能不一样,但它们实际上是一体两面,无自由就没有平等,无真正的平等也就没有真的自由。平等是自由人的平等。马克思说:"平等是在实践领域中对自身的意识,就是人意识到别人是和自己平等的人,人把别人当作和自己平等的人来对待。"[1]

(2) 平等是一个法权概念

肤色、人种、身材、年龄、健康、体力以及智慧或心灵等这些自然平等无所谓道德应该不应该。但人为的平等,如由人的自由活动引起的贫富贵贱、贡献比例分配、财富收入等,才具有道德应该意义。这样的人为平等则是一种权利平等。人人平等,从而应该享有相同的基本权利。人人享有的基本权利完全

---

[1] 马克思,恩格斯.马克思恩格斯全集(第 2 卷)[M].北京:人民出版社,1957:48.

平等。非基本权利应比例平等。

(3) 平等是一个价值原则实现概念

平等与公正须臾不分离,平等伴随着公正价值贯彻和实现全过程。如程序公正和结果公正,都贯穿了平等。无平等则无公正,无平等也无公正。

(4) 平等是群体性概念

作为比较性和关系性的"平等"概念表明,平等还是个群体价值概念。孤立的个人是无所谓平等与不平等的。两人以上人群中,在群体内部,才产生人员之间平等与不平等的问题。群体性的平等,就是公共性,成为衡量政治生活优劣的标准与准则。

二、平等的类型

从人的实践的基本领域划分,可以有经济平等、政治平等、文化平等、体育平等、社会平等;从社会时间维度划分,可以有起点平等、过程平等、结果平等等;从社会空间划分:可以有机会平等、国内平等、国际平等;从人自身状况划分:可以有人权平等、人格平等、人身平等、性别平等等;从人的权利划分,有人的基本权利平等和人的非基本权利平等;从人与外部世界的关系划分,有环境平等、地位平等、待遇平等等;从平等的量的特质划分,可以有数量的等同与按比例等同的区别。正是基于对这些不同类型平等中的某一类型平等的分析与强调,构成了"平等"问题研究中的不同派别,并以此为据提出不同的政治制度建设方案,从而也带来了平等问题的多样性与复杂性。

三、平等的限度

"平等"的限度,指平等权利的享受或运用受一定社会历史条件和主客观条件的制约,是有其"度"的范围。

首先,平等权利的享受是以应尽相应的义务为条件的。只要平等,不尽义务的平等欲求,就超出了平等的限度,就使人们不能正常劳动、工作、做事。事实上,即使残疾人享受国家给予的公益福利的权利,也是以他尽力所能及的义务为前提的。

第二,平等实现状况,与一个地区、一个社会的社会发展水平,主观和客观条件的具备程度呈正相关性,后者构成了其平等实现的限度。例如,在城乡二元结构存在的情况下,农村儿童就难以实现和城市儿童一样的教育平等。

第三,真正的平等权利必须在宪法、部门法中得到肯定,宪法和部门法构成了平等的限度。"平等的概念从来就并非不赞成平等观念的人所想象的那种意思。它从不维护天赋的平等。它是道德的、政治的和法律的原则,而不是哲学的原则。"① 也就是说,正像自由是法治下的自由一样,平等也是"法治下的平等"。

四、政治平等原则

尽管平等的类型具有多样性与复杂性,各派政治学说对平等的强调也有不同的侧重点,但在政治伦理的视域中,最重要的平等是权利的平等。权利平等,也是进步社会运动所求的目标。从反封建时的争取人权平等,到当代对自然资源平等使用权的争议,都是一种对平等的诉求。权利平等是平等范畴的基本含义,它包括:

(一)政治权利平等

凡是平等原则,皆是权利平等原则。政治权利是政治权力进行政治统治和治理的权利。政治权利分:直接统治权利与间接统治权利。直接统治权利是担任政治职务的权利:担任政治职务而成为统治者,能够对被统治者进行直接统治;间接统治权利则是所谓的参政权,主要包括选举、罢免、创制、复决四种权利。间接统治权利,如马克思所说的"政治自由",② 政治自由是一种人的基本权利,单个人无法拥有,每个人享有的是最低最小的基本权利,而且只有与众人一起共同参与,才能享有。每个人都应该完全平等地享有这个决定国家最高权力的基本权利。这就是政治权利完全平等原则,也叫人民主权原则。

政治权利完全平等的基本点:一是人民主权论。权力源于人民,权为民所授。现代政府的权力基于人民同意的原则之上,国家与政府的合法性只能建立在人民主权的基础上。二是承认国家中的每个公民不但有选举权,而且有被选举权、参与权和监督罢免权等民主权利。政府公职平等地向公民开放,每个公民均享有担任政府公职的机会和权利。三是承认法律面前人人平等。法律赋予每个公民平等权利。"正义的社会将结束基于种族、性别、宗派、性取向、身体残疾,种族关系或经济背景方面的不平等,赋予全体公民以平等的权利"。③

(二)经济权利平等

经济权利平等是政治权利平等的基础。就政治伦理而言,最重要的经济平等是就业平等和分配平等。分配平等也被人称之为"底线平等"。就业平等

---

① 任剑涛.政治哲学讲演录[M].桂林:广西师范大学出版社,2008:289.
② 王海明.王海明论著集·新伦理学(修订版)(中册)[M].北京:商务印书馆,2008:899.
③ (美)大卫·戈伊科奇等.人道主义问题[M].杜丽燕,等,译.上海:东方出版社,1997:431.

是人的劳动权利的平等。

罗尔斯认为社会和经济的不平等应该这样安排,使它们:① 适合最少受惠者的最大利益;② 依赖于在机会公平平等的条件下职务和地位向所有人开放。经济权利平等原则实质是权利分配原则。权利的分配分基本权利完全平等原则和非基本权利比例平等原则。因此,这一原则同样适用经济权利。我国学者王海明认为,"每个人不论劳动多少贡献如何,都应该完全平等享有基本经济权利、完全平等享有经济上人的基本权利。而完全平等分配基本经济权利,也就是按人类基本物质需要分配基本经济权利",即按需分配原则。而"非基本经济权利"、"非人权经济权利"则按照(才能+品德贡献)比例平等分配原则即按劳分配原则。"根据人基本权利优先原理可知,当二者发生冲突时,应该牺牲后者以保全前者,即按需分配优先于按劳分配"。①

(三) 机会平等

这一原则理论主张:人的非基本权利所得和他的社会名望、品德、才能、业绩和贡献相对应。因为,他们和其他人一样获得同等机会前提下,均按照贡献大小的比例分配原则所获。也就是说,所有人虽不能同等获得各种非基本权利,却有同等有机会获得各种非基本权利。每个人获得非基本权利的机会是平等的,这就是所谓的机会平等。这也就是罗尔斯所说的"地位和职务向所有人开放"、"事业向才能开放"。社会所提供的发展才德、竞争职务和地位以及权力和财富等非基本权利的机会,"是全社会每个人的基本权利,是全社会每个人的基本权利,应该人人完全平等享有机会"。② 而因家庭、天赋、偶然运气等非社会所提供的机会,则是幸运者的个人权利,无论如何不平等,他人都无权干涉。幸运者利用了比他人实质上有较多机会、获得比他人较多权利、较多地利用了共同资源,应补偿给机会较少者以相应权利。

不过,根据机会平等,可以进而推论,这种理论是鼓励让有才能者能够充分发挥才能的原则,而且更重要的意义在于:为了让这些能人发挥自己的潜质,社会必须竭力排除个人实现其潜力上的尽可能多障碍,要求更多消除为特定的人群预设的制度上的特权。名义上让所有人实质只能是少数能人以获得机会的"自由增长"。机会均等有优点,但也有缺陷,有观点认为,"一个完全的能人主导的社会也是相当可怕的,它将导致社会分层体制上的僵化和恶化,这是任何一个民主社会都不能完全容忍的。它严格按业绩和能力来决定一个人

---

① 王海明.王海明论著集·新伦理学(修订版)(中册)[M].北京:商务印书馆,2008:905.
② 王海明.王海明论著集·新伦理学(修订版)(中册)[M].北京:商务印书馆,2008:914.

的地位、职位和前途,排除一切人性和人格平等的因素,从而成为社会冲突的根源"。① 此论尽管有些夸大,但机会平等引发的理论论争以及社会问题,确实是一个比较新的热点问题,值得研究和关注。

在人类政治生活的治理中,一个优良的政治伦理规范体系,一定以其各种基本规范互相关联、构成体系、协同作用,发挥其整体效能。人道、自由、公正、平等原则或基本规范,是人类政治生活内在伦理规范和基本伦理价值要求。人道是价值前提和目的。既是政治伦理对人的认知前提,也是政治治理价值的根本目的;自由是价值基础,公正为价值核心,平等为价值实践和实现。这些原则,在人类任何形态的政治生活的历史中,都或多或少存在过。否则,就不可能形成政治生活。一种健康有序的政治生活必然是几种基本原则要素,同时共存,相辅相成,使政治伦理原则和价值体系的整体效能得以有效发挥。反之,一种溃败失序的政治生活或极端失态的政治生活,必然是几种基本原则和价值要素缺失、失衡,协同功能失效,政治伦理原则和价值体系低效或无效的政治生活。

思考与探讨题

1. "一个人身份地位无论多么渺小,他的人的基本权利要优先于另一个人,不管他身份地位多么伟大的非基本权利",如何理解这句话?

2. 结合具体事例讨论政治自由、平等、公正、人道基本政治伦理原则的关系。

3. 从政治伦理角度看,处于社会主义初级阶段的我国社会,应当如何实现社会公正?

4. 阅读罗尔斯:《政治哲学史讲义》,中国社会科学出版社,2011年版,331-367页。试比较罗尔斯和马克思公正观。

5. 试用政治伦理的分配正义理论比较罗尔斯正义论与德沃金资源分配"荒岛理论"异同。

6. 阅读邓晓芒:《中西文化心理比较讲演录》,人民出版社,2013年版,第483-485页,讨论道德律则的理性普遍性特点,情理、惯常、习俗与理性普遍性有哪些差异?

---

① 顾肃.自由主义基本理论(修订版)[M],南京:译林出版社,2013:46.

第五章 作为善制的政治制度伦理

本章提要

制度伦理就是制度应当,包括政治制度的伦理,即对政治制度的正当、合理与否的伦理评价;政治制度中的伦理,即制度本身蕴含着一定的伦理追求、道德原则和价值判断。政治制度既要有合法性,也要有合理性。"制度善"首先意味着制度公平、公正。其次,是制度秩序。最后,政治制度伦理的基本内容应该有利于促进人的自由全面发展。政治制度伦理分为奴隶社会、封建社会、资本主义和社会主义政治制度伦理四种历史形态。公正、自由、平等是社会主义政治制度的价值取向,民主与法治是社会主义政治制度的管理形式,促进人的自由全面发展是社会主义政治制度伦理的法则。政治制度伦理应主要体现在公正、民主、法治、信用、公开、责任、效率等价值的追求上。

制度推进了人类社会的文明和进步,也促进了人的发展。制度与人的社会关系、与人们的公共生活生活息息相关。在消除了传统等级制的扁平化现代社会,人的需要的多重性、价值观多元性、社会关系复杂性等,制度越来越显示其价值与意义。制度是一定的生产方式、生活方式下人们观念、文化的产物。

本章知识结构图

制度之所以能发挥其有效的功能,离不开制度的伦理道德精神。政治自身是一个结构复杂的系统,其中,政治制度在这个结构系统中,应该居于中心地位。一个充满生机与活力的、合乎社会与人发展需要的政治体系,离不开良善的政治制度的支持。追问和探求好的政治制度或政治制度善,一直是人类孜孜以求的目标。政治制度伦理研究的核心就是对政治制度"善"的研究。那么何为政治制度伦理、政治制度伦理如何发展的、政治制度伦理有哪些基本价值或原则要求等,自然就构成了政治制度伦理研究的基础性内容。

政治伦理学

第一节　政治制度的伦理性

何为政治制度伦理？政治制度与伦理之间存在何种关系？我国有学者提出，政治制度伦理的研究是政治伦理和制度伦理研究的延伸，"政治制度伦理是指政治制度的伦理价值蕴涵。一方面是指政治制度中的伦理，即在设计和建设政治制度时的伦理价值追求和道德理念；另一方面是指对于政治制度是否合理以及如何合理进行的伦理评价和引导。由此可知，它主要是研究政治制度设计和运行的道德合理性和如何建立一个好的政治制度，它强调任何政治制度的建立和发展都蕴涵着一定的道德理念和价值追求"。[①] 这里突出了在一般伦理体系中政治制度伦理的基本内容和目的方面的特点。但从政治权力角度看政治制度伦理，则是对政治权力行为的理性的体系性伦理规范和约束，重在探究何种规范规则体系下的权利与义务以何种伦理价值原则来分配，才能有利于政治、社会和人的发展。

一、制度与政治制度伦理的概念

（一）制度与政治制度

1. 制度

何谓制度？"制"有节制、制约、限制的意思，"度"有尺度、标准的意思。制度是节制、约束人们行为的尺度或标准。经济、政治、文化不同学科，对制度概念的界定和理解，都有各自的角度，各有侧重，各有差异。最流行的是，制度经济学派认为制度是约束人的行为规则体系或行为模式。美国制度学派的先驱者凡勃伦认为："制度实质上就是个人或社会对有关的某些关系或某些作用的一般思想习惯，而生活方式所构成的是，在某一时期或社会发展的某一阶段通行的制度的综合，……今天的制度，也就是当前公认的生活方式。"[②] 把制度归结为在人主观心理的基础上产生的思想观念和习惯，揭示了制度与文化观念的关系。新制度经济学派诺斯认为："制度提供框架，人类在其中相互影响。制度确立竞争和协作的关系，这些关系构成一个社会，或者更准确地说，构成

[①] 张桂珍.政治制度伦理历史发展及当代中国的实践[M].北京：中国社会科学出版社，2011：17.

[②] （美）凡勃伦.有闲阶级论[M].蔡受百，译.北京：商务印书馆，1993：139.

一种经济秩序……制度是一整套规则,应遵循的要求和合乎伦理道德的行为规范,用以约束个人行为",他认为制度"是一系列被制定出来的规则、守法程序和行为道德、伦理规范,它旨在约束追求主体福利或效用最大化的个人行为"[①],强调制度是约束个人行为的规则体系。康芒斯认为,"制度是集体行动控制个体行动",[②]侧重于制度主体的集体性权力。他们共同之处,还在于在约束、在于追求制度主体的效用最大化利益。诺思进一步区分为宪法、执行法和行为规范法则,提出基本规范和法则与一般规范和法则,一般法则要合乎基本法则。以上概念突出了制度概念的规范性、规则性、体系性、习惯性,基于一定的文化心理和情感价值认同,行动意义上集体权力对个体的行动治理方面的影响等。细究"制度"概念,还需要对制度有一个普遍性、理性的把握。对一般、普遍意义上理解"制度伦理"概念有重要意义,于是便有了正式制度与非正式制度之分。正式制度是通过一定程序制定的正式规章、规则、法则等,非正式制度则为自然演化而来的风俗习惯、伦理道德、信念信仰等行为规范体系。也有将制度分为基本制度与非基本制度,基本制度是一种制度体系中的核心部分,是一个制度体系的质的规定性之所在,并规定了非基本制度的具体内容、发展方向及其相互关系。那么,何以有正式制度、基本制度? 除了制度的心理情感认同、商谈共识的合法性外,普遍的合理性要求不能忽视。

2. 政治制度

第一,政治制度是一个具有内在结构的规则系统。政治制度是一种正式制度,但可以进一步被划分为基本政治制度与非基本政治制度。基本政治制度是关于特定政治活动和行为的规则体系中关系结构的最基本、稳定方面,它决定了其他具体方面。如,传统社会的宗法血亲等级制度中,宗法血亲等级就是最基本、稳定的制度,决定了其他系列具体制度。现代社会平等的权利义务关系形成的宪法为核心的法治治理制度,这是现代政治制度的最基本方面。对现代社会在政治、经济、法律、社会等一系列具体领域的具体制度有决定意义。政治制度的内在结构系统性,以其系统性、层次性、规范性表征,对政治生活中主体行为权利和义务,施加强制性制约、引导、规范力量,以保证政治制度的普遍有效性。

第二,政治制度是一个涵盖关于政治权力运作的体制和治理两方面的规则体系。无论民主制度和非民主制度,一方面,包含体制方面的规范,如君主

---

① (美)诺思.经济史上的结构与变迁[M].陈郁,译.上海:三联书店,1994:225-226.
② (美)康芒斯.制度经济学(上册)[M].于树生,译.北京:商务印书馆,1997:87.

(含有限君主)制、寡头(含寡头共和)制、民主制等。规范权力来源、所有者,是政治基本政治制度,也称为国体或国家根本制度。另一方面,政治制度包含了权力治理的方式,又称政治治理或国家治理,如人治还是法治。国家根本制度和国家治理两者本质上是一致的。"国家制度的优劣好坏决定国家治理的优劣好坏;国家治理的优劣好坏表现国家制度的优劣好坏","如果一个国家的国家治理活动出了问题、错误、恶劣和罪恶,就表明国家制度存在缺陷,就可以归咎于国家制度存在缺陷、恶劣和罪恶。真正堪称好的、优良的国家制度,一定是这样的制度,在这种制度下,就是坏的和恶的国家统治者也只能做好事,而无法为非作歹。"①

第三,政治制度是一个有基本价值和理性精神的规则体系。合理有效的规范系统,应是一个具有制度自我完善、自我发展、开放包容、自洽性的体系。这就需要贯透着一种基本的理性的价值精神,保证制度体系,一方面在逻辑上不能语意含混、自相矛盾,以开放包容气质引导规范多元复杂的政治现实,这要求制度规范体现一种合理性伦理原则;另一方面,这些伦理原则又是一种人类值得追求的价值,使得制度规范能不断自我完善和自我发展。

(二)政治制度伦理

制度伦理就是制度应该。"制度伦理"概念是20世纪90年代中后期在中国学界兴起的一个概念。制度伦理就是指制度中的伦理以及关于制度的伦理。政治制度伦理是一种制度伦理。政治制度伦理又是整个政治伦理的轴心和关键,是政治伦理的可靠支撑。

所谓政治制度伦理就是指对政治组织的制度规范体系以及其运行机制的伦理要素的探究、揭示和评价。具体而言,包含两个方面:第一,对政治制度的正当、合理与否的伦理评价;第二,本身蕴涵着一定的伦理追求、道德原则和价值判断。前者是对政治制度的道德评价,后者是政治道德规范本身的制度化建设与操作问题。政治制度的伦理性一般侧重于后者,研究政治制度本身所蕴含的伦理要素。

政治根本制度伦理,是指以政治的根本制度为依托而存在的伦理,简言之,即"国体"所蕴涵的伦理性。国体就是国家性质,是国家根本制度,它决定着某种政治制度的根本性的利益走向与利益边界、政治权利的真正目的与服务目标,从而表明某种政治制度的整体面貌和整体精神气质。政治根本制度

---

① 王海明.国家学(中卷)[M].北京:中国社会科学出版社,2012:497.

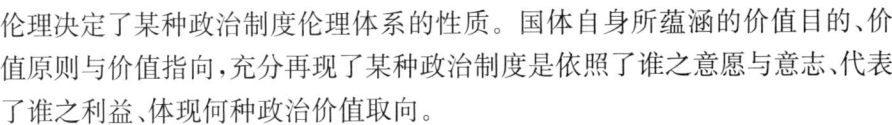

伦理决定了某种政治制度伦理体系的性质。国体自身所蕴涵的价值目的、价值原则与价值指向,充分再现了某种政治制度是依照了谁之意愿与意志、代表了谁之利益、体现何种政治价值取向。

政治派生制度伦理,是指在"国体"所蕴涵的价值体系、秩序框架的规范引导下,所设计、所采取的保证国体原则、实现国体利益的一系列技术性的体制,包括政体以及在政体之下的大量规则系统或规则的运作系统以及公共行政政策等。这种派生制度伦理既直接体现国体与政体之间是否具有切合性、紧密联系性,又是某种政治根本制度伦理能够现实化的保证,也是体现某种国体是否符合该社会发展阶段与历史状况的重要尺度。

政治根本制度伦理强调的是根本的伦理界限、伦理指向,是政治伦理方向性的规范,是一种政治制度是否具有善性以及善恶程度的根本尺度;而政治派生制度则是在根本制度伦理之下的一种具体化及现实载体。它不仅是政治根本制度伦理实现程度的重要保障,同时也反映着政治根本制度伦理的合法性与恰当性。二者在政治制度伦理结构中呈现出一级伦理价值与二级伦理价值的关系。

二、政治制度的伦理性

(一)政治伦理善实现的制度性基础

政治伦理善只有与制度的结合才能落实到人的行为规范中,而结合关键就在于建立制度性伦理秩序。而个体权利和义务、公共利益、公共价值、公共精神则是伦理和制度的共同指向和内在基础。政治伦理善、政治伦理基本原则不会悬空在人的伦理价值世界中,需要在政治生活中实现自我。伦理善在政治生活领域主要体现为自由、平等、公正、人道等基本原则和价值精神。在具体的政治生活中,自由、平等、公正、人道等政治伦理精神和原则是通过政治伦理主体行为实现的。自由个性主要表现为兴趣、爱好、性格、心理、气质、行为特点等,它包括人的平等发展、公正发展、和谐发展和自由发展。人的个性自由发展的根本意义就在于人真正认识到自身的价值、认识到自身的需求。自由、平等、公正、人道政治善归结于人类每个个体的自由全面的发展。而每个人自由而全面发展价值目的的实现,在现代政治中通过制度要求政治权力主体的政治职能转向公共事务的管理和给全体社会成员提供高效的服务。

(二)政治制度的合法性与合理性

政治制度本身应该蕴含政治伦理价值或伦理精神。政治制度本身只有体现价值理性和伦理精神,制度才能得到普遍自觉认可、认同和服从,制度的有效性、普遍性、稳定性等制度本质才能得到体现和实现。政治制度以其特定的规范以一定的道德原则和道德规范为基础,使制度本身蕴涵着一定的伦理追求、道德原则和价值判断。进而形成政治制度的伦理合法性和合理性,同时伦理合法性与合理性提供的价值根据,又是制度得以建立的内在价值根基。

1. 政治制度的伦理合法性

伦理合法性其实就是伦理价值认同。制度合法性,就是制度认同问题。一个制度需要具有合法性认同、同意为根据,才能保证制度的效力。这个有效力的制度通过各种力量发挥政治生活中约束作用,取得制度的实效。制度效力根本来自主体的行动能力,来自于主体行动的伦理意志力。美国富勒指出,一个真正的制度应当包含着自己的道德性,一旦国家施行的制度没能蕴涵着道德性质,就会导致一个根本不适合称为制度的东西。任何一种基本的制度性架构,都应该符合人们自然而然生成的普遍性情感和价值认同。合乎人性,合乎道德是任何制度为民众所认同、所接受从而成为有效制度的前提之一。以法律制度为例,《管子》曰:"宪律制度必法道","法出于礼"(《管子·法法》、《管子·枢言》)。这是中国古人对法律制度的伦理依据的理解。西方古希腊亚里士多德在《尼各马可伦理学》中说:"法律是以合乎德性以及其他类似方式表现了全体的共同利益,或者只是统治者的利益。"[1]这些命题都表明了法律制度与伦理道德及其价值认同在本质上的内在联系。

2. 政治制度的伦理合理性

政治制度的目的和宗旨是公共生活合理化。政治制度需要确保实施有利于全社会的强制性规范,使这些规范符合普遍性的公平正义的基本伦理原则。政治公共生活领域,它要求人们摒弃其偏好或者偏见,追寻合理的公共性。制度通过对公共生活领域的道德把握,探寻合理的公共生活方式,需要符合公共生活的普遍的基本伦理规范和原则,避免违背公共生活领域的本质要求的"潜规则"。一个"善"的政治制度是鲜有政治"潜规则"的制度。"潜规则"是一种理性缺失、没有普遍性、没有长久效力的规则。制度本身缺乏逻辑自洽性、开放性、包容性,就不能有效激活和调动绝大多数人的主体创造性。此外,政治制度合理性还体现在,制度本身的制度系统中各具体制度之间需要协调,形成合理的不能自相冲突的规范体系,才能发挥系统性的功能。进而形成规范秩

---

[1] (古希腊)亚里士多德. 亚里士多德全集(第八卷)[M]. 苗力田,译. 北京:中国人民大学出版社,1994:96-97.

序性,以及在规范秩序下的不断契合公共理性,取得理性累积性进步。

(三)政治伦理和政治制度共同存在人性和人的社会关系中

制度的建立与选择、变革与创新是否与人的发展的根本目的——人本身全面而自由的发展相一致或符合的,即制度是否有利于调动主体的积极性、主动性、创造性,是否有利于人的个性解放,是否有利于培养和提高人的素质,就成为制度存在的根本目的和意义。

【讨论】 有观点认为:依靠好的制度,一群流氓也能建立文明国家。以澳大利亚为例,澳大利亚是英国的流放囚犯建立的国家,由于得益于好的制度,澳大利亚才成为了生活富裕、民主自由的文明国家。好的制度确实能防止好人变坏让坏人变好。但也有观点认为:制度是由人制定的,也是由人来执行的,如果人不愿自觉执行好的制度,那么再好的制度也白搭。中国的百年历史,为这个论点提供了最有力的注脚。制度要受制于文化,即观念和思维方式乃至信仰。结合罗尔斯《正义论》中关于"无知之幕"及"原初状态"方法设定,你认同哪种观点?政治制度中伦理文化价值观的意义作用如何?

三、政治制度伦理的基本内容和功能

(一)基本内容

政治制度伦理是由政治公共生活领域所决定的,因而它的内容一定是确定的。目前关于政治制度伦理的探讨中,有不同的理解。如新自由主义者罗尔斯认为它是以"作为公平的正义"为标志的两项正义原则,既强调自由又关注平等,并强调公民和政府应该承担实现公平的责任。而诺齐克则认为它是包含"持有正义"、"转让正义"和"矫正正义"等正义,其核心是个人权利和自由。当社群主义者理解的制度伦理的内容就是关于如何优先实现共同利益或共同善,强调个人自由与福祉只有在共同体中才得以可能。

首先是政治制度正义。"制度善"首先意味着制度公平的、公正的,符合正义原则并被社会成员普遍认可和共同遵守。正义首先成为政治制度伦理的最首要的内容。其次,是制度秩序。制度秩序是一个好制度或制度善的中心内容。秩序意味着理性、有序、和谐、协调,要求制度伦理系统功能要素之间结构合理、协调有秩、充满活力、包容开放,具有强大的适应能力和规范能力。最后,政治制度伦理的基本内容是促进人的自由全面发展。制度是人的本质对象化的结果,是人的本质力量的集中表现。制度的发展意味着人的本质力量的增强,制度的进步表明了人的本质深化和发展。马克思主义认为,人的发展

受一定社会制度所制约,是一个历史过程。人的自由全面发展的核心即是人的自由个性的实现。人类的发展只有借助每个人自由全面的发展、具体落实到人的个性的充分实现。人是首要的生产力,是生产力中最活跃的决定性因素。发展生产力最基本的意义就是要充分调动生产力中人的积极性、创造性和个性潜能,充分发挥广大劳动者主体的主体性。善的制度促进人的发展,恶的制度阻滞和压抑人的发展。人的发展,既是制度合理性评价的最高标准,也是制度伦理价值追求和最高标准,也成为制度伦理包括政治制度伦理最重要的内容。

(二)功能

制度的最大功能就是调节社会关系,优化社会关系,实现公共需求。

1. 规范功能

规范功能是道德的主要功能,政治制度伦理就包含着对特定主体和对象政治制度伦理关系的调节,并以"道德"的形式表现出来。使政治制度主体履行义务和运用权利,是政治制度伦理的内在要求。与德性伦理对个体的规范最大的区别在于,政治制度伦理主要是制度的规范,具有明确化、法治化、政策化等特点,相对于德性伦理来说,操作性与可行性更强,容易对个体道德发生直接的影响,因而更具有优先性。

2. 协调功能

政治制度伦理协调各项具体制度及其运行,使其相互制约并共同发展。可以确定政治制度的各个环节的规定是否合理恰当。在确立了各环节的制度合理安排之后,促进各环节关联和程序运转的和谐,以使制度的制定、执行、监督等各项程序和环节相互连接,成为一个有序的整体。

3. 创新传承功能

政治制度的创新是各种力量共同作用的结果。人的观念自主觉醒,对政治制度的创新产生重大的影响。人们对政治制度作出价值评价,也会促使政治制度不断发展与创新。正是在历史的理性自由选择中,人们不断实现政治制度的变迁与创新。传统政治伦理文化对政治制度伦理的变革及其现代转型影响也是重要不可忽视的要素。

总之,制度是人的生存方式,制度与人的关系具有内在性。制度的建立与选择、变革与创新,应该与人的发展的根本目的相一致。政治制度伦理性维护公正的公共利益秩序,利于激发政治主体的积极性、主动性、创造性,有利于人的个性解放,有利于现代人的政治素质的提高。

第二节 政治制度伦理的历史形态

从马克思主义历史唯物论维度考察政治制度伦理的发展,有利于进一步理解政治制度伦理社会历史变迁的内在一般规律,不同历史形态政治制度伦理下人的发展状态,掌握政治制度伦理发展趋势。马克思在《1857～1858年经济学手稿》中,马克思对社会形态的历史发展做了如下表述:

"人的依赖关系(起初完全是自然发生的)是最初的社会形式,在这种形式下,人的生产能力只是在狭小的范围内和孤立的地点上发展着。以物的依赖性为基础的人的独立性,是第二大形式,在这种形式下,才形成普遍的社会物质变换、全面的关系、多方面的需要以及全面的能力体系。建立在个人全面发展和他们共同的、社会的生产能力成为从属于他们的社会财富这一基础上的自由个性,是第三个阶段。第二个阶段为第三个阶段创造条件。"①

恩格斯在《家庭、私有制和国家的起源》中提出了人类历史发展的"五种社会形态说"——原始氏族社会、古代奴隶制社会、中世纪农奴制社会、近代雇佣劳动制(资本主义)社会、未来的共产主义社会。前一种分类主要以人自身发展尺度为依据,后一种则是进一步以人的发展之经济关系基础(生产资料所有制制度)为依据。由于政治制度伦理既涉及到国家政治权力制度变迁,又要考察不同历史形态下国家政治权力制度下人的目的和价值发展和实现的状态,因而政治制度伦理的历史形态的划分应结合上述两种依据,可将政治制度伦理分为奴隶社会、封建社会、资本主义和社会主义政治制度伦理四种模式。奴隶政治制度伦理、封建政治制度伦理有着内在共同的特征,在此,将二者放在一起作扼要的比较描述。

一、奴隶社会、封建社会的政治制度伦理

(一)政治制度伦理的经济关系基础

奴隶社会、封建社会的政治制度伦理都是在人类走出原始氏族部落公社制时代后,在自然分散的经济关系、政治关系和文化关系基础上而构建起来的,带有鲜明的自然性。这种自然政治制度伦理的基础有神人关系、宗法血缘

---

① (德)马克思,恩格斯.马克思恩格斯全集(第30卷)[M].北京:人民出版社,1995:107-108.

关系、人身依附关系、地缘关系等。因此,其政治合法性来自于血缘、神性和德行,奉行天然权力至上的原则,属于"自然型的政治制度伦理"。奴隶制政治制度下多数人成为少数人的财产,人在这种"一人是另一人的财产的制度"[①]下奴隶几乎没有法权意义的人格地位,他们与奴隶主关系是人身被占有关系。封建制经济关系依然是一种自然经济决定了自然政治制度形态。财产所有在西欧为领主所有,亚细亚东方为帝王和官吏为代表地主阶级所有。大多数农民或农奴连同他们的人格一起被束缚和依附在土地及其土地主人地主阶级一方。帝王及各级官吏,据土而治,他们拥有天然的无限独断权力。某种意义说,中国古代小小县令拥有的权力和权利可能都要比今日民主国家总统的权限大得多。马克思说:"要能够为名义上的地主从小农身上榨取剩余劳动,就只有通过超经济强制,而不管这种强制采取什么形式……所以这里必须有人身依附关系,必须有不管什么程度的人身不自由和人身作为土地的附属物对土地的依附,必须有真正的依附制度。"[②]封建形态经济关系是一种超经济强制关系,人身关系与奴隶时代的人身占有相比,是一种人身依附关系。

(二)制度的特权等级性决定了权力私有秩序目的性

奴隶社会、封建社会的政治,不是说没有政治制度,而是其政治制度,从其构造动机来看,它仅仅是权力者个体政治意志的制度化存在,是实现君主帝王个体政治权力欲求的工具系统,是个体或家族政治意志的规模化与制度化的扩张。政治生活领域是封闭的,具有高度的私人性、私密性与任意性等特征,缺乏独立的制度公共理性。对于臣民,只是一种巨大的异己力量,是一种扭曲人性的政治制度,是"暴力"系列的一种重要的力源。政治制度伦理的支撑点,除了神授、世袭等因素之外,另一个重要的因素就是强大的暴力机构。政治(制度)伦理,本质上是一种非理性"暴力政治"或野蛮政治。政治生活充满了血腥、杀戮、欺诈、玩弄权术等,越是到最高权力交替如王位传承时刻,这种本性表露得越是明显。符合人性、促进人的发展的政治生活还未真正出场。这种政治制度本质是专制的。专制之专,即公共权力私人专断,并制度化。而专制权力的维系又是通过对社会成员分成官民两大类等级,官吏不同等级各有自己的特权,即特权等级机制加以维系实现的。权力价值的最终目的是权力自身,既非公共利益,也非人的发展。马克思认为专制制度是不道德的,和人

[①] (英)戴维·米勒. 布莱克维尔政治学百科全书[M]. 邓正来,译. 北京:中国政法大学出版社,1992:700.

[②] (德)马克思,恩格斯. 马克思恩格斯全集(第25卷)[M]. 北京:人民出版社,1974:891.

类是不相容的。"专制制度唯一的原则就是轻视人类,使人不成其为人"。①政治伦理成为权力个人化、私有化、神性化辩护的工具,这些都是奴隶、封建社会政治伦理品质的缩影。

(三)政治权力体系居于社会之上,政治权力的转移多直接依靠暴力

多数民众的依附关系使民众政治主体性未能独立出来,社会自治的空间尚未出现,政治权力力量渗透于任何一个领域,包括家庭生活和个体的精神空间。政治不具有独立的界域与相对独立的规则体系。公共领域与权力领域重叠(除西方古希腊罗马古代有限公共领域)。政治制度的公共性服从权力自身目的。社会的一切制度安排与运行,都以政治权力为轴心。政治权力处于社会之上,形成专制、神秘的国家主义。最高政治权力交替,具有家族式的特性。缺乏制度理性程序,不能使用和平方式。民众被边缘化的"非政治人",统治者依靠暴力强制和欺骗权术等政治手段维护自己的统治秩序。

二、资本主义政治制度伦理

(一)自然政治关系解体,制度政治伦理开始形成

随着资本和雇佣劳动关系制度化——即资本主义时代的到来,封建建社会的一切旧的等级特权关系及其伦理原则如"血亲纽带"、"三纲五常"等"一切坚固的东西"都"烟消云散了"。在马克思看来,资本主义生产方式作为一种强大的力量"无情地斩断了把人们束缚于天然尊长的形形色色的封建羁绊",使"一切传统的血缘关系、宗法从属关系、家庭关系都解体了"②。人们的各种社会关系,成了的利害交换关系。如沃勒斯坦所说:"资本主义历史发展的冲动是把万物商品化。"③人的尊严也连同被置换成交换价值。资本主义用公开的、直接的体制性剥削代替了由传统神圣宗教幻像和道德政治幻像掩盖着的剥削。

马克思揭示了资本主义政治的内在本质:基于交易原则基础之上的"物权政治"(或"金钱政治"),即以物权为依据而进行政治权力分割的政治。超越血缘、宗法等非交换经济关系的人治政治,使政治生活的一切关系都逐渐程序化,形成以保证个人权利的法权为核心的现代政治文明以及新型的资本主义制度政治伦理。政治生活作为公共生活中重要核心领域,从私人领域独立出

---

① (德)马克思,恩格斯.马克思恩格斯选集(第3卷)[M].北京:人民出版社,1995:607.
② (德)马克思,恩格斯.马克思恩格斯全集(第1卷)[M].北京:人民出版社.1956:411.
③ 白永秀.现代政治经济学[M].北京:高等教育出版社,2008:35.

来。政治制度在一定程度上具有独立的公共性与开放性特征,不同利益的政治组织在制度框架下展开合法公开的竞争,开启了制度政治伦理的历史。

(二)物权制度孕育出现代民主政治制度伦理价值

近代资本主义将社会"从专制社会向民主社会过渡的形态,对物的强烈欲望和追求极大地开发了人的创造性潜能,扩大了人的生活空间,同时通过市场的平等交换也促进了人对平等与自由的政治诉求"。① 民主作为资本主义的国家制度,用议会制代替君主专制,用选举制代替世袭制,用任期制代替终身制。将人类首次带入政治制度文明时代,实现了对前自然政治制度的超越。法律面前人人平等,代议制,"自由"、"平等"、"民主"、"博爱"和"文明"是这种制度的价值理想。尽管马克思、恩格斯曾对这一制度的实质——不能真正平等、自由等给予了坚决的批判。但他们认为资本主义的社会结构具有双重性:一方面,在政治制度和法律制度上提供了广泛的权利分配,公开宣称所有公民一律平等;另一方面,这种平等权利和不平等收入的结果,又造成了资本主义制度性形式正义和实质正义的紧张关系。

(三)政治权力的更替依靠法治下的民主选举,物权政治成为人异己的力量

"与封建专制等以往国家制度根本不同,资本主义国家最主要、最普遍、最典型的政体无疑是民主制,以至今日世界上所有资本主义国家几乎都实行民主制。因此,即使还没有实现民主的资本主义国家,也与封建专制帝国根本不同:前者极有可能实现民主制,而后者几乎不可能实现民主制"②。资本主义制度通过普选制、竞争制来实现对社会政治资源的统筹、整合与利用,不再是依靠暴力、杀戮,公正、公开、平等、民主等一系列伦理规则要求在政治关系中得到体现。物权政治(或金钱政治、法治政治)消解了特权政治、专制政治权利关系,人在政治关系中获得了历史性的解放。但是,正如马克思所说:

"现代制度下,如果弯腰驼背,四肢畸形,某些肌肉的片面发展和加强等,使你更有生产能力(更有劳动能力),那么你的弯腰驼背,你的四肢畸形,你的片面的肌肉运动,就是一种生产力。如果你精神空虚比你充沛的精神活动更富有生产能力,那么你的精神空虚就是一种生产力,等等。如果一种职业的单调使你更有能力里从事这项职业,那么单调就是一种生产力","资产者把无产

---

① 李仁武.论马克思恩格斯的制度伦理思想[J].伦理学研究,2005,(4).
② 王海明.国家学(中卷)[M].北京:中国社会科学出版社,2012:963.

者不是看作人,而是看作创造财富的力量。"①

基于物权基础上的资本主义政治制度,使人又成了"物的依附",并受制于"物"。制度伦理中人的自由与解放之目的性还未能真正实现和完成。

三、社会主义政治制度伦理

社会主义政治制度作为一种超越资本主义的政治制度,在经济和政治生活上的制度性和体制性诉求,应当体现社会主义的本质要求、坚持社会主义的基本理念或核心价值。社会主义是以生产资料公有制为基础,政治权力回归人民手中,人民当家作主。这是与资本主义有着根本的区别。这就决定了社会主义政治制度伦理超越以前两大形态:人的依赖和物的依赖阶段,为人的自由全面发展准备了制度性前提。社会主义制度设计和安排,需要坚持历史必然性与主体能动性、科学性与价值性的统一,实践运动与制度伦理价值追求的统一。马克思说:"我的观点是把经济的社会形态的发展理解为一种自然史的过程。"②社会主义制度体系与自然科学体系一样,都属于科学范畴。但政治制度伦理的实践过程的复杂性,需要围绕人的自由全面发展根本目的,吸取人类文明的基本价值,坚持社会主义制度的必然性、实然性与应然性之统一。

(一)公正、自由、平等是社会主义政治制度的价值取向

马克思主义理论是社会主义的指导思想。马克思主义理论就是寻求社会公正的学说。公正是社会主义制度的基本价值与基础,更是社会主义政治制度伦理的核心范畴,也是社会主义追求的一个核心价值目标。无论是社会和政治秩序的稳定,还是实现社会的可持续发展,都离不开体现公正的社会主义政治制度的支持与保证。在建设社会主义政治文明中,国家的发展不仅是要搞好经济建设,而且要推进社会的公平正义,促进人的全面和自由的发展,这三者不可偏废。集中精力发展生产,其根本目的是满足人们日益增长的物质文化需求。社会公平正义,也是社会稳定的基础。现代化还应该包括社会的公平、正义和道德的力量,是社会的公平正义。自由与平等是社会主义法治制度的权利表达。古往今来,人们追求自由、平等的价值与理想,归根结底是追求一种能为人们提供自由、平等的生存空间和实现形式的社会制度。在马克思看来,要实现人类解放的最终价值目标,必须通过一种蕴涵着自由、平等、正

---

① (德)马克思,恩格斯.马克思恩格斯全集(第42卷)[M].北京:人民出版社.1995:261-262,262.

② (德)马克思,恩格斯.马克思恩格斯选集(第1卷)[M].北京:人民出版社 1972:102.

义的社会制度,即共产主义制度才能实现。

(二)民主与法治是社会主义政治制度的管理形式

马克思恩格斯一再强调,社会主义政党的首要任务是实行民主:"《共产党宣言》早已宣布,争取普选权、争取民主,是战斗的无产阶级的首要任务之一","如果说有什么是无可置疑的,那就是:我们的党和工人阶级只有在民主共和国这种形式下,才能取得统治。"①列宁看来,制度伦理的核心问题是政治民主问题。如果没有真正的政治民主,就不会有真正的自由和平等,就不会有真正的制度伦理。伯恩斯坦说:"民主既是手段又是目的。它是为实现社会主义而奋斗的手段,也是社会主义的最终形式。"②

民主与法治作为现代社会的管理和手段,不仅是社会政治文明的标志,也是政治制度建设和完善的有效途径。在政治制度建构中,民主与法治不仅是政治制度伦理的重要范畴,也是政治文明的重要组成部分。马克思认为,民主主要是一种政治体制,是一种国家管理形式。列宁指出,"在资本主义社会里,在它最顺利的发展条件下,比较完全的民主制度就是民主共和制。但是这种民主制度始终受到资本主义剥削制度狭窄框子的限制,因此它实质上始终是少数人的即只是有产阶级的、富人的民主制度。"③只有无产阶级才能实现真正的民主制度。社会主义民主必然要依靠法治,法治是保证社会主义民主制度的重要力量。

法治是对公民权利、社会价值的制度维护。邓小平曾指出:"我们今天所反对的特权,就是政治上经济上在法律和制度之外的权利","公民在法律和制度面前人人平等,党员在党章和党纪面前人人平等。人人有依法规定的平等权利和义务,谁也不能占便宜,谁也不能犯法。不管谁犯了法,都要由公安机关依法侦查,司法机关依法办理,任何人都不许干扰法律的实施,任何犯了法的人都不能逍遥法外。"④法治相对于"德治"、"人治"而言具有优越性。法治是现代社会治理的主要手段和必要手段,不仅可以体现出社会的公平和正义,也是有效防止人治带来的专制和腐败的手段。

---

① (德)马克思,恩格斯. 马克思恩格斯选集(4卷)[M]. 北京:人民出版社,1995:516,412.
② (德)爱德华·伯恩斯坦. 社会主义的前提和社会民主党的任务[M]. 殷叙彝,译. 北京:生活·读书·新知三联书店,1965:191.
③ 列宁选集(第3卷)[M]. 北京:人民出版社,1995:198.
④ 邓小平. 邓小平文选(第2卷)[M]. 北京:人民出版社,1994:32.

（三）促进人的自由全面发展是社会主义政治制度伦理的法则

私有制的消灭是劳动者获得自由的前提条件。生产力的发展是人的自由而全面发展的物质前提,推翻阻碍生产力发展的资本主义制度,解放生产力,本身就具有正义的价值,内含伦理的追求。而无产阶级获得政权的目的是利用这个政权创造政权(国家)消亡的条件。由于种种原因,社会主义时期,一定范围内的私有制及权力制约等问题的存在,使得马克思、恩格斯所批判的在封建社会和资本主义社会中广泛存在的矛盾和问题在社会主义初级阶段依然还部分存在,影响了政治制度伦理的实现,影响了社会主义公正的实现,尤其是部分特权阶层的利益,往往是构成人自由全面发展的主要障碍。

当然,目前社会主义制度本身还不完善,转型过程中法制还不健全,体现人民当家作主的直接民主还不够充分,公民的权利义务意识也有待进一步提高,导致权力与权利的现实统一还不能完全到位,权力正义的实现程度与人们对政治文明的期盼也存在较大差距。因此,在社会主义条件下,如何在制度建设中进一步把坚持党的领导、人民当家作主与依法治国统一起来,把人们的需要、权利和愿望作为权力的中心,充分实现人民的权力与人民的利益相统一,也是社会主义制度伦理建设亟待解决的一个问题。

第三节 政治制度伦理基本原则

政治制度伦理基本原则是用以指导政治制度的设计、运行与管理中制度行为的合理性和正当性的基本原则,同时也包括政治制度的内容自身蕴含的政治伦理价值取向。只有合乎一定理性的伦理原则的制度,可以说是一种好的制度。伦理原则也是政治制度之善或制度善。从原则的具体内容看,政治制度伦理需要从正义、公平、民主、信用、公开、效率等几个方面的基本原则综合考察。其中,公正与正义是政治制度的核心价值,民主的理念是权力向社会负责,信用和公开是民主决策机制形成原则,效率是制度行为及其结果必须使得社会充满活力,成员个性能力得到充分发展。政治制度伦理应主要体现在对公正和正义这一核心价值的追寻上。

一、正义

【思考】 中国人发明了杆秤,而西方人发明了天平。杆秤和天平,称量货物,哪一个更客观,为什么?

公正与正义是制度的灵魂和首要价值原则,成为评价社会结构、制度运行的伦理价值尺度。随着制度的变迁,公正与正义的价值尺度和具体标准也在发生着变化,但是其作为社会制度的价值尺度和目标却一直是人类社会不断创新制度和变革社会的指针。作为政治制度的正义,就是指政治制度对正义性的考虑,是指政治制度在其建立时是否具有正义的根据,是否被赋予了正义的属性。具体说来,它包括两个方面:一是政治制度自身蕴含的正义价值;二是制度制定、运行以及结果中的正义。

制度本身的正义。制度本身的正义即制度的合理性,指对制度正义性的考虑。它是指制度在建立时是否具有正义的根据,是否被赋予了正义的属性,也就是制度在建立和安排时必须有正义性这一要求的考虑,必须具有道德上的合理性和公正性;制度运行的正义。设立制度并不是社会的最终目标。相反,制度建立后必须付诸实践,转化为现实的社会能力,真正投入社会运行和运作,正义的观念和原则必须转化为现实力量才有意义,生命和权利必须有切实的基本制度作为保障才不会流为空谈。

安排正义的制度来进行权利和义务的分配是制度正义的主题。分配正义指的是政治制度和国家权力平等地分配权利和义务,而个体平等地享受权利和履行义务。个人的权利和义务是对等的,个人在平等地享有权利时,也应平等地履行义务,每个人都有尊重和维护他人利益的义务。在制度所制定的准则、规则里,公正平等原则起着支配作用。"既利己又利人"是制度在市场经济条件下通过实现功利价值(效率)和伦理公平价值(公平)有效结合起来而形成的有效方式,它为市场提供了最为坚实的秩序基础。

任何正义理论都要设计正义的实质性与形式性。正义的实质性,又称实质正义或实体正义,指的是正义所追求的合理的价值目标。正义的形式性,又称形式正义或程序正义,指的是正义所借以体现出来的形式性规定。实质正义要求政治制度必须体现人类合理的价值追求,必须合理地分配和规范个人的权利和义务;而形式正义则要求政治制度运行要遵循一套程序上的合理标准,即政治制度运行必须有一套统一、公开、公正并且有效的普遍程序。实质正义与形式正义,作为社会正义的两个方面,是互相补充缺一不可的。

二、民主

【讨论】 如何认识美国著名政治思想家扎卡利亚(Fareed Zakaria)所说的"不自由的民主"(Illiberaldemocracy)?

资料

(一)民主的含义

民主是一种人民自治的制度,也称为民主负责制。"议会是负责制的中心机构,源自封建社会中阶层制度"①,议会拥有立法权,政府行政权力服从立法权力,政府对立法部门和社会负责。这是一种把公共偏好转化为公共政策的机制,即民主的价值观只有融入具体的制度设计和政策实施,才能体现其现实的意义。在现代政治学的语境中,政治制度安排决定社会权利分配,一定的政治制度安排意味着一定的权利分配,而这种权利分配的结果必定在社会政治生活中形成相应的权力结构和利益格局,形成各种各样的社会利益集团。如果人数较少的利益集团由于在权力结构中处于主导地位,那么这种政治制度就是为少数人获利的;如果是人数较多的利益集团在权力结构中占据优势地位,那么这种政治制度安排就为多数人维护利益的。前者我们惯常称之为专制的政治制度,后者则认为是民主的政治制度。

民主原则落实的三个层次:其一,本质和价值性层次。民主就是人民的统治,民主政治是人类政治文明发展的结晶和趋势,它表明了政治的民主本质特性和政治价值属性,又称为实质民主。其二,程序性层次。但"人民的统治"实际上是一个原则性、不易操作的概念。大多数现代国家的规模较大,人民不可能直接统治的。熊彼特、达尔、亨廷顿等人提出了一种关于民主的程序性概念。熊彼特说,民主方法就是那种为做出政治决定而实行的制度安排,在这种安排中,某些人通过争取人民选票取得作决定的权力。达尔认为民主过程必须满足八个基本条件:如有效的参与(Effectiveparticipation),表现在所有成员对政策的制定都有平等的和有效的表达意见的机会;平等投票权(Votingequality),即所有成员都有权投票,且所有票效力相等;切实的理解(Enlightenedunderstanding),即在合理时限内,每一个成员必须有平等和有效的机会了解到可替代政策选择及其相应后果;议程控制权(Controloftheagenda),即成员必须有权控制决策议事日程的设置;全部成年人的参与(Inclusionofadults),即全社会的全体成年人都必须有平等权利参与民主过程,以防止部分人以任何借口控制该政治过程等。其三,责任层次。民主选举制度只是民主的最低要求。民主不仅是指通过选举制度产生政治领导人,而且还指负责任的政府、高度的法治和对公民自由权利的有效保护。

---

① (美)福山.政治秩序与政治衰败:从工业革命到民主全球化[M].毛俊杰,译.桂林:广西师范大学出版社,2015:10.

(二) 作为政治制度的民主，在本质上服从于公共利益

民主能否成为制度的伦理，决定着公共领域能否形成，也决定着公共性能否成为现实。公共利益的伦理价值即公共利益能为所有公民直接或间接地分享。公共利益并不排斥或否认私人利益，它存在于众多私人利益相互交叉之处，是在私人利益之间相互作用中呈现出来并且具有公共性的价值。国家这种政治组织的性质规定了民主的性质和技术。在现实生活中，我们无法脱离国家及其政治性质的规定性，把民主看作一个独立的、有自主性的东西，相反，我们必须从国家这个政治共同体的角度来限定民主技术并由此考察民主的效果。民主价值是一种公共理性价值，是制约权力欲望的根本理性力量。作为制度，也是防范权力私有化和泛化所形成的权权交易、权钱交易的有效途径。

三、效率

制度效率有两种：其一制度行为本身的效率，其二是制度行为结果效率。前者是制度政治系统在运行过程中政治权力产生（如选举、党派竞争）、公共政策制定运行所耗的成本与时间作为标志的。后者指的是制度运行结果在促进社会生产力发展、民众物质利益获得、社会道德文化水平提升以及人的个性潜能发展方面作为标志的。政治成本指的是政治主体在政治活动之中所耗费的政治、经济、文化、社会等资源的总和。政治效率的高低决定着一个国家的发展状态，当政治系统的运行成本高于其收益时，政治系统就会发生震荡和变革。没有政治效率，政治制度就成为一种负面价值的异己力量，持久的政治稳定就难以维系。政治制度效率是政治效率的一个重要组成部分，一个重要内容。它涉及政党制度、立法制度、行政制度、司法制度、选举制度、监督制度等。不同的制度安排，带来不同的资源配置的结果，形成不同的交易成本，带来不同的行为效率。

在专制和民主制度下，制度效率呈现不同特征。总体看来，专制下，制度行为效率显得相对较高，成本较低（如官员任命、公共决策只需帝王官吏一个圣旨命令），但制度行为结果效率却较低（如生产力长期得不到发展，人的个性潜能受到普遍压抑）；民主制度下，制度行为效率相对较低，成本较高（如权力者产生需要耗时耗钱的竞争选举、立法公共决策需要议会耗时争论），但制度行为结果效率相对较高（社会生产力和个性潜能比前者得到较充分发展）。制度转型往往最能体现出制度效率，"一方面，由于自由精神而给社会成员带来的积极性、创造性、活力这一意义上的效率。用马克思的思想表达，这就是变革生产关系所直接带来的解放生产力这一效率。另一方面，变迁的基本有序

性使这种社会成员的积极性、创造性、活力能够被系统整合成一种积极的力量,而不至于使这种活力成为一种破坏性的力量,在彼此相互抵消中毁灭文明。"①

四、诚信、公开

政治制度诚信是政治诚信的制度化。政治诚信有制度诚信和政治治理诚信。有制度诚信才有治理诚信,无制度诚信,也难以真正做到治理诚信。制度诚信是制度设计和安排忠于科学、理性和规律,忠于公共利益,实事求是,有充分的理据,不能凭借主观臆想、偏好、私利以及乌托邦、文学般想象。制度的运行需要符合程序公正、公开透明要求,不能暗箱操作。制度诚信也是和制度民主密切相连的。民主是诚信的基础和保障,诚信是民主在政治生活中具体实践和体现。制度诚信重点在制度的运行过程中,体现为公开、透明。只有制度的诚信、公开使得公民对制度产生信任和权威性认同和服从,制度才能发挥最大效用。

政治制度公开、透明是民主政治的必然要求,是政治制度伦理的基本要求。没有制度的公开、透明,就不会有制度的自由与平等,更谈不上什么制度的公正和正义,这也是民主制度纠错机制之一。政治领域的公开透明是政治制度伦理建设的重要内容,也是执政党和政府加强与民众联系、凝聚政治共识、积聚执政和行政资源的有效手段。从制度法治化角度看也是对人民的知情权的有力保障。

第一,公开透明是民主决策的基础。公众获取信息的权利是现代民主制度区别于封建"民本"、专制制度的主要体现方式,也是现代民主政治的必然要求。在现代社会,国家政务、公务、事务等不仅是政府的事情、官员的事情,更是普通民众自身的事情。公共行政、政治决策、事业管理等各项事务向公众开放、尊重公众基本权利,真正实现由少数人决策到民主决策的转变,确保人民的国家权利主体的地位的实现。第二,政治制度透明是民主监督的前提。国家事务、经济决策、政治决策、立法过程等如果缺乏透明度、公开性,就容易导致信息封闭乃至思想封闭。只有政治制度透明,才能提高政府的公信力,有效地杜绝"暗箱操作"和少数人的权力寻租投机行为,有效地对权力进行制约。第三,政治制度透明是实现政治制度伦理的前提。公正、民主、法治、责任、效率是政治制度伦理的基本内容,但这些政治制度伦理最终是要落实在人们的

---

① 高兆明.制度伦理研究——一种宪政正义的理解[M].北京:商务印书馆,2011:101.

政治行为层面,才能成为现实。政府信息的公开不再是政府的任意选择行为,而是政府的责任和义务。

总之,一个"善"的政治制度,"至少应当具有以下三个基本因素:第一,从存在论角度言,它应是一个基于平等基本自由权利的多元平等的制度,这种制度能够公平地分配社会基本资源;第二,从人性论角度言,它应能够通过日常生活中的利益分配方式有效地防止人性中弱点的破坏性作用,并能够将这种人性的弱点有效地转化为积极力量,使之成为社会成员创造新生活、建设新世界的内在动力;第三,从运行的角度言,它应是一个自身运行及其演进变迁有着稳定基本规范的制度"[①]。换言之,"善"的制度应当是一个人民当家做主、国家政治秩序协调有序、政治生活规范合理、政治权力对人民和社会负责的制度;它应当是一个公正、自由、民主、平等、法治、信用、公开等原则协调一致、协同发挥系统功能的制度;它应当是一个社会生产力、国家能力、社会成员潜在个性能力与制度执行力能够得正向协同发展的制度;它应当是一个没有贫富两极严重分化、社会和谐、持续发展的制度。

思考与探讨题

1. 阅读下列关于全面依法治国的相关材料分析其中蕴含的政治伦理意义:

什么是宪法?宪法是国家根本大法,宪法应当具有最高权威。从政治学的角度看,宪法其实也是一种最根本的政治制度的规定。这就涉及什么是政治制度,政治制度是政治行为的规范。从另外一个角度来看,政治制度其实是一种契约,就是公民和政府签订的一个契约,而宪法就是一个最大的契约,公民也好、政府也好,大家都必须共同遵守。宪法作为公民与政府之间签订的一份总合约,既规定了政府公共权力的边界,也划定了公民的政治权利边界。谁跨越这个权力与权利的界线,谁就违约了,谁违约谁就应当受到惩罚。

所有国家的法律和制度,归根结底都是为了维护宪法所确立的基本制度、公民权利和国家利益。一切法律、政策和契约的制定与实施,都必须以国家的宪法为依归。国家的其他法律和法规,都是宪法的自然延伸,都是为了实现宪法所保障的公民权益和国家利益,它们必须与宪法的条文和精神相一致。违反宪法,从根本上说就是危害国家的根本利益和公民的基本权利。

"坚持依法治国首先要坚持依宪治国,坚持依法执政关键要坚持依宪执

---

① 高兆明.制度伦理研究——一种宪政正义的理解[M].北京:商务印书馆,2011:103.

政",社会主义要求共同富裕和公平正义。那么,怎么克服在公平正义方面如此严峻的挑战呢?光靠发展经济行吗?发展经济是基础,但是光做大蛋糕,而不在制度方面去完善,不建立一个公平正义的制度保障体系,那么,财富分配和整个社会的公平正义势必难以实现。提出依法治国,建设法治体系,实际上也就是建立一个维护社会公平正义的制度保障体系。

十八届三中全会不仅提出了一个全面深化改革的总目标,而且还有一句话非常重要,即把增进人民福祉和促进公平正义,当作全面深化改革的出发点和落脚点。这一论断非常重要。什么叫作"出发点和落脚点"呢?无非就是说,所有改革既要从这儿开始,又要回到这儿来。把公平正义当作全面深化改革的起点和终点,这说明中央非常清楚公平正义对于我们国家和社会的重要性,以及我们所面临的挑战。这次提出依法治国,建设法治国家,在维护社会公平正义的制度建设方面,又迈出了非常重要的一步。(俞可平:《依法治国的九大政治学意蕴》,《探索与争鸣》,2015年,第2期。)

(1) 从政治伦理视角分析"宪法就是一个最大的契约"。
(2) 如何理解制度伦理中的公平、正义、效率之间关系?
(3) 全面依法治国的提出对政治制度伦理现代化发展有何意义?

2. 结合实际谈谈如何实现传统政治制度伦理的现代化转型?现代政治的伦理性为何主要体现在制度伦理建设上?

3. 阅读:李仁武:《制度伦理研究:探寻公共道德理性的生成路径》,人民出版社,2009年版,第36-67页,结合马克思主义经典作家马克思、列宁以及邓小平的制度伦理思想讨论民主伦理原则对中国特色社会主义政治体制改革和制度发展的意义。

4. 设计一个以本校法治文化建设为主题的调查活动方案,然后分组调查,撰写一份调查报告。

5. 以人的发展与制度伦理关系为选题撰写一篇小论文。

第六章　作为善政的政党伦理

> **本章提要**
>
> 　　现代民主政治实质上是政党政治。政党伦理是一种指向政党的政治实践行为的应然意义的价值规范。政党伦理的基本内容主要包括公正、民主、廉洁、勤政、效能等。政党伦理的基本特征有：政治性、公共性、示范性等。公共理性在政党伦理中地位越来越突出。缺失了公共理性，政党就会蜕变成追求私利的利益集团。非对称性政党制度以中国为典型。中国共产党代表着最广大人民群众的最根本利益。始终代表人民群众的意志和利益，是由中国共产党的性质、政治立场、政治地位和历史使命决定的。历史与国情决定了中国共产党的领导地位，各民主党派在承认并接受共产党领导的基础上真诚合作，通过政治协商，共同促进国家与民族的发展。现代政党伦理规范的建构有：政党公共责任意识、政党决策伦理、政党自律、政党诚信等。

在现代社会政治生活中政党是占主导性地位的政治行为主体。现代民主政治实质上是政党政治。政党在现代国家建构、政治责任担当、法治治理模式健全发展等方面，起着举足轻重的作用。政党藉由政党理性的政治协作与竞争的政党制度，在政治生活中发挥越来越重要的功能。政党及其制度的兴衰事关政治的兴衰。善的政治，离不开政党善。政党善又来自于政党伦理价值理念和原则的支撑以及政党行为的伦理自觉。不同的政党制度下，政党伦理价值认同、价值追求等方面有所差异。政党伦理目的是善政，即如何做一个好的执政党、参政和议政党，提升政党执政、参政和议政的伦理能力。执政善包括执政公共性——立党为公、执政为民的目的善，还包括整合多元社会利益与其他政党及利益组织合作协商的手段善等。

本章知识结构图

第一节 政党伦理的内涵

现代政党作为特定利益阶层或集团民意表达的工具、作为连接政府与公民的中介而存在的特殊的公民组织。英国是政党政治最早的国家。现代党派开始于17～18世纪,盛兴于19～20世纪。政党从其诞生起,就是一个具有利益性与某种价值观的而且具有对立派系的政治组织。不同政党反映着社会不同利益集团与社会阶层的利益博弈,从不同的利益角度影响公共政策与方向。政党主要特征:其一,利益或价值观的差异性、冲突性所形成的政党的派系性。其二,是目标的政治性——执掌政治权力或影响政治政策。因此政党伦理是一种关于政党在谋求政治权力的政治实践行为中如何处理各种利益关系时应当遵循的伦理价值规范及其行为的伦理评价。政党伦理对于一个政党的生存和发展以及现代政治文明的进步具有重要意义。

一、含义及其基本特征

(一) 含义

政党伦理是一种指向政党的政治实践行为的应然意义的价值规范。早期维新派汪康年等人,是中国近代政党政治的首倡者,他们在报刊上发表《政党说》《论非立大政党不足以救将亡之中国》等,提出有无政党之党争是"专制国"与"立宪国"的差别。清末立宪运动中,中国诞生了第一批议会内党团。梁启超对政党的定义是:"政党者,人类之任意的、继续的、相对的结合团体,以公共利害为基础,有一贯之意见,用光明之手段,为协同之活动,以求占优势于政界也。"[①]中国近代史上较早提出政党道德概念是梁启超。他将党德作为政党强弱的关键,认为党德是实现"强立之政党"的途径。他将党德可分为对外两大类。对内的党德,强调以本党的目的为根本目的,不能因为个人利益而牺牲本党和其他党员的利益。对外的党德,就是党争道德,即以非本党的党员为政敌,但与政敌的对抗必须在宪法与法律范围之内,决不能因为党争而动用武力。孙中山说:"政党之发展,不在乎一时势力之强弱,以为进退,全视乎党人智能道德之高下,以定结果之胜负,使政党之声势虽大,而党员之智能道德低

---

① 邓丽兰.中国政治思想通史现代卷[M].北京:中国人民大学出版社,2014:511.

下,内容腐败,安知不由盛而衰?若能养蓄政党应有之智能道德,即使势力薄弱,亦有发达之一日。"①在孙中山看来,政党党德至关重要,应该具担负民族、民权、民生的政治伦理责任。如果没有高尚的品德,则一定不能"长久存在"。孙中山认为,文明的党争应该出自"政见",而不是"意见",正当的党争可以福民利国,不正当的党争遗祸无穷。党争要合于世界之公理,党德要在党争之中严守文明,不为无规则之争。

对于执政党来说,政党伦理主要就是执政伦理。执政伦理是执政主体实践执政行为的伦理规范和行为准则,是执政主体对执掌国家权力的伦理审视和道德追问。包括对执掌国家权力"何以必要"即执政价值合理性、"何以可能"即执政合理性的追问。从这个意义上说,政党伦理最高目的是善政。政党伦理又是政党在社会公共生活特别是在政治活动中实现的政治道德。政党伦理是政党整体性的尊严、价值取向、道德品质和行为方式的总和。

(二) 政党伦理的基本内容

中国近代民国时期的《申报》曾提出一个政党伦理问题,即用个人道德替代政党道德的问题:"政党之措施,不能纯以旧道德绳之。墨守旧道德者,必不合于时节之新趋势。盖旧道德以个人为重,而有时且不知有国家。枉己以利国家者,皆旧道德者所不为也。"②执个人之道德以应用于入党问题,谓政党之关键在是,皆不知政党之作用。在这里,明确提出政党道德与一般个人私德,是有区别的。政党的价值理念即应秉持主义、坚守信仰、秉持公理、正当、民主等原则。孙中山说:政党之要义在为国家造幸福、人民谋乐利,为主义去牺牲。梁启超认为政党应为天下公理,为国家大计,为一党主义,为一己所信而奋斗。也有的论者提出政党道德应是"明是非"、"泯意气"、"谨私德"、"求学术"、"崇刚毅与慈信之德"、"提携心"、"服从心"、"责任心"、"忍耐心"、"有义务心无权利心"等。可以看出,从那时开始,中国知识界对党德的关注渐趋增强,认识水平也有明显的提高。

政治主体中的政治组织主要是国家政权(政府)和政党,政治组织伦理自然也就分为政府伦理和政党伦理两大类。一般来讲,今天的政党伦理的基本内容主要包括公正、民主、廉洁、勤政、效能等。政党伦理的公正要求机会均等

---

① 孙中山.孙中山全集(第9卷)[M].北京:中华书局,1985:456.
② 赵炎才.致用与重构的二重变奏:清末民初伦理道德近代嬗变研究[M].北京:光明日报出版社,2009:124.

和权利义务的对等,保障群众当家作主的民主权利。民主要求政党以法律和法治为前提,以一种民主道德精神为代议民主创造根本的必要条件。廉洁、勤政要求党员在政治活动中做到洁身自爱,不贪图别人的财货,不以权谋私,不化公为私,夙兴夜寐,勤于政事等。

(三)基本特征

政党是由党员个人组成的政治群体,政党伦理包括党员的个体道德,但更指作为群体的政党伦理。一切政党都应有伦理,执政党更应有伦理。政党伦理是通过党的纲领、章程、理想、路线、方针、政策、制度、活动等体现的。政党伦理的基本特征主要有这么几个方面的内容:

1. 政治性

政党的政治性是政党区别于其他组织的标志。只有掌握政权才能实现其政治纲领,实现其目的。因此,政党这个特征赋予政党伦理明显的政治性色彩。

2. 公共性

政党执政伦理作为一种行使公共权力,执行国家公务相联系的职业道德,在协调党派利益、为国家和公众的公共利益服务的公共道德精神方面,决定了执政主体必须具有比一般社会公德和其他行业的职业道德更高的标准。这也是执政伦理的核心和基本原则。

3. 示范性

在政治和社会活动中,政党处于政治"组织"、"协调"、"管理"、"服务""监督"的地位。无论是执政政党还是非执政政党,政党道德的状况,不仅影响着整个社会,也影响着政党自身的兴衰存亡。政党的职业道德状况如何也将直接影响其他各行各业以及社会的道德状况。尤其是执政伦理在社会道德体系中,处于示范引导的地位。

孙中山说:"我们革命党恃主义真理及道德而已。故吾觉以德服人,非以武力服人;大家要知武力实不足恃,唯德可以服人。"①

二、类型

(1)以政党是否掌握政权为标准,有执政党(参政党)和在野党(反对党)之分。执政党又称"在朝党",是指一个国家和地区中在台上执掌政权的政党。

---

① 孙中山.孙中山全集(第5卷)[M].北京:中华书局,1985:628.

政治伦理学

执政党既可以一党单独组阁,也可以两党或多党联合执掌政权,这一般要视其在选举中所得票数(或议席)多少而定。在执政党中还有一种特殊类型——参政党,顾名思义即参与执政的政党。参政党虽然参与执掌政权但在政权中并不占据主导地位甚至在政治上还要接受执政党的领导。政党的伦理类型也就有执政党的道德和在野党的道德之分。

(2)以政党的阶级利益为标准,可把政党划分为资产阶级政党、无阶级政党、小资产阶级政党、农民阶级政党等,其中,资产阶级政党和无产阶级政党是当今世界存在的两大主要类型的政党。因此,政党伦理可相应地分为资产阶级政党的伦理和无产阶级政党的伦理。在伦理的规范、标准以及价值取向上存在很大的不同。

无阶级政党领导和团结国内各种政治力量为社会发展创造公共利益、提供公平公正的社会秩序、引导国家社会的发展,加快民族国家的现代化进程,满足各族人民不断增长的政治、经济、文化的需求,建设成一个民主、文明、富强的民族国家。全心全意对国家、社会与人民负责是无产阶级执政党的最根本的伦理要求,是执政党自觉防腐拒变的内在的道德力量,也是执政党是否可以承担现代化建设的重任的基本前提。

第二节 公共理性与政党伦理

在西方文字中,"党"这个词在英文中写作"party",法文写作"parti",德文写作"partei",意大利文写作"partito",西班牙文写作"partido"。它们都是源自拉丁文"pars",意即"一部分"。从词义看,政党是一部分人建立起来的组织,表达的是一部分人的意愿。萨托利认为,"政党(party)"一词由"宗派(faction)"演变而来。随着人们对政党并不见得是宗派、并不见得是一种邪恶、并不见得会损害共同的福利这一观念的接受,"政党(party)"这一名称才逐渐取代"宗派(faction)"这个贬义字眼而被使用。① 政党(party)这个词在17~18世纪欧美国家开始使用这个词,并于派系同时使用,随着政治现代化发展,政党的功能也随之不断完善和发展,如公共权力目标、公共利益表达、社会化动员、政治精英遴选等功能,尤其是获得政治公共权力之目标功能的达成,势必迫使政党需要最大化整合社会多元化利益表达和价值诉求。这促使政党

---

① (意)萨托利.政党与政党体制[M].王明进,译.北京:商务印书馆,2006:11-14.

逐步区别于一般的利益集团或压力集团。政党的派系性逐步被公共性替代。公共理性在政党伦理中地位越来越突出。

一、公共理性与政党理性

（一）政党的公共理性

公共性是社会各个行为主体本着契约的公共精神，在合法批判与利益博弈的过程中形成的关注社会公共权力、公共利益、公共行为和公共之善的理性，即为公共理性。政党要以公共善或社会正义为最基本价值取向，以公共利益的追求为外在表现形式，并积极引导和规范现代公民的公共性的培育与提升。公共理性作为一种政治价值，为不同的观念提供了正义的指导。正因为公共理性的这种特征，才构成了政治权力的理性基础。现代执政党的权力不是神所授予，而是公民授权的结果，所以执政党要以公共理性作为基本的政治信仰，以公共理性限制其权力，按照理性的法则正确使用好公共权力。作为现代性基石的理性和主体性，又是以人的公共性为条件和前提的。人的公共性决定了人的理性和主体性。现代政党的存在和发展目的，就是关注政治共同体的公共利益、公共价值与公共精神的多重理性，即政党的公共性。政党公共性是横跨国家（政府）、政党、利益集团和个人之间，沟通民众与国家政治权力，并以自律的公民社会为基础的利益引导、整合与协调的机制和能力。

（二）公共理性与政党合法性

公共理性事关政党政治的合法性。法国马克·夸克认为，合法性是对被统治者与统治者关系的评价，是对统治权力的认可和同意，它包括三个方面的问题，即被统治者的首肯、社会价值观念和社会认同、法律的性质和作用。合法性至少有两层含义：一是政治意义上的合法性，即政治正当性、"合公意性"；二是法律形式上的合法性，即合法律性。政治合法性比"合法律性"更具有优先性，它是确立政党地位、政党权威、政党统治权的根本依据。一个政党特别是执政党能否赢得人民的拥护与支持，不仅在于法律形式上的合法性，关键在于能否得到大多数人的支持。

公共理性让政党竞争走向伦理文明。政党竞争是残酷排斥、压制、斗争，还是在理性游戏规则下公平竞争。孙中山认为，应通过有规则的党争，建立政治文明。"立宪之国，时有党争，争之以公理法律，是为文明之争，图国事进步之争也。若无党争，势必积成乱，逼为无规则行为耳……或曰党争为国之不祥事,此谬论也。盖党争为文明之争,能代流血之争也。"①在竞争性政党政治体系中,执政党通过选举获得了执掌国家权力的执政地位,通过组阁,将其已获社会多数认可的政策在国家范围内付诸实施。而在竞争中失利的政党则自动成为在野党,它们并没有因为竞选失败而放弃争取国家权力的机会,而是通过对政府的批评与监督来发展自身,期望在下次竞争中获取国家权力。因此,执政党与在野党之间的伦理关系从表面上看是一种相互反对的关系。但是,这种在野党对执政党的反对并没有给执政党压制反对党提供伦理根据。承认不同政党之间竞争的合理性,接受在野党对执政党监督的必要性,认可在野党存在的合法性。这是现代政治文明的体现。

失却了公共理性,政党就会蜕变成追求私利的利益集团。亨廷顿在描述巴基斯坦的政党现状时曾揭示:"政党蜕变成了政客们个人政治野心的战车。如果某个野心家在原来的政党中无所施其计就会组织新党。一个或几个头头凑在一起立刻就能建立一个政党,然后再去招兵买马。有些党几乎完全是由立法大员们自身组成的,实际上是在议会中形成了一个临时集团,目的只不过是建立或打垮政府的某个部。"②这种情况下的政党,已经失却了公共性本质,或者成为政客们追求一己之私的工具,或者已经蜕变为一个纯粹狭隘自肥性利益集团。政党活动中就会出现"肮脏的手"现象。

二、政党行为的利益基础和伦理责任

政党的道德责任从不同政党在政治生活中的实际地位和作用来看,各国和地区的政党制度可以分为对称性政党制度和非对称性政党制度两大类。所谓对称性政党制度是指一国内不同政党势均力敌,轮流执政,不同政党的作用和地位呈现出某种程度的对称性。所谓非对称性政党制度是指一国内不同政党并非是势均力敌,也不是轮流执政,而是各安其位,相互配合和相互合作,不同政党的地位和作用呈现出非对称性状态。

(一)对称性政党利益基础与伦理责任

对称性政党制度以西方发达国家为代表。实行对称性政党制度的西方社会是多元社会,多元首先意味着利益的多元。建立在市场经济基础上的现代性社会,其前提恰恰在于对个体利益的承认。当现代社会中的多元主体为维

---

① 邓丽兰.中国政治思想通史现代卷[M].北京:中国人民大学出版社,2014:510.
② (美)塞缪尔·亨廷顿.变化社会中的政治秩序[M].王冠华等,译.北京:三联书店.1996:381-382.

护自己的正当利益而组织成为各式各样的团体或组织时，政党就是公民们组织起来的一种有效方式。代表公民利益的政党不是一个，而是多个。当某一政党在选举中获胜，掌握国家公共权力，如果它仅仅代表的只是一部分，即使是一大部分社会集团之利益，而不可能把所有社会群体的利益诉求都反映出来，这就为其他政党作为反对党的存在留下了广阔的空间。当执政党无视民意呼声，就会削弱其执政的合法性，也就为反对党成为执政党提供了可能。因此，在现代社会中，通过政党竞争，通过它们所代表的不同利益群体之间的博弈，社会全体成员、不同利益群体之利益诉求就会得到很好的体现，从而使政党的公共性特质得到体现。

（二）非对称性政党利益基础与伦理责任

非对称性政党制度以中国为典型。在实行非对称性政党制度的中国共产党代表着最广大人民群众的最根本利益，始终代表人民群众的意志和利益，是由中国共产党的性质、政治立场、政治地位和历史使命决定的。党的性质、宗旨决定了党的意志和利益同人民的意志和利益的有机统一。党和人民群众是利益共同体。党章鲜明指出："坚持党和人民的利益高于一切，个人利益服从党和人民的利益。"其共同体价值内核是人民的利益。人民利益高于一切，是这一利益共同体的最高价值原则；党和人民群众是命运共同体。中国共产党始终把自己的命运与中国各族人民的命运紧紧联系在一起。从领导人民进行新民主主义革命，到掌握全国政权后领导人民进行社会主义革命、建设和改革开放，党始终坚持为崇高理想奋斗与为最广大人民群众谋利益的一致性。中国共产党的历史，是一部为民族独立、人民解放、国家富强、民族振兴不懈奋斗的历史，也是一部紧紧依靠人民推动中国社会进步的历史。密切联系群众，了解群众，代表群众利益诉求，为中国共产党自成立以来历史和现实的政治生活实践所证明。这是中国共产党执政的利益基础。

利益基础决定了执政的政治伦理责任。作为后发现代化民族国家的政党，为了有效地承负起为民族国家的现代化历史责任，需要有更大的道德责任和道义精神。邓小平说："离开了中国共产党的领导，谁来组织社会主义的经济、政治、军事和文化？谁来组织中国的四个现代化？""我们这个党是马列主义、毛泽东思想的党，是领导社会主义事业、领导无产阶级专政的核心力量，是无产阶级的、有社会主义和共产主义觉悟的、有革命纪律的先进队伍。我们党

同广大群众的联系,对中国社会主义事业的领导,是六十年的斗争历史形成的"。① 胡锦涛在庆祝中国共产党成立90年大会上的讲话,"90年来,我们党团结带领人民在中国这片古老的土地上,集中体现为完成和推进了三件大事:带领全国各族人民取得新民主主义革命胜利,实现了民族独立、人民解放;完成社会主义革命,确立了社会主义基本制度;进行改革开放新的伟大革命,开创、坚持和发展了中国特色社会主义。正是以强烈的国家和历史责任担当精神完成这三件大事。"

习近平指出:"中国共产党成立后,团结带领人民前仆后继、顽强奋斗,把贫穷落后的旧中国变成日益走向繁荣富强的新中国,中华民族伟大复兴展现出前所未有的光明前景。我们的责任,就是要团结带领全党全国各族人民,接过历史的接力棒,继续为实现中华民族伟大复兴而努力奋斗,使中华民族更加坚强有力地自立于世界民族之林,为人类作出新的更大的贡献。这个重大责任,就是对人民的责任。"② 习近平还指出,带领全党全国人民不断把中国特色社会主义事业推向前进,实现中华民族伟大复兴的中国梦,这确实是一份沉甸甸的责任。对这一重大历史责任的深刻认识和勇敢担当,鲜明地体现在习近平总书记讲话的字里行间。习近平总书记指出:这个重大的责任,是对民族的责任,对人民的责任,对党的责任③。中国共产党代表着中华民族的整体利益和人民根本利益,深化改革,整合协调不同社会群体之利益,推进政治、经济、文化、生态和社会事业的全面发展;促进生产力发展,实现共同富裕,让人民共享发展成果,促进人的自由全面发展;加强党的自身建设,提高执政能力;建设中国特色社会主义,实现中华民族伟大复兴。这些成为中国共产党作为执政党负有的崇高的政治道德责任和历史使命。

(三) 政党执政参政的伦理责任

作为在野党或反对党,其目的是为了利用社会矛盾来造成对执政党不利的局面,以便取而代之,因此往往比较突出地表现为"冲突的功能"。执政党与在野党之间的关系在政党关系上是一种相互竞争的关系,但从整个国家权力的公共性看,二者之间又是一种相互合作的关系。国家权力的公共性要求执政党与在野党都应超出党派利益而在宪法框架内真诚合作,特别是执政党,必

---

① 邓小平.邓小平文选(第2卷)[M].北京:人民出版社,1994:170.
② 钱均鹏,徐荣梅.习近平总书记系列重要讲话精神学习辅导读本[M].北京:中国言实出版社,2014:122.
③ 刘靖北.管党治党论[M].上海:东方出版中心,2014:27.

须真诚地接受在野党的批评与监督,哪怕在野党提出的某些建议并非完全合理。

合作制政党政治中政党间的关系。中国共产党自产生之日起就承担起了缔造民主国家的任务,在长期的革命和建设过程中,形成了中国共产党领导的多党合作和政治协商制度。"中国政党与欧美政党的根本差异在于:中国的政党使命是民族国家的整合性建构,而不是国内社会分化的阶层和利益集团的诉求聚合。"①历史与国情决定了中国共产党的领导地位,各民主党派在承认并接受共产党领导的基础上真诚合作,通过政治协商,共同促进国家与民族的发展。执政党必须公平地对待不同的利益诉求,自觉地接受民主党派的监督并公正地对待其利益诉求。因此,当代中国共产党与各民主党派之间的伦理关系是多党合作制度之下的相互监督的关系。

当代中国,历史性地形成了一党执政、多党参政的政党合作政治模式。邓小平说:"各民主党派和工商联已经成为各自联系的一部分社会主义劳动者和拥护社会主义的爱国者的政治联盟和人民团体,成为进一步为社会主义服务的政治力量","在国家政治生活和各项事业中,由于中国共产党居于领导的地位,党的路线、方针、政策正确与否,工作做得好坏,关系着国家的前途和社会主义事业的成败。同时,由于我们党的执政党的地位,……对于我们党来说,更加需要听取来自各个方面包括各民主党派的不同意见,需要接受各个方面的批评和监督,以利于集思广益,取长补短,克服缺点,减少错误。"②在现代化进程中,民主党派伦理诉求和责任,更多地体现为各自代表的群体利益的伦理追求。民主党派的参政伦理与中国共产党的执政伦理不存在根本对立。民主党派通过参政议政活动反映不同社会层面的利益要求,提出合理性建议,完善执政伦理。执政党与民主党派具有共同的伦理责任,就是协同推进政治权力执政决策的民主化、科学化,提高政治的合法性认同。

三、政党伦理的功能

导向功能。即通过对政党伦理行为的规范,为党员干部提供行为选择的指南,提供理想的参与政治活动的角色模型,使他们知道什么是应该做的,什么是不应该做的,什么是善,什么是恶,引导他们懂得怎么做,使政党精英和普通党员对将发生的行为有规可循,方向明确。

---

① 刘小枫.现代性社会理论绪论[M].上海:上海三联书店,1998:397,7.
② 邓小平.邓小平文选(第2卷)[M].北京:人民出版社,1994:204-205.

激励功能。政党伦理要求政党的党员自觉从个人对社会的责任与义务出发,坚持不懈地奉献进取,全面提高素质。政党伦理是激励各层级党员的政治行为的精神动力和自我发展的一种必要形式。

调节功能。政党在管理国家、社会事务、维护秩序和处理冲突的过程中,既需要运用国家的政治法律手段实行强制调节,但也离不开政党伦理调节与之相配合。另外,更重要的还有一些政治斗争范围以外的利益冲突和矛盾,应当要通过政党伦理规范来调节。

约束功能。在现实的政治过程中,有些党员干部出现行为偏离和越轨倾向,但又尚未严重到触犯法律的程度,在这种情况下,政党伦理可以对其偏离行为加以批评、教育、制裁,这些称之为"软约束"。

第三节 政党伦理的现代建构

一、现代政党政治的伦理合法性

政党的道德权威源自政党目标和行为的价值合道德性。合法性的核心价值基础是合道德性,对合法性"认可"的本身就蕴含着一种道德判断。人们通常所说的"合法的统治"、"合法的权力"首先是指被人们从内心中"认可"的统治或权力,体现了对政治权力合法性的一种道德判断。合伦理道德性对于合法性的作用与价值,历来为统治者以及政治伦理家们所重视。

政党政治合伦理性的重要途径来自政治公共理性的契约和法律。政党政治契约,是指在政党政治实践中,政党内部成员签订的或政党与其他政党、政治团体等签订的政治性文件,包括党内规范、党外联合宣言、共同纲领、政治协议、竞选纲领等多种形式。而政治默许或政治默契,主要是政党与利益集团、政治团体、其他政党,或政治精英之间达成的政治默契、口头允诺等,主要体现为一些政治潜规则。① 这些都是政党与各方协商、妥协、谈判的结果,构成政党政治认同与合伦理性的条件。

政治契约必然带有优势或强势政党的价值取向,政治伦理与政治道德则在很大程度上反映了人们对政党的政治认同、社会公平正义。从政治伦理与社会正义角度看,不管国家法律认可与否,凡代表社会进步、符合社会正义、能

---

① 刘红凛.政党社会规范、内涵、形式与价值[J].江汉论坛,2009,(12).

够得到民众支持的政党,就有一定的政治合法性;政党作为"社会公器",应该密切联系社会、反映民意、立党为公,不应该"结党营私"、以权谋私;政党之间应该相互尊重,"己所不欲,勿施于人"。

二、政党伦理的现代建构

达尔认为,现代竞争世界的复杂性是以利益多元而著称的。为代表和寻求不同的利益,无数中间组织,包括商业组织、工会、政党、伦理组织、学生、妇女组织等都形成了各自的利益集团,进行"无休无止的讨价还价"。利益集团的活动影响到国家和地方政府的公共决策的制定,他们往往是改变社会力量的基本结构。他把当代西方社会的政治体系视为一个多元的体系,各种力量、集团、组织、人物在一个复杂的动态过程中相互作用,形成一个政治体系的活动格局和内容。共识的基础就在于一个多元社会的现实存在。这种特征应该是现代社会一个重要的普遍性特征。由此,作为整合社会多元利益的政党,应该正视这种现代社会现实,建构适应社会和时代需求的政党伦理。

(一)现代政党伦理的主体性建构

1. 公益精神

以公共利益为最终目标,将自身建设成一个公益的政党。在一个公民政治参与感日益强烈的民主社会,如何使各种不同利益要求者的合理利益受到保障,是公众对政党支持与认可的根本原因。在现代化建设中,一个政党是否可以执政很大程度上取决于其是否可以超越其狭隘的利益要求,成为一个追求公益的政党,为社会公共利益服务。

2. 理性自觉

黑格尔曾说,市民社会是一个"需要的体系"。现代社会是一个基于利益的合作体系。执政党应以公共利益的创造者的身份活跃在国家政治生活中。执政党作为公共利益的代言人,就必须以公共理性为指导,合理协调不同利益要求。公共理性有着特有的致思方式,它追寻的是公共的善、是平等公理,需要政党具有罗尔斯所讲的"合乎理性心态的公平美德"。[1]

3. 民主法治

法律是现代社会最基本的秩序,无论是公民还是社会组织都应该受到法律的约束,自觉维护法律的尊严。执政党作为国家权力的领导组织,在社会生

---

[1] (美)罗尔斯.政治自由主义[M].万俊人,译.南京:译林出版社,2000:147.

活中起着表率的作用。坚持民主法治,支持人民真正当家作主管理国家事务,维护宪法和法律的权威,使执政党的一切活动都严格限定在宪法和法律规定的范围内。

4. 廉洁效能

腐败问题是现代政治的毒瘤,是关系到执政党兴衰存亡的问题。当一个政党作为执政党居于国家政治生活核心时,如何做到廉洁奉公、一心为公共利益服务而不是为一党之私任意行使国家政治权力,是执政党所必须面对的一个重大的问题。保持廉洁的形象是政治合法性的要求。合法性决定一个政治权力是否在价值上得到民众的认同与支持。一个政党为私利而运用政治权力,必定会受到人民的反对。其政策与纲领就不会为人民所认同,这必定会危及其合法性,最后失去执政的地位。只有执政党代表公共利益,在政治权力的运用中严守公共价值的要求,在国家政治生活中做好道德表率,才能提高执政效能,促进政治现代化的发展。

(二) 现代政党伦理规范的建构

1. 政党公共责任意识

在民主制度已然建构的政治生活中,支持民主参与,是政党伦理的重要公共责任。因为民主的本质和旨趣已转向更多表现为一种同意、协商、参与,一种生活方式。巴伯说:"政治是公民们行动,而不是为公民们作出行动。行动是其首要美德,而参与、委托、义务和服务——共同审议、共同决策和共同工作——则是其特征。"① 公民通过民主参与,可以增强政治认同,激发社会的活力。培养公民精神的典范,不只是依靠宪法、制度,更重要的是公民以公共领域为依托。通过在公共领域中民主参与学习、沟通和思辨,公民的能力才能得到适当锻炼,才能养成一种强势民主实践的习惯。加强公共性建构,通过"反思的公共性"和"批判的公共性"以累积公共性,增强执政党公共责任意识。

2. 政党决策伦理

政治决策与伦理契合,是国家治理应有之义。执政党作为政治决策主体在国家治理过程中,应坚持伦理价值规范和引导。政党制定路线、方针和政策的内容,也包含了对重大问题决议和制定发展战略的内容。执政党在执政的决策道德上,应坚持决策与伦理统一原则,科学理性原则,认真探讨经济和社会发展规律,制定符合社会发展规律和人的自由全面发展根本目的相统一的

---

① (美)本杰明·巴伯. 强势民主[M]. 长春:吉林出版社,2006:161.

路线和战略。正确认识和处理阶级、阶层和民族之间的现实利益诉求及关系,充分调动社会各方面的主动性和积极性,形成科学决策、民主决策机制,保证决策程序公正,提高政策执行力,有利于国家富强、人民幸福、社会文明进步的良好秩序。

3. 政党自律

政党纪律约束是最低层次的政党伦理规范外在约束,也是政党伦理规范制度化的体现。现代政党约束主要以党内的根本法规和各项具体纪律规范为主。党章是政党的根本大法,是为政党设计关系其前途命运的制度安排,是政党的性质、宗旨、指导思想和奋斗目标、组织制度、组织架构等的集中表达。党的章程则是党内纪律制定的基本依据。大多数政党设置了具有高度独立性的纪律检查申诉机构,要求党员自觉严格遵守党纪,在重大政治问题上应与本党最高领导意志保持高度一致。美国政党纪律看似较为松弛,但由于各自党内设置了权力制衡机制,也保证了政党的持续发展。而无产阶级政党的纪律要求,就显得更加严明。早在抗日战争时期,针对张国焘的分裂行为,毛泽东就提出:"必须对党员进行有关党的纪律的教育,即使一般党员能遵守纪律,又使一般党员能监督党的领袖人物也一起遵守纪律。"[1]无产阶级政党的纪律是执行党的意志,维护党的团结统一,巩固党同群众的密切联系,提高党的执政能力的重要保证。每个党员必须自觉地用党的纪律约束自己,并接受党组织和人民群众的监督。实行在党的纪律面前人人平等的原则。无产阶级政党的纪律具有客观性、严肃性、自觉性、民主性等特征。

4. 政党诚信

一个政党若无诚信,对民主社会的政党难以争取到选票,对威权社会的政党则难以获得政治合法性。政党不但要通过经济、社会发展等绩效获得合法性,而且还要通过诚信获得合法性,绩效合法性不能长久,诚信合法性能延续政治统治。政党诚信,一是忠诚于法律和人民。二是讲究信用,兑现承诺。无产阶级政党将自己代表人民根本利益的意志,表达在宪法和法律中,但政党自身又在宪法和法律之下,自觉带头遵守宪法和法律。忠诚于人民、忠诚于宪法。政党承诺人民的事一定要去做,而且要力求做成。

三、政党转型

政党转型主要指的是现代外生性革命型政党。它是为推翻旧的国家政

---

[1] 毛泽东.毛泽东选集(第2卷)[M].北京:人民出版社,1991:528.

权、建立新的国家政权并为改造社会而产生的。以暴力革命和武装斗争夺取政权,是革命党的主要特征。现代执政党伦理的转型是由于其职能的变化使然,"即执政党由统治(管理)党转变为了服务党,由单一的阶级性政党转变为了具有公共性意志的政党。这样一种转变,会使执政党在管理理念、价值目标上发生根本性的改变,相应也在伦理道德上提出了不同的要求"。①

(一)由革命形态向执政形态转型

革命党在完成建立新国家政权的任务后,必然面临着不断转型。因为政治逻辑常识告诉人们,革命党成功之后,革命党事实上成为这个国家唯一的执政党,它不可能继续以"革命党"的姿态和方法从事建设。只有适应时代变迁向现代政党转型,主动变革、完善自我,才能持续发展。

革命型政党在以民族国家的形式推进现代化的过程中,往往会过于强化执政党利益,而忽略社会各阶级、阶层和利益集团的利益。在国家建设过程中,采取战时动员模式开展一浪高过一浪的社会政治运动,进行整体性革命方式推进现代化建设。意欲通过一个纯粹阶级构造同质性现代化社会。忽视甚至牺牲现代社会应有的差异、多元、个性等特点。政党将自身的合法性建构在单向度不断革命的现代性诉求之上。如中国的"无产阶级专政下继续革命的理论",强调革命就是为无条件地尽快实现共产主义的完美社会而斗争。为此,掌握政治权力的革命型政党运用革命思维、过于严格的国家控制、过度集中的社会资源、高度计划性地加速推进工业化。对社会全面控制代替对社会全面治理,以政治任务和运动代替了经济、文化和社会发展。强力推进党、国家、社会、个体的一体化,最终导致社会发展缺乏自主性、自治性和独立性,结果反而影响了社会生产力的发展。

因此,革命型政党在转换为执政党后,需要扩大自己的社会支持基础,及时调整自我,适应社会发展时代需求。要创建适合国情、适应时代的政党政治价值观。在理论原则、组织结构、构成方式、政党关系、政党与社会关系等方面,都应该遵循政党政治的发展规律。兴利除弊,以开放、多元化的方式面对政治生活。

(二)由统治者模式向治理者模式转型

现代执政型政党的核心制度和价值理念必然是民主法治,相应的,管理社会和国家的模式是传统统治型向治理型的转换。法治作为一种法律学说和法

---

① 李建华.执政与善政执政党伦理问题研究[M].北京:人民出版社,2006:99.

律实践,是经过漫长的历史积累逐渐形成的。从历史实践看,法治的形成得益于现实中存在的某种权力平衡,得益于统治者无力集中起绝对的权力以及因此而出现多元的权力结构。法治是以人的基本权利为前提以及确立相应的制度保障。法治社会的预设表面看是对掌权者的不信任,其实质是公共理性、政治实践理性——即权力理性对权力欲望的制约和规范。执政党的权威不是依靠最高权力自身威严获得,而是通过自身高度的公共理性自觉、坚定依宪执政的意志、坚信法治、真正实施法治、自觉接受法律约束而获得的。在法治的前提和环境下,执政党建构应积极吸取现代治理理念,构建现代化治理体系,推进政党组织结构、体制机制和运作方式由传统管控模式向现代治理结构转型,实现党内治理和党外治理的融合与创新,不断增进公共利益,逐步向以社会组织和公民个人利益为中心的服务型、法治治理型政党转型。这不仅有利于提升执政党的领导力,还可大大提升政党的公信力和自信力。

(三)由传统政策型政党向现代法治型政党转型

由于革命思维惯性,刚取得政权的执政党可能较多使用政治号令、临时政策、革命运动来治理国家和社会。但长期来说,执政党应积极推进法治建设,为执政党由传统威权政策型政党向现代法治法理型政党转变聚集资源。执政党应强化宪法意识,为执政党向现代法治法理型政党转变提供理念支持。执政党应学会在宪法制度的框架内解决问题实现社会秩序的法理化。因为,法治和治理的出现,才是使得人类进入真正的政治文明时代。法治不是简单理解为依法治官或依法治民,治理也不是单纯传统自上而下的统治,而应是通过体现普遍意志的法对最高统治(者)权力的理性规范和制约。现代执政党都是在普遍意志的宪法法律制约下,依法执政,如此,才有基本的合法性法理依据。执政党必须是法治政党。2014年中国共产党提出建设法治中国新要求。法治中国前提是树立宪法权威。长远来看,是培育法治精神和法律信仰,培育法治文化。这些关键在党的领导,重点是如何确立和处理好党的领导、人民当家作主、依法治国关系,改进党的执政方式,不断提高党依法执政的公共权威和执政能力。

总之,与政府行政伦理相比,政党伦理本质是一种基于公共责任的执政伦理。政党政治伦理问题对每一个政党而言都是兴亡攸关的问题。作为后发展国家的执政党来说,应肩负起对现代国家发展、法治的发展与人民当家作主的民主政治发展的新时代执政领导责任。政党政府应当始终立足正义的立场上,服务于公共利益,对社会和公民负责。民主、法治、开放的现代治理才能适应现代市场社会的要求,才能持续满足公民、社会的基本权利和利益要求,实

现并长久延续政党存在的合理性、统治的合法性和正当性以及治理的有效性。

> 思考与探讨题

1. 政党"执政能力离不开道德力,道德力就是一种执政能力",如何理解这句话的含义及现实意义。

2. 从政治伦理角度看,后发国家政党如何从革命型政党实现向执政型政党转型?

3. 如何看公共理性与政党合法性关系?

4. 有观点认为国家治理的现代化,需要执政党自身的现代化来带动。(参见罗星:《政党现代化:国家治理现代化的必然选择》,载《中共石家庄市委党校学报》,2014 年第 7 期。)请从政党伦理角度分析政党现代化问题。

5.【案例】阅读下面材料,从政党制度伦理、政党责任伦理分析印度的腐败现象。

一党独霸的"国大党体制"在腐败滋生过程中起着关键作用。

印度虽是多党政治体制,但国大党长期居主导地位,形成一党独霸的"国大党体制"。由于国大党在其著名领袖圣雄甘地和尼赫鲁等人的领导下率领印度人民挣脱殖民枷锁获得独立,因此印度独立后国大党自然而然成为无可争议的执政党,独霸政坛数十载。国大党基本上包揽了中央政权和邦政权,形成印度政坛上的所谓"一党主导制"、"国大党体制"或"国大党霸权"。印度议会从 1968 年就开始筹建一个独立的反贪机构,但直到现在也没有建立起来。

政府反对派的语气和用词已变得程式化,采取了傲慢和拒绝的态度,完全没有代议制民主应有的精神。牢牢控制着印度大部分政治的"王朝制"在腐败滋生过程中起着关键作用。毕竟,世袭政治权力之所以与民主形成鲜明对照,正是因为问责制不是它的一部分。而一旦没有了问责制,不管是奸诈之徒还是受压迫阶级,都会认为他们必须依靠腐败的手段才能让自己关心的事受到重视。一成不变地保留世袭特权,即使不会导致完全屈从于王朝制,也意味着法律和政府程序被扭曲。如今,整个印度都在为此付出代价。

美国哈佛大学教授罗伯特·莫顿认为,如果一个社会强调经济成就,但又使人们获得经济成就的机会受到严格限制,比如许多人因种族、缺乏技能或资金等难以接近社会的机会结构,那么这个国家的腐败就会比较严重。(——新华网:印度腐败现象的深层原因 http://news.xinhuanet.com/world/2011-08/20/c_121881996_11.htm)

第七章　作为善治的政府伦理

本章提要

现代政府的本质是公共意志在公共行政权力领域的表达。政府的最高本质是公民性。政府伦理来源和目的是政府公共性。从现代政府的产生逻辑机理来看,政府一开始建立目的和内在价值就是服务于公共利益、服务于人民主权的国家体制。政府伦理实质上就是政府作为权力主体在运作过程中所体现的伦理内涵,它既包括政府体制及运行机制方面的伦理内涵,也包括行政组织及其公职人员在权力运行和使用过程中的道德意识、道德规范和道德行为及其评价。行政正义是正义理念和价值在政府行政权力运行过程和环节中的体现,行政正义是政府伦理的核心和灵魂。善治的本质特征就在于它是政府与公民对公共生活的合作管理。善治的社会基础是公民社会或政治公共领域,标志是治理现代化,制度方式是民主。公务员道德要从制度化入手,完善公务员道德监督机制和责任机制,加强公务员伦理文化建设。

政府权力是一种行政权力,一种治理意义的治权。现代政府的本质是公共意志在公共行政权力领域内的表达。政府的最高本质和最后依据就是公民性,或人民主权规导下的治权公共性。政府伦理来源和目的是政府公共性。政府公共性是政府在治理过程中体现出的为公共利益服务的特性,即通过公平、公正、公开的制度安排服务于公共生活的政策过程。具体而言,政府公共性表现为行政权力的合法性、行政对象的公益性、决策过程与公民的互动性、行政内容对公民的服务性以及行政过程的公民平等参与性等。政府在进行行政管理活动时必然会关涉行为的是非、善恶、好坏等一系列价值判断,形成复杂的伦理关系。现代政府要在道德上做出表率,获得伦理合法性,就是要做到治理的法治化,提升"善治"能力,加强自身的道德制度化建设。

本章知识结构图

第一节　政府伦理的含义和特征

一、政府理性与政府伦理

据《词源》考证,"政府"原本指国家官吏办公的地方和机关:"政府,谓政事堂"。《宋史·欧阳修传》载:"其在政府,与韩琦同心辅政。"西方国家的政府(Government)一词,源于希腊文 Kubeman 和拉丁文 gubinere,义为指导、管理和统治。卢梭说:"在臣民与主权者之间所建立的一个中间体,以便两者得以互相适合,它负责执行法律并维护社会的以及政治的自由","是政治权力的合法运用。"①达尔说:"政府是指在一特定领土内成功地支持了独掌合法使用武力的权利以实施法规的任何治理机构。由这一领土内的居民和政府组成的政治体系就是国家。"②政府只是国家的管理机关,只是管理国家的一种组织。国家与政府区分是很明显的。拉斯基说:"国家需要一个人的团体替它行使它所掌握的最高的强制性的权威;而这个团体就被我们唤作国家的政府。政治学的基本原则之一,就是我们必须把国家和政府区分得清清楚楚。政府只是国家的代理人;它的存在,就是要贯彻执行国家的意旨。它本身并不是那个最高的强制权力,它不过是使那个权力的意旨发生效力的行政机构。"③因此,政府是国家公共权力执行代表,围绕着国家的行政权力,政府展开行政领导、管理、服务等各项公务和政务活动。

(一) 政府理性

理性是人区别动物生而具有的一种能力。马克斯·韦伯将理性分为工具理性和价值理性两种。工具理性能力,指人们用理性的办法来看使用什么样的工具、手段、途径能最有效地解决问题、达到目的的能力;价值理性能力,是人们根据普遍合理的价值意义实现有合理的、有意义活动的能力。工具理性强调理性的有效性,而价值理性强调意义价值的普遍性,合而言之,即普遍有效性。政府既然是普遍意义的公共性的公共权力的代理者、执行者,其行为目的、过程、结果就离不开理性、离不开公共理性的规导和引领。政府的现代性

---

① (法)卢梭. 社会契约论[M]. 何兆武,译. 北京:商务印书馆,2005:72-73.
② (美)罗伯特. A. 达尔. 现代政治分析[M]. 王沪宁,陈峰,译. 上海:上海译文出版社,1987:28.
③ (英)拉斯基. 国家的理论与实际[M]. 王造时,译. 北京:商务印书馆,1959:7.

恰恰体现了这方面的理性自觉。从现代政府的产生逻辑机理来看,政府一开始建立目的和内在价值就是服务于公共利益、服务于人民主权的国家体制。早期契约论者发现,人们立约建国之初就带有一定的伦理理性色彩,人们为了抑制自然状态的"恶"(霍布斯)、保护自然状态的"善"而自愿缔结契约。政府的权力根本上源自人民的自愿授权。政府的目的在于保障人民的权利,政府的行为应当是服务公共利益的。中国最早提出善治概念的俞可平说:"善治就是使公共利益最大化的社会管理过程。善治的本质特征,就在于它是政府与公民对公共生活的合作管理,是政治国家与市民社会的一种新颖关系,是两者的最佳状态。"[①]20 世纪 80 年代以来,世界各国进行了政府改革运动。世界各国政府纷纷将部分职能剥离出来,造就了一批"第三部门"的组织。这些组织为后来新型社会治理体系的"非政府组织"的诞生打下了基础。非政府组织的出现,体现了现代治理体系的伦理性复归,逐步形成一种适应多元治理、主体合作、共识互动的共识民主治理伦理精神,重新激活政府行政之"工具性"、"公共性"、"服务性"的伦理内涵。因此,政府理性是公共理性在政治国家权力代理者政府行为中体现出来的服务人民公共利益的理性。

(二)政府伦理

政府伦理又称行政伦理。政府道德就是行政伦理或行政道德。张康之认为:"行政伦理关系其本质是行政主体与行政客体之间的利益关系,是行政主体能否有效地服务甚至促进社会利益的实现的问题。"[②]行政伦理包括行政伦理意识、行政伦理规范以及行政伦理评价等内涵。从具体内容上说,有认为它包括行政良心、行政人格、行政理想、行政荣誉、行政态度、行政作风、行政责任和行政纪律等主要范畴。关于行政伦理,最早研究的学者将其限于对政府官员,即所谓行政人员的职业道德,因而有"行政道德是一种权力道德,是国家行政机关及其公职人员在权力运用和行使过程中的道德意识、道德规范以及道德行为的总和"。[③] 政府伦理实质上就是政府作为权力主体在运作过程中所体现的伦理道德内涵,它既包括政府体制及运行机制方面的伦理道德内涵,也包括行政组织及其公职人员在权力运行和使用过程中的道德意识、道德规范和道德行为及其评价。

政府伦理行为是指国家的各级政府组织在执行行政权力活动中,以一定

---

① 俞可平.权利政治与公益政治[M].北京:社会科学文献出版社,2003:36-137.
② 张康之,李传军.公共行政中的哲学与伦理[M].北京:中国人民大学出版社,2004:206.
③ 祖明,王凤鹤.中国行政道德论纲[M].武汉:华中科技大学出版社,2001:3.

的伦理意识为指导,作出具有道德意义的、能进行善恶评价的行为。有学者按伦理主体把政府伦理分成相关的两个方面:政府整体的道德和政府官员个体的道德。前者是后者的整体表现,后者是前者的具体反映,二者之间相互影响,相互促进,共同发展。前者注重政府依法行政且其政策的制定与实施既符合程序又符合社会基本伦理价值,后者注重公务人员个体的角色伦理和责任伦理等。

二、政府伦理的特征

由于政府是社会最公共的部门,属于社会公共领域,因而,公共性是政府所有属性中最本质的方面,体现了行政权力在公共利益、公共权力、公共服务和公共责任等方面的道德规定性。

(一)政治性与社会性

政府伦理是国家把社会对行政公务人员的道德要求上升为国家意志,以制度化的规范形式固定下来的,目的是进一步维护国家政治统治的需要,具有鲜明的政治性。就一定程度而言,我们可以说,政府道德规范就是政治规范。因为在这里充分体现了国家的意志,从国家的高度制定规范,维护政治统治阶级的意志和利益。政府伦理的社会性体现在行政上是对全社会负责的管理活动,公共行政的绝大部分活动是社会公共事务管理。政府伦理需要处理政府与社会的所有组织、公众、环境、地域发生的利益关系。政府及其行政人员必须是社会的"公正人"。之所以说政府道德既有政治性又有社会性,就在于行政本身既带有政治色彩,又带有社会色彩。两者本质是一致的,但当社会不发育、国家权力过于强大时,政府权力的社会性、服务性就会和政治性发生冲突。

(二)公共精神性

政府伦理的公共精神性是政府公共性作为一种价值理念制度化,在行政制度和行政行为中的体现。它是政府伦理精神的外显,是自由与权利、民主与法治、公平与正义、责任与服务价值,在政府组织、制度、行为、人员的设置和安排的过程和行为的体现;也是在政府组织和公务人员的精神品质、思想习惯与行为方式上的体现。美国乔治·弗雷德里克森认为:"公共行政是建立在价值与信念基础上的,用'精神'这个概念描述这些价值和信念最合适不过了。在公共行政中,管理,即我们如何做事,是重要的,但更重要的是我们要做什么和为什么要这样做。"①他还认为,对于个人而言,公共行政的精神意味着对于公共服务的召唤以及有效管理公共组织的一种深厚、持久的承诺。公共行政的实践者(或者准备从事这种实践的人)在许多方面都了解这种精神,如个人对政府(尤其是民主政府)的目的和前景的看法与信念;关于人类集体事业的性质及如何更有效地达成集体行动的目标的看法和信念;关于公共生活中的伦理与道德的看法和信念。整体而言,公共行政精神说明了集体的看法和信念存在的原因……更重要的是,这种看法和价值也反映在政府和非营利性公共组织的行政文化和习惯之中。公共精神性是政府行政权力理念和行为的基本特征。

（三）普遍性

政府伦理行为的依据、目的、对象、过程和结果,都具有普遍性意义。公共理性、公共利益作为政府伦理的依据和目的,排除了私人理性和私人利益。政府行为对一个人合法的基本权利的侵害,意味着对这个社会所有人合法基本权利的侵害。政府意志必然是代表社会公民普遍的共同的权力意志,进而对整个社会所有成员都会发生影响,对社会各个领域产生方向性和全局性的影响。行政人员在行政活动的行为代表了国家和政府整体的形象,是代表国家和政府去执行公务的,是代表着国家和政府与社会组织和社会成员发生关系的。政府行为的结果也是普遍的,政府伦理行为责任也是普遍的、历史性的。人们对历史上政府不道德的行为的谴责往往是永久的。

（四）示范性

行政组织的道德形象应是其他社会组织的楷模,行政人员也应当是一个社会中品行操守较为杰出的人物,社会对他们的道德要求也应当比一般社会成员更高。原因就在于政府伦理道德行为具有强烈的示范作用。孔子讲:"君子之德风,小人之德草,草上之风必偃"(《颜渊》),"其身正,不令而行;其身不正,虽令不从。"(《子路》)孔子把在位者的德比做风,庶民百姓的德比做草。以此来比喻官德和民风的关系:民风之正,关键在于君子之风。君子之风正,则民风正;君子之风不正,则民风衰。只要政府和官员以身作则,带头讲道德讲法治,上行下效,社会道德风气、法治文化状况就会改善,就会形成正面示范效应。行政管理者既是公共利益的代表者和维护者与公共意志的体现者、执行

---

① （美）乔治·弗雷德里克森.公共行政的精神[M].张成福,等译.北京:中国人民大学出版社,2003:2.

者,同时,又是社会生活的组织者和领导者与公共关系的协调者和设计者。国家是通过政府和行政人员的行政行为对社会起着道德引领、教化和示范的作用,引导社会走向积极、正向的政治伦理生活秩序的。

三、行政正义

(一)概念

行政正义是正义理念和价值在政府行政权力运行过程和环节中的体现,行政正义是政府伦理的核心和灵魂。缺乏正义的政府,正如奥古斯丁所讲,如果正义不复存在,政府、国家与强盗无异。他说:"没有公义的王国就像一个强盗团伙。取消了公义的王国除了是一个强盗团伙还能是什么?所谓匪帮不就是一个小小的王国吗?这个强盗团伙本身是由人组成的,有一个首领,凭他的权威实行统治,由于一种同盟关系而结合在一起,按照一致赞同的法律来分赃。"[1]行政正义本质上要求政府组织和公务人员的行政行为所有过程和环节都应该贯彻政治正义伦理原则。理论界对这一概念的理解,尽管有差异,如一种认为行政正义是政治正义发展到一定阶段的必然产物,另一种观点认为行政正义经历了从实质正义到形式正义再到实质正义的内涵变迁,还有一种观点认为行政正义是行政行为中出现的正义问题等。其实,都是从不同侧面揭示了行政正义的内涵。从行政正义的本质看,是行政的公共性体现;从行政行为过程看,行政正义不仅是具体行政行为中的正义,还体现在行政理念、行政组织、行政制度、行政结果及其评价等环节上。公共性是行政的基本价值,由公共性价值理念本质决定了行政正义的制度化。

(二)行政正义与政治正义

1. 政治正义是行政正义的前提,行政正义是政治正义的具体化、明晰化

罗尔斯认为,政治正义主要指向的是社会背景、基本结构、政治权力归属以及权利分配的总体原则。主权在民、多元社会背景、平等的基本自由权利、自由身份的公民所组成的合作社会如何才能形成稳定、公正、长治久安的社会秩序。人类社会经过启蒙运动后,政治正义确立了"人民主权"及其民主价值精神之后,国家政治权力与行政权力开始分离,此时才出现了现代意义上的行政及其正义。苏格兰启蒙哲学家休谟认为政府就是为了执行正义,纠正人性中舍远求近、"且依据对象的位置而不根据它的真正价值"的利益心理倾向。

---

[1] (古罗马)奥古斯丁.上帝之城(上)[M].王晓朝,译.北京:人民出版社,2006:144.

执行正义是政府的起源。休谟认为一个正义的政府就是保护经济领域中的自由,保障交易公正有序进行,使其免受行政权力的侵害以及从事建造桥梁、开辟海港、挖掘运河、训练军队等国家公共事业积极性政府关怀。① 休谟和斯密等人一直坚持越是小的、对市场和社会干涉越是少的行政权力政府,越是好政府。"行政正义"蕴含了消极意义的"公共性"、"公平"价值。但随着福利国家的出现,要求有限权力的政府或行政,提供更多的公共产品和公共服务,意味着行政权力的增长,公民个人自由权利日益缩小。这样行政正义的内容并不是固定不变的,而且还存在内在冲突。但总体看行政正义具体规定了政府职能的正当性,既应是权力受到限制、同时又应是高效运转的政府。这样的政府在政治上保证公民的平等基本自由权利,保证社会生活的基本秩序;在经济上于宏观层面保持社会资源的有效配置,产业结构的合理调整,生态环境的有效保护,经济的稳定发展;在社会文化教育与公共事业上保证公共卫生与基本教育的公平,社会保障体系的健全稳固,并使社会生活各领域尽可能和谐发展。

2. 政治正义要求行政有正义价值精神

民主法治的政治正义要求行政正义:行政理念应从管制到服务、从强制到同意的转变,行政观念应确立起法治、平等、民主、科学的观念;行政价值取向应确立正义在行政价值中的核心地位,弃绝以效率为唯一的价值取向。政治正义要求行政制度的合理化。行政制度是政府对社会公共事务管理的制度化,行政正义要求行政制度的合理化。一个好的社会基本结构就必须有效地防止政府滥用公权侵害行政对象的可能。② 现代行政是法治行政,法治是对行政公权滥用的一种基本约束。

3. 政治正义要求行政行为正义

行政行为是具体的行政执行过程。再严密的法律制度规则,最终也会给行政人留下了自由裁量的空间。一方面要求具体行政人应有基本的政治正义美德精神与良知;另一方面要求对行政自由裁量的范围、方式和程序加以明确有效限制,以保证政治正义基本原则和要求得到落实。公共政策涉及社会所有成员,与广大民众的利益息息相关,因而公共政策的制定、贯彻和落实以及具体行为中是否真正以公共利益为目的,是否有利于所有公民的根本利益和整体利益为标准。

恩格斯说:"政治统治到处都是以执行某种社会职能为基础,而且政治统

---

① (英)休谟. 人性论(下)[M]. 关文运,译. 北京:商务印书馆,1996:574-578.
② 汪晖,陈燕谷. 文化与公共性[M]. 北京:三联书店,1998:232,247.

治只有在它执行了它的这种社会职能时才能持续下去。"①行政正义构成政治正义的基础。政治是国家意志的表达,行政是国家意志的执行。政治和行政同属于国家行为,二者不可分割。行政正义以行政意识的正义、行政制度的公正及行政行为的正当合理构成了政治正义的基础。公民通过行政正义感受政治正义,并通过积极的行政参与培养起政治民主精神。行政管理通过引导公民的民主参与,通过培养公民的民主观念,通过管理各种社会公共组织,通过完善行政体制,保证公民基本自由权利的实现,并进而推动民主政治的整体发展,促进政治正义。

四、政府善治

（一）政府善治的内涵

"善治"是在20世纪90年代西方"新公共管理"运动中发展起来的行政理念,强调政府职能的转变和管理模式的改进。中国古代有"善政"指的是"良好的政府"或"良好的统治","善政"的最主要意义就是能给官员带来清明和威严的公道和廉洁,各级官吏像父母一样热爱和对待自己的子民,没有私心,没有偏爱,"善治就是使公共利益最大化的社会管理过程。善治的本质特征就在于它是政府与公民对公共生活的合作管理,是政治国家与公民社会的一种新颖关系,是两者的最佳状态"。②

从善治理念看,善治是现代民主制度和市场社会时代政府治理的理念,与传统统治理念有质的差异。传统专制政府与臣民社会相结合,最多只能产生"善政"。只有现代民主政府与公民社会相结合,才可能产生"善治"。善治之所以如此受到人们的欢迎和重视,关键在于其公共利益最大化的价值诉求,体现了善治的"目的善",同时,善治核心运行机制的"自律"本质、公共性、以自由平等人格的人为中心和对人基本权利的尊重,体现了善治的"手段善"。因此,善治标志着公共权力与伦理的新的结合,反映了善治的政治伦理本质的回归和政治人个人美德的提升。善治是一个公共权力运行的政治伦理概念。善治的核心要素是效率、法治和责任。当然,从不同角度,学者们对善治的构成要素理解是不一样的。如我国最早研究善治的俞可平提出了善治的10个基本参考要素：合法性(legitimacy)、法治(rule of law)、透明性(transparency)、责任性(accountability)、回应性(responsiveness)、有效性(effectiveness)、参与

---

① 马克思,恩格斯. 马克思恩格斯选集(第3卷)[M]. 北京：人民出版社,1972：219.
② 俞可平. 治理与善治[M]. 北京：社会科学文献出版社,2000：8-9.

性(civic participation/engagement)、稳定性(stability)、廉洁(cleanness)和公正性(justice)。① 万俊人、任剑涛、李建华等提出了善治必须要符合的九个理想的具体标准和原则：合法性(legimacy)、参与(participation)、法治(ruleby law)、透明性(transparency)、回应性(responsiveness)、一致同意(Consensus oriented)、公平性与包容性(equity and inclusiveness)、效力与效率(effectiveness and efficiency)、责任性(accountability)等②。

(二) 政府善治的实现

1. 善治首要主体是政府

政府是善治首要的主体，是善治主体的核心和关键。善治需要政府担当治理主体的首要且主要角色和职责，制定规则，组织协调、协商谈判等来影响自治过程的实现。对市场、政府、公民社会三种治理主体力量进行宏观安排，形成一种有组织性和整合性的弹性治理机制、形成一种协同合作的有效机制。政府需要通过民主方式和途径，以使政府的行为体现善治的权力分享、自主治理、自我负责等治理特征。善治需要善治主体坚持妥协和协商同意的伦理原则，消除在具体目标上的差异和分歧，形成共识。合理的政府行为是善治具体的目标得以实现的关键。

2. 善治的社会基础是公民社会

善治离不开政府，更离不开公民社会。公民社会是善治的基础：一方面，公民社会为善治培养出"好"公民；另一方面，公民社会的参与行为为善治提供了合法性基础。公民社会的公民参与行为需要在自觉维护公共领域，自觉维护公民权益、承担公民义务和坚持"公共理性"的前提下才能有效发挥其治理主体性作用。

3. 善治的标志是治理现代化

善治成熟的标志是治理现代化，包括治理体系与治理能力的现代化。世界银行推出政治治理现代化一般指标构成：公民表达与政府问责、政治稳定与低暴力、政府效能、管制质量、法治以及控制腐败。世界银行认为，国家治理体系与治理能力现代化，应该是更强的政府问责、更高的政治稳定、更少的社会暴力、更高的政府效能、更高的强制质量、更完善的法治以及更少的腐败。有观点认为，政府的职能范围与权力的控制范围越大，国家治理能力就越高。还有观点认为，政府的自由裁量权越大，国家治理能力就越高。这两种观点其实

---

① 俞可平. 政治与政治学[M]. 北京：社会科学文献出版社, 2005: 23-24.
② 万俊人. 现代公共管理伦理导论[M]. 北京：人民出版社, 2005: 73-75.

都不符合善治理念。

4. 善治的制度方式是民主

现代民主模式有代议民主、代表民主、协商民主、共识民主等。各有长处，也各自存在一定的问题。如代议民主中政治冷漠、协商民主中的"公有地悲剧"和"集体行动的逻辑""搭便车"问题等。20世纪80年代美国学者阿伦特·李普哈特提出了"共识民主"概念。"共识民主"具有以下四个基本内涵：一是大联合内阁（grand coalition），由多元社会中所有重要区块的政治领袖组成大联合内阁，这是"共识民主"首要和最重要的特征；二是相互否决（mutual veto），即一种消极的少数否决，这是对关键少数派利益的额外保障机制；三是比例制（proportionality），作为政治代表、公职任命与公共财源配置的主要标准；四是区块自治，即授予每一区块高度自治权以管理其内部事务。从这些特征可以看出，"共识民主"的实质是权力分享。① 他试图对民主的代表性与民主的效率之间实现有效平衡。"共识民主"强调包容、协商和妥协，突出权力分享、每个人意愿的准确表达、寻求多数的最大化。在规则与制度设计方面，"共识民主"要求实现对治理的广泛参与以及寻求政策的广泛一致共识。在道德上公平地对待每一个人。

在国家治理体系与治理能力现代化的进程中，善治要求理顺国家、政府与社会的关系。善治的本质要求三者都要充满应有的活力，各居其位、各尽其职、互相协调。社会缺乏活力，就会对国家权力产生极大依赖性，社会成为国家权力的负担。如果长期以往，则国家就会不堪重负。国家政府权力过于全能或越位、错位、缺位，社会就会无章法或因错乱章法而紊乱、失序。社会便不能够有效形成自组织或有效自我治理。只有三者协调平衡一致，才能发挥最大的治理效能。

第二节　政府伦理的责任

库珀认为："在公共行政和私人部门行政的所有词汇中，责任一词是最为重要的"，"责任是建构行政伦理学的关键概念。"② "责任"：其一，责任即"份内

---

① （美）阿伦特·李普哈特.民主的模式[M].陈崎，译.北京：北京大学出版社，2006：2.
② （美）特里.L.库珀.行政伦理学：实现行政责任的途径[M].张秀琴，译.北京：中国人民大学出版社，2001：62.

之事";其二,负责任、问责,即未做好"份内应做之事"所应受到的谴责和制裁。"份"即社会角色,亦包括伦理角色,即责任主体在伦理关系中的地位以及所对应的权利与义务关系。政府的伦理责任的基本内涵就是政府在行政生活中应该负有的伦理职责以及评价。具体而言,在现代行政行为中,政府的主要伦理责任就是保障政府诚信、守护正义、保护个人权利,提供公共产品,维护社会秩序,推动社会发展等。

一、主要内容

美国公共行政学会在1985年曾就政府是否要担负起道德责任取得了共识,认为政府责任是一种价值取向,是一种伦理精神,并颁布了政府伦理的12条法典,揭示了政府的道德责任:① 政府执行公务,应表现出最高标准的清廉、真诚、正直、刚毅等特质,激发其民众对政府的信任;② 政府不能运用不当的方式,去执行职务而获得利益;③ 政府不应有抵触职务行为的利益或实际行为;④ 政府要支持、执行、提升功绩用人及弱势优先计划,确保社会各阶层适合人士均能获得服务公职的平等任用及升迁机会;⑤ 政府要消除所有歧视、欺诈、公款管理不善行为,并负责对主管此事的同仁,在困难时予以肯定支持;⑥ 政府要以尊敬、关怀、谦恭、回应的态度,为民服务,公共服务要高于为自己服务;⑦ 政府要努力充实个人的专业知识,并鼓励各类公务员的专业发展和服务公职的意愿;⑧ 政府要用积极的态度,及建设性的具有开放、创造、奉献、怜悯等精神,去推动政府组织及其运作的职责;⑨ 政府要自尊并保守公务机密;⑩ 政府要在法律授权内进行行政裁量,增进公共利益;⑪ 政府要有随时处理新问题,以专业能力、公正无私、效率及效能去管理公共企业的能力;⑫ 政府要支持、研究有关行政机关、公务员、服务对象、全国民众四者相互之间关系的法律。①

库珀在《行政伦理学:实现行政责任的途径》一书中将行政责任划分为两种:客观责任和主观责任。客观责任与从外部强加的可能事物相关;而主观责任则与那些我们自己认为应该为之负责的事物相关。客观责任的具体形式有两个方面:职责和应尽的义务。库珀认为,从相对重要性的角度来看,义务更为根本;职责是确保义务在等级制度结构中得以实现的手段。职责包含上下级关系以及自上而下的行使权威以确保实现既定的目标等。客观责任源于法律、组织机构、社会对行政人员的角色期待,但主观责任却根植于我们自己对

---

① 张成福.责任政府论[J].中国人民大学学报,2000,(2).

忠诚、良知、认同的信仰。由以上关于政府责任的内涵与表现形式的论述可知,政府是具有伦理自主性与主观责任性的主体。在现代社会,政府主要伦理责任有:

(一) 政府诚信

政府诚信就是政府对宪法和法律的忠诚,对自己行为信守承诺,具有公信力,取得社会和公民的政治认同。"公信力最早滥觞于西方传播学中的一个研究领域,意指对某件事情具有责任性、说明性和接受质询的义务"。① 一般而言,政府公信力是指社会公众对政府在政策执行、治理能力等权力行使方面的政治认同,是政府权威性及其社会影响力的外部投影,体现为公众对政府的一种评价、满意度和信任度。② 否则,就会使得政府陷入一种所谓的"塔西佗"陷阱的境界。普布里乌斯·克奈里乌斯·塔西佗(Publius Cornelius Tacitus,约 A.D. 55~120年)是古代罗马最伟大的历史学家,曾出任过古罗马最高领导人——执政官。他曾这样谈论执政感受:"当政府不受欢迎的时候,好的政策与坏的政策都会同样地得罪人民"。"一旦皇帝成了人们憎恨的对象,他做的好事和坏事会同样引起人们的厌恶"。③ 政府一旦丧失公信力将会产生不可逆转的恶性循环,跌入无限泥沼般的陷阱而难以摆脱。无论政府说的话是真是假、做的事情是好是坏,都会被认为是在说假话、做坏事,都会遭到社会公众的质疑和批评。同样也有此比喻,在执行体系溃烂过程中,任何政策,在执行的过程中都会被扭曲。此外,从过程和诚信对象看,政府诚信需要转化为公信力,是一种政治认同。政府诚信的本质是社会公众对政府公权力的一种政治认同和伦理评价,表现为社会公众在政治生活中对国家政治权力的认可与支持,并自愿自觉地按照其政府要求和规范来约束自己。

(二) 守护正义

政府正义有政府制度正义与公务员个人正义两方面构成,需要具有正义感的政府以及公务员来共同维持。因此,实现政府制度正义,政府要不遗余力地担负维持制度正义的"职责"。罗尔斯说:"'职责'这个词被留下来专指来自公平原则的道德要求,而其他道德要求则被称为'自然义务'。"④ 其基本要求

---

① 陶振. 政府公信力:属性、结构与本质[J]. 理论月刊,2013,(4)
② 周安平. 大数法则——社会问题的法理透视[M]. 北京:中国政法大学出版社,2010:6.
③ (古罗马)普布里乌斯·克奈力乌斯·塔西佗. 历史[M]. 王以铸,等译. 北京:商务印书馆,1987:7.
④ (美)约翰·罗尔斯. 正义论[M]. 何怀宏,等译. 北京:中国社会科学出版社,1988:369.

是:当正义政府制度存在并适用于公务员时,公务员应当服从正义政府制度并尽职尽责;当正义政府制度不存在时,第一种情况,公务员所付出代价不很大就能做到的,公务员必须建立正义的政府制度并尽职尽责;第二种情况,公务员凭自己能力但不可能建立正义制度时候,应继续履行其"自然义务",可凭借罗尔斯式"非暴力反抗"和"良心的拒绝"两种方式履行自己的"自然义务"而抵制政府制度的不正义。

罗尔斯在论及当制度违背或部分违背正义原则时,关于公民异议方式的解释有:第一,一般而论,非暴力反抗确实是反对法律的,因为抗议者坚决地反抗它;第二,它允许抗议法律,但不要违反法律;第三,非暴力反抗是一种政治行为,它必须用政治原则来证明自己是正当的,是在已经用尽了法律的许可的手段后仍没有任何效果的情况下不得已而行使公民"不服从"权利的行为;第四,非暴力反抗是一种公开的抗议行动,不是一种隐密行为,采用的手段要合法、和平,如演讲、示威、请愿、撰文等,反对使用暴力[①]。

"良心的拒绝"作为公民不服从所履行自然义务的一种行为,它不同于非暴力的反抗,更多地体现为出自良心的一种宗教上和道德上的抵制,其目的也不是为了改变法律。即使没有成功的希望,抵制者出于良心也要不顾一切地抗争。"良心的拒绝"的一个典型例子就是和平主义者不愿意在武装部队中服役,或者一个战士不愿意服从他认为违反了适用于战争的道德准则的命令。

(三)保障个人权利

现代理性的政府是人民权利让渡的政府,即政府的权力最终来自人民。所以,保障个人权利是政府义不容辞的责任。没有哪一个政府不以保障个人权利为己任的。而差异表现在个人权利的保护在政府职责中价值排序所占据的位置不同而已。个人权利也有不同层次不同类别。但基本权利的保护几乎在所有社会所有现代民主政治制度中,都应该占据优先的位置。人的权利的保障具体表现在社会生活的各个方面,而不仅仅是个人的权利不受侵害就达到目的了。个人权利不受侵害仅仅是最底线的权利要求。政府要保障个人权利,首先,政府应该通过制度正义,来激活社会活力,保证所有人在平等公正的环境下,发展每个社会成员的个性与潜能,利用制度手段促进生产力发展,丰富社会物质财富,尽可能平等地满足社会所有成员的基本权利需要。其次,按照贡献原则满足不同层次社会成员非基本权利需要。最后利用差异补偿原则

---

① (美)约翰·罗尔斯.正义论[M].何怀宏,等译.北京:中国社会科学出版社,1988:344

和再分配方式,消除由于出发点的不平等等原因造成的分配结果的实际不平等,满足困难群体对包括自由、收入、财富、机会、尊严的基本权利追求,规范、鼓励和发展社会慈善和捐助。

(四)提供公共产品

公共产品既包括有形的产品,如水、电、气、城乡公共设施建设等具有实物形态的产品,还包括非实物形态的产品,这里主要指政府提供的服务具体包括发展社会就业、社会保障服务和教育、科技、文化、卫生、体育等公共事业等,为社会公众参与社会经济、政治、文化活动提供保障和创造条件。它更加注重履行社会管理和公共服务职能,把更多的力量放在发展社会事业和解决人民生活问题上。政府提供公共产品有政权性公共服务,如立法、行政、司法等。这些服务一般都由国家公共部门提供。社会就业、社会保障、卫生医疗、文化教育等关系人民群众日常生活的服务则是社会性公共服务。此外还有经营性公共服务如交通、铁路、邮电、通信等公用事业。政府提供公共产品必须坚持平等原则,保证全体公民平等获得公共服务。致力于建设服务型的政府应该把主要的精力放在为社会提供更多的服务和产品上,要根据人们需求的变化及时调整服务的组织形式和运行方式,使人们的需要能得到更好满足,使人民享受更多的实惠。

(五)维护社会秩序

维护社会稳定是政府的主要职能。一个稳定的社会是社会存在与发展的必要条件,稳定是前提,没有稳定就没有社会的发展和进步。随着社会的发展,现代社会关系和生活发生了深刻变化。社会经济成分、组织形式、就业方式、利益关系和分配方式日益多样化,社会矛盾也呈现出复杂化。社会系统中各个成员之间、成员与群体之间、群体与群体之间的利益竞争、利益摩擦和利益冲突日益突出,这必然会破坏社会共同体应有的稳定性,造成某种程度的混乱、失序,这给政府职能提出了新的挑战。政府作为公共利益的代表,有必要维护各种利益的平衡,处理好各方的利益关系。政府应立足于为经济发展、社会进步、人民群众安居乐业营造良好的社会环境,立足于正确处理改革、发展、稳定的关系,建立健全维护社会稳定的长效机制,从根本上解决影响社会稳定的深层次问题。

(六)推动社会发展

社会发展是政府治理的目标。特别对于一个负责任的政府、服务型的政府来说更应该强调整个社会的可持续发展。政府公共政策要体现公平与效率相结合的原则。公平体现了人类对自身权利和价值的追求,所评价的乃是该社会的道德合理性;效率体现的是人类对生产力发展水平的追求,所评价的乃是该社会经济发展的速度合理性。效率是实现和增进公平的物质基础,不断提高经济活动的效率,创造出更多的社会财富,才能为实现公平并使公平不断升级奠定物质基础。但关键在于,政府在制定政策时必须突出公平原则。政府不是直接干涉市场和社会促进公共利益。弗里德曼在《自由选择》里提出,在政府领域总是存在一只看不见的手。其作用方向与亚当·斯密的那只手正相反:一个人若想通过加强政府干预来促进公共利益,那么他便会"受着一只看不见的手的指导"来增进私人利益,而这却是"并非他本意想要达到的目的"。公平是提高效率的保障。公平价值的实现,能进一步调动社会成员的积极性和创造性,从而有利于效率的提高。政府在社会发展方面应尊重规律、遵循科学的发展模式。坚持经济社会协调发展,物质文明、政治文明、精神文明、社会文明、生态文明等几个方面协调发展。

二、政府伦理责任的实现

（一）道德责任的制度化

责任政府强调政府的责任和行政人员的责任感和责任意识。责任意识,主要依靠个人的觉悟和良知。如果仅仅靠这种自觉还是不够的,还需要外在的他律发挥作用,这就要实现政府道德责任的制度化、法制化。早在200多年前,瑞典就制定了"公职人员家庭财产申报制度",又称为"阳光法案";1883年,英国制定了世界上第一部官员公开申报财产的法律;1978年,美国国会通过了《政府行为道德法》,明确规定包括总统在内的公职人员,都需要申报自己和配偶及受抚养子女的财产状况,并按照规定程序提交财产状况的书面报告。目前世界上近百个国家与地区已经推行了这项制度。行政人员是公共利益的维护者,在他运用其手中掌握的公共权力行使职责时如果没有任何限制,就容易产生权力腐败,从而损害公共利益。为了维护公共利益,就必须以制度化的道德及道德责任追究机制对行政人员进行约束和监管,对违规者予以惩罚,从而达到强迫行政主体和行政人员遵守行政道德的目的。制度作为社会上的一种底线伦理,为行政人员规定了最底线的义务,并通过社会权力机构等措施强制行政人员遵循。道德责任的制度化可以从规范机制、监督机制以及奖惩机制等几个方面实现。规范体系的建立,就是要使行政人员应遵循的道德责任成为明确化、具体化的规范。建立道德责任监督机制与道德责任奖惩机制。完善广大公民和全社会对行政不道德行为的控告、检举、投诉制度,加强行政科层监督、审计监督、司法监督,充分发挥新闻传媒的舆论监督作用等。

(二)行政人员的道德化

行政人员的道德化,是指对行政人员的行政行为的道德规范化过程。"行政人员的道德化,是指行政人员以道德主体的面目出现,在他的行政行为中从道德的原则出发,贯穿着道德精神,时时处处坚持道德的价值取向,公正地处理行政人员与政府的关系、与同事的关系和与公众之间的关系。"[①] 从理论上看,行政人员作为公共利益的代表,就必然要摒弃以个人利益为出发点的观念;从社会整体出发,把握好自己的道德自觉性,树立自觉为公共利益尽责、为民众服务的道德意识。现实生活中,行政人员的道德失范必然要求行政人员的道德化。行政人员的道德化需要加强对行政人员的道德责任教育。行政道德教育是培养行政人员道德素质的必然前提,也是将行政道德原则和规范转化为行政人员内在自律意识的中介。行政道德教育包括行政道德理论教育、学习教育与实践道德教育。行政人员不仅承担着社会政治职能,而且是公共道德规范的践行者、示范者。一个社会秩序发生危机的时代往往都是与道德的失范引发的,而首先是由于掌握公共权力的人们破坏社会共同体的道德原则和规范,败坏社会风气,进而引发了整个社会的道德价值体系的溃败。

三、政府行政行为的伦理选择

公共行政行为是一种理性选择行为,其行为过程是一个伴随着价值判断、分析、评价的过程。

(一)库珀的公共行政行为的伦理选择理论

1. 伦理选择层次

库珀认为,政府在做出公共行政行为选择的过程中,有其内在理性的选择逻辑。关于公共行政行为的伦理思考,可以分为四个既相互明显区别又相互密切联系的层次,它们是表达层次、道德规则层次、伦理分析层次和后伦理层次。

公共行政行为的伦理选择就是在这四个层次中展开。公共行政行为伦理思考的第一个层次是"表达层次"。在日常公共行政行为中,表达层次仅仅是就一些公共行政问题或公共行政事件表达自己的情感,多数情况下表现为一种自我的抱怨,比如:"夹在上司和组织中间,我该怎么办才好呢?""人际之间

---

① 张康之.寻找公共行政的伦理视角[M].北京:中国人民大学出版社,2002:196.

的关系让我很麻烦!"这些情感的表达,很多情况下是没有经过思考的、自发的、包含公共行政人员个人好恶的。① 库珀认为这一层次的伦理思考根据这些情感表达是由谁发出的和达到何种强烈程度,可以成为政府下一步进行系统和理性选择处理公共行政问题方式的起点。

第二个层次是"道德规则层次"。这是严肃提出公共行政问题并予以严肃回答的层次。从这一层次开始思考,指出与公共行政问题相关的行为方式并开始评估各种可能的办法及其后果。其依据往往是被政府奉为道德指导性的规则、格言、谚语,例如"以诚待人"、"为人民服务"、"永远做一个通力合作的成员"、"真理必胜"等。政府往往在最初的情感表达过后,一方面思考可替代的公共行政行为方法及其可能性后果,另一方面将道德规则运用于公共行政行为选择中,通过公共行政行为与道德规则的比照,对公共行政行为作出判断。虽然这中间也呈现出一定形式的理性和系统的思考过程,但总的来说还是有限和零碎的。在基于实际公共行政后果和对道德规则进行判断的基础上,大多数的实际公共行政选择会在这一伦理思考层次完成。

公共行政伦理思考的第三个层次是"伦理分析层次"。当可利用的道德规则无助于解决具体公共行政问题或者相互冲突时,就需要对道德规则进行基本的再思考。有时候所面临的公共行政问题非常复杂、没有先例或者影响范围太大,以至于政府需要反思常规行为标准中所隐含的伦理准则,即进入伦理分析层次。如,"以诚待人",在特定场合可能不妥,"诚"不一定要求"永远说真话",可以将"说真话"加以限定,可以将这个准则变通为"除非会严重地伤害无辜的第三者,否则永远说真话",这样"以诚待人"就避免了在特殊情况下因为说真话而可能产生的不利。在这个伦理思考层次,不仅需要对冲突的公共行政价值观进行审查,而且需要将抽象的公共行政价值观陈述为直观的伦理准则,以便将一种价值观和对应公共行政行为方式联系在一起,然后将具体的公共行政行为准则应用到公共行政伦理问题的解决中去。在伦理问题中的对抗性价值被确认并被明确地转化为准则后,政府便会依其重要性进行排序,选择更为重要的价值所对应的具体公共行政行为,从而做出选择。

公共行政行为伦理思考的第四个层次,是"后伦理层次"。如果在伦理分析层次还是不能够得出必需的公共行政伦理准则和可替代的办法,那么就需要进入这一最为基本的哲学思考层次。一般来说,大多数公共行政行为伦理

---

① (美)特里·L. 库珀. 行政伦理学:实现行政责任的途径[M]. 张秀琴,译. 北京:中国人民大学出版社,2001:8-15。

思考不会到达这个层次,因为这个层次是关于政府对自己世界观的认识,即是对政府的存在价值、对真理和对生活意义的认识。例如,你要求自己以诚待人,却遇到不少人以怨相报,那么,你还坚持以诚待人吗?如果你遵守以诚待人的道德是以他人同样以诚待己为条件,那么,在你没有遇到以诚待你的人时,你是否还会以诚待人呢?若你坚持一如既往地以诚待人,而不论别人怎样对待你,以诚待人的道德规则对你来说,就成为人生的理想和信念,你就达到了后伦理层次。只有面临全面的理想和信念危机时,后伦理层次才会成为政府伦理决策的最后选择。

(二)公共行政行为伦理选择步骤

第一个步骤,认识公共行政伦理问题。这一阶段的公共行政行为选择处于表达层次,无须做出实际的行为选择。第二个步骤,分析公共行政伦理问题。它包括道德规则和伦理分析两个层次。前者将公共行政伦理问题纳入道德规则中运行,并按照道德规则所限定的方式、方法做出伦理选择。后者是在公共利益、组织利益和个人利益发生伦理冲突时,要求对这三者之间的利益进行新的平衡,从中寻找新的适宜的规则以便做出伦理选择。第三个步骤是进行公共行政行为选择。在利益平衡以及规则确定之后,行政行为就作出了相应的伦理选择。这其中也蕴涵了后伦理分析层次。

库珀同时指出,没有一种模式(包括此模式在内)能够给人们提供一个可能最准确的决策,但它却能提供一个样板,该样板有助于具体的个体在具体的情况中创造性地设计最好的决策。就像在任何一种设计过程中一样,该决策设计中,应该具有应急的行动过程、提供几种可替代的同步的或连续的方案,直至能较为清楚地表达出结论。对行为主体来说,可以获得一定的伦理自主性,对自己的价值观有一个清楚的认知和评判,将行政行为理由提升到较为理性的层次上。

(三)正确看待公共行政行为选择中目的与手段的关系

目的是活动主体在观念上事先建立的活动的未来结果。手段是实现目的的方法、途径,是在有目的的对象性活动中介于主体和客体之间的一切中介的总和。典型的目的论者认为,行为之所以"正当",是因为它们的目的所致,目的可以使手段正当化。不存在什么"卑鄙的"手段或"伦理的"手段。为了达到公共行政的目的,可以不考虑其手段的性质,公共行政目的本身就已经能够说明任何一种手段,好的目的可以证明一切手段。这种观点只重视手段的外在效果标准,而忽视手段的内在伦理标准。当政者采用暴力政策,并认为不论政

治行为怎样残忍邪恶,都可以用来追求和维护权力。

正当的目的使手段正当,至于不正当的目的就不会使手段正当。目的是正当的,手段也是正当的。人们提出目的和实现目的,依赖于一定的手段。手段是实现目的的现实条件,又是保证目的得以实现的现实力量。人们创造和使用手段则是为了实现一定的目的。目的和手段在一定条件下可以互相转化的。如,你不得杀人,你应该关心你的福利和你的家庭的福利,但法官和士兵不仅有权而且有义务杀人,但是,杀哪种人和在什么情况下杀人是许可的而且是义务,都有详确的规定。所以哪怕是一个人的福利或一个家庭的福利,都要服从更高的目的,此时,目的就会被降到次要地位,而成为手段。

第三节 政府公务人员伦理

公务员是政府的公务人员的主体。政府公务人员伦理也主要体现在公务员道德上。严格意义说,政府公务人员伦理是国家理性、政府理性对公务人员提出的客观伦理要求。而公务员道德则是对公务员伦理要求的主观反映。一个社会政府公务员道德素质和道德水平如何,直接反映着政府伦理的水平,也影响着整个社会的道德文明程度。孟子讲:"夫仁,天之尊爵也,人之安宅也"(《孟子·公孙丑上》)。加强公务员道德建设不仅有利于促进党的执政能力建设,还能推动责任政府与服务型政府建设。我国公务员制度起步较晚,虽然取得了一定的成绩,但相关的法律法规不健全,制度还有待进一步完善,公务人员伦理道德素质水平差异也较大。因此,有必要从制度化入手,健全公务员道德法制,完善公务员道德监督机制和责任机制,促进公务员队伍整体道德素质提高。这就要求我们必须深刻理解公务员道德的内涵,把握其根本特征。

一、公务员的角色错位

黑格尔在《法哲学原理》中也指出在"行政"这一特定的"行业"中,存在着公务员的应然意义的角色。黑格尔说:

"担任公职不是一种契约关系,虽然这里存在着双方的同意和彼此的给付。任命公务人员,不是为了要他履行个别的偶然的职务,像受托人那样,而是要他把他精神和特殊的实存的主要兴趣放在这种关系中。同样,他所担任而应履行的事务,按其特质来说,不是外在的也不仅仅是特殊的事物;作为内在的东西,这种事物的价值跟它的外在性是不同的,它不会因为所定的事项未获履行而遭到损害。其实,公务人员所应履行的,按其直接形式来说是自在自为的价值。因此,由于不履行或积极违反(两者都是违背职务的行为)所发生的不法,是对普遍内容本身的侵害,从而是侵权行为,或者甚至于是犯罪行为。"①

黑格尔认为,公务员担任的公职,与其他雇佣关系、契约关系的经济人、市场人职业不同,不是一种雇佣关系,而是一种具有普遍伦理理性和精神意义的职业。黑格尔认为,国家精神是对市场精神的超越。而公务员则是国家精神的代表,公务员需要将国家普遍实践理性精神,带入到职业关系中,是国家精神引领市场精神的关键。因此,具有"自在自为的价值",公务员自由本性精神能真正得到实现。

但现实中,公务员"公共人"角色和"市场人"或"经济人"经常会出现"角色错位"现象。角色错位是社会学的术语,用来指一个人由于扮演多重角色而导致的心理冲突和行为不适当。每个人同时在家庭、组织以及社会中扮演多种不同的角色,每一个角色都伴随着一系列的责任、权力和利益。一个人如果不能正确认识和处理自己的各个角色以及这些角色背后的责、权、利之间的关系时,就会出现"角色错位"现象。

公务员作为国家与社会的中介、作为一种国家职务,要求个人不要独立地和任性地追求主观目的。公务员是行使公共权力、执行国家公务的人员,是"公共人"。政府是公共利益的代表,并且以实现公共利益为己任,而公共利益的实现是以公共权力的正确、高效地使用为前提的。为了能够公正、高效地行使公共权力,为公众谋取福利。

但行政人员既是公民的雇员又是公民中的一员,公务员的角色是双重的。在私人领域中他的角色是一个"经济人",但在公共领域中他就是"公共人"了。他不再具有追求个人利益的合理性与正当性,必须无条件地在确保公共利益的前提下作出自己的行为选择,因为他的行政行为如果不是对社会有益的,就必然是对社会有害的。在公共领域中,只要政府官员是"经济人",他的行为的后果就必然是违背公共意志和侵犯公共利益的。也就是说,在私人领域中,经济人追求自身利益最大化是可以导致合理性的道德化结果的,而公共领域中的任何追求个人利益最大化的行为,则不然。公共服务的过程中,公务员大多同时兼顾公共利益最大化与私人利益最大化的双重利益取向。公务员作为"经济人",是私人领域中的成员,以自身的私人利益作为行为追求;公务员又

---

① (德)黑格尔.法哲学原理[M].范扬,张企泰,译.北京:商务印书馆,1961:312-313.

是一个"公共人",是公共领域中的公共权力的行使者,以维护公共利益为己任按照公共选择理论所揭示的那样,作为自利的、理性的效用最大化者。公务员在其行为选择中,经常不是按照"集体逻辑行动",而是与市场中追求个人利益最大化的个体一样,将个人或者所属组织的利益凌驾于公共利益之上。

公务员是公共权力的终极代理人。正因为如此,公务员应当反映公众的意志,代表公众的利益,竭诚为公众服务。但正如缪勒所说,现实中"同样的人怎么可能仅仅因为从经济市场转入政治市场之后就由仔细求利的自利者转变成为'大公无私'的利他者呢?这是不可能的事!"[①]正由于公务员利益角色错位是内在性的,如果没有外在制度和伦理规范的制约,公务员道德底线则很容易失守。

二、公务员道德的特征

公共行政权力的公共性、强制性和约束性决定了公务员道德与其他职业道德不同的特征。

(一)公务员道德更为重视理性的作用

黑格尔强调"行政事务带有客观的性质,它们本身按其实体而言是已经决定了的,并且必须由个人来执行和实现。行政事务和个人之间没有任何直接的天然的联系,所以个人之担任公职,并不由本身的自然人格和出生来决定。决定他们这样做的是客观因素,即知识和本身才能的证明"。[②] 公务员职业有自身本质规定性和特定的对象性。一般职业道德总是鲜明地表达着某种职业义务和职业责任,以及职业行为的道德准则和特定的对象。公务员的职业是"担任公职",其职业道德指向普遍的国家伦理精神。公务员道德则更强调理性的作用,这是公共行政权力的公共性特点所决定的。在国家公务员身上,并存着理性和非理性两种要素和力量。国家公务员与普通人一样有着各种情感与欲望,但他作为国家公务员,又是公共权力的代表,就要求国家公务员要尽可能地放弃和克制自己作为一个普通人的非理性因素,让自己的思想、情感与个性服从公共的利益和意志。公务员道德在本质上反映着国家和政府的政治价值追求,体现着社会利益(包括政治利益)的分配。也正是在这个意义上,忠于国家、拥护政府无一例外地成为各国公务员的职责和义务。

---

① (美)丹尼斯·缪勒.公共选择理论[M].周敦仁,等译.北京:中国社会科学出版社,1999:3.
② (德)黑格尔.法哲学原理[M].范扬,张企泰,译.北京:商务印书馆,1961:311.

（二）公务员道德具有更大的示范效应

公务员的行为较从事其他职业的个体行为而言，具有很强的示范性，往往对社会产生全局性和方向性的重要影响。公务员从事的公共行政与其他职业活动不同，它不仅提供公共服务，而且拥有公共权力，并以此进行利益的调整与分配。其最大的特点就在于公务员依法行使公共权力，管理社会公共事务。公务员既是群体利益的集中代表者和维护者，又是公共意志的体现者和执行者；既是社会生活的组织者和领导者，又是公共关系的协调者和设计者。公务员的职业特点，使公务员成为政府的主要象征，成为社会各行各业人们的导向。公务员道德所产生的影响已远远超出了个体的范围，对其他行业，甚至整个社会都有示范的作用。

（三）公务员道德包含更多的灵活性

公务员在处理各种行政伦理关系时更需要运用自己的智慧作出妥善的选择，更加注重伦理选择和伦理判断的能力。这一点从公务员道德更侧重理性的方面可以得到更好的理解，这也是由公共行政权力的公共性特点所决定的。公共行政活动是社会最为复杂的活动之一，在处理各种复杂的公共行政关系时，伦理规范常常显得模糊而缺乏现实性，需要借助国家公务员对伦理精神的领会而灵活行事，因而，公务员道德的确比一般品德具有更大的灵活性。

三、公务员道德基本规范

公务员道德规范指公务员在执行公务活动中应当遵循的行为规范和伦理要求，是国家公务员在行政行为活动中所应遵循的道德规范总和。公务员道德规范以强化责任意识为核心价值取向，以追求公共利益，维护社会公正，培养高尚的行政道德人格为基本价值取向。

（一）公务员道德规范的核心价值取向——强化责任意识

现代政府要求实现责任政府和服务型政府，现代社会公共行政已经从以往的统治行政转变为服务行政，其本质就是服务，而服务型政府就是责任型政府。责任是一种爱岗敬业的精神，"在其位、谋其政"。视责任为使命，视工作为事业。同时，责任还是一种敢于担当的品质。把民众的利益放在心头，勇于负责，敢于担当，在关键时期尽关键之责。强化责任意识就是要求公务员要敢于负责，不推卸责任，勇挑重担，承担风险，积极地化解矛盾，忠于职守，尽心尽责。

(二)公务员道德规范的基本价值取向

公务员道德规范的基本价值取向集中体现在为公的方面,具体表现在实现公共利益,维护社会公正,培育高尚的行政道德人格。公务员是公共理性的产物,是"公共人"。这决定着公务员道德规范的价值本质是在公共领域为公共利益奉献。公务员追求的公共利益在其现实性上就是为人民服务,实现公共利益。

(三)公务员道德规范的内容

公务员由于其地位和作用以及职业活动的特殊性决定了不仅要模范遵守一般群众应该遵守的道德规范,而且还必须践行与其从事的工作性质密切相关的更高层次的职业道德规范。2002年2月21日,人事部印发了《国家公务员行为规范》,并颁布实施。基本内容:"政治坚定,忠于国家,勤政为民,依法行政,务实创新,清正廉洁,团结协作,品行端正。"

1. 诚信

诚信是公务员道德的基本准则。诚信,《现代汉语词典》解释为:诚实,守信用;《辞海》解释为:诚实不欺,遵守诺言。在人类道德体系中,诚信是最基本的道德原则。正是诚实使一切道德行为和德性真正成其为道德。中国自古就非常重视"诚信",并把它作为人的基本道德准则。儒家认为"人而无信,不知其可也"(《论语·为政》),并把"言必信,行必果"(《论语,学而》)作为规范人们言行的基本要求。儒家也把诚信作为官员的立政之本,认为:"上好信,则民莫敢不用情"(《论语·子路》);"宽则得众,信则民任焉"(《论语·尧曰》)。为政者只有立诚讲信,才能得到百姓的拥护和信赖。现代政府及其公务员应该做到"权为民所用,利为民所谋,情为民所系"的原则规范要求,讲诚信,重承诺,增强群众对政府和官员的信任和信心。

2. 忠于国家

忠于国家就是要热爱祖国,忠于宪法,维护国家安全、荣誉和利益,维护国家统一和民族的团结,维护政府形象和权威,保证政令畅通,遵守外事纪律,维护国格、人格尊严,严守国家秘密。"忠于宪法,忠于国家"也是各国对公务员普遍的、基本的道德要求。在现代民主国家,宪法具有无比的至上性,法律面前人人平等,公务员作为公共权力的行使者也不例外。英国公务员法典中明确规定:"凡是公职人员,必须忠于国家。无论何时,只要国家需要,即应为国家效劳。"美国则规定:公务员必须"把对国家的忠诚置于对个人和政党之上"。《瑞士联邦公务员法》要求公务员的"所作所为应当符合联邦利益,不做有损联邦的事情"。德国也明确规定,"公务员应当全力以赴地献身于他的职业。他应当无私地、赤诚地对待他的职务"。法国要求全体公务员"必须绝对地效忠国家","国家至上"是其首要道德义务。

2006年1月1日起正式施行的《中华人民共和国公务员法》第12条规定了公务员的各种义务,这些义务可以统称为公务员的忠诚义务。① 对国家、党和人民的忠诚。② 对法律忠诚。忠诚于法律,这是理性的忠诚。③ 下级要忠于上级。库珀指出,辨认自己对上级所承担的客观责任范围,通常被理解为一种忠诚问题。也就是说,下级要正确辨认自己对上级所承担的责任,并认真地履行这一责任,才能切实保证政令畅通和政策执行上的不折不扣和全面贯彻落实。

3. 勤政为民

勤政首先意指的是勤于政务,不做懒官,在其位谋其政。勤政为民就是要忠于职守,爱岗敬业,勤奋工作,钻研业务,乐于奉献。一切从人民利益出发,密切联系群众,关心群众疾苦,维护群众合法权益,自觉做人民公仆,让人民满意。其次,勤政并要不"扰民",不能朝令夕改。最后,勤政的价值取向是为民。这就要求公务员必须做到爱民、知民、富民、强民。

4. 依法行政

依法行政就是要遵守国家法律、法规和规章,按照规定的职责权限和工作程序履行职责,执行公务,依法办事,严格执法,公正执法,文明执法,不滥用权力,不以权代法,做学法、守法、用法和维护法律、法规尊严的模范。

5. 务实创新

务实创新就是要勇于创新,解放思想,实事求是,理论联系实际,说实话,办实事,重实效,报实情,踏实肯干。实事求是要求一切从实际出发,这是公务员在行使行政管理权力,执行公务时必须遵循的主要职业道德行为规范。

6. 清正廉洁

廉洁作为古今中外为官最基本的职业道德规范之一,也是一个政权能够长治久安的必要条件。《楚辞·招魂》中说"不受曰廉,不污曰洁"。不受就是不接受不属于自己的东西;不污就是不贪不图分外之利。古人讲:"廉者,政之本也"(《晏子春秋·内篇》)。管子把"礼、仪、廉、耻"比喻为"国之四维",即维系国家生存发展的四大精神支柱,认为"四维不张,国将亡也"(《管子·牧民》)。清正要求公务员必须正确地进行角色定位,树立为人民、为公共利益服务的价值理念。清正廉洁就是要克己奉公,秉公办事,遵守纪律,不徇私情,不以权谋私,不贪赃枉法。

7. 团结协作

团结协作就是要坚持民主集中制,不独断专行,不搞自由主义。认真执行上级的决定和命令,服从大局,相互支持,团结一致,勇于批评与自我批评,齐心协力做好工作。

8. 品行端正

品行端正就是要坚持真理,修正错误,崇尚科学,破除迷信。学习先进,助人为乐,谦虚谨慎,言行一致,忠诚守信,健康向上。模范遵守社会公德,举止端庄,仪表整洁,语言文明。

四、公务员道德建设

(一)法律制度伦理关怀

宪法宣誓制度。在规范人们的行为方面从来就不能离开法律的强制性作用,同样在规避和控制公务员道德风险方面也离不开法律的外在强制作用。法律制度的伦理关怀主要体现在两个方面:一是在法律制定上的道德价值追求,二是在适当的时候将一部分伦理道德规范上升为法律规范,即伦理立法。正如库珀所认为的,法律的限制和惩罚功能已倾向于在某种程度上取代个人的决策过程。

加强公务员道德法律法规的建设是当务之急。公务员道德法制化,就是以立法形式把公务员的从政道德规范确定下来,并以法制力量保证他们有效实施。现代西方国家通过立法加强公务员职业道德建设,集中反映了人们希望运用道德和法律的双重力量,如英国《荣誉法典》中的《雇员保密法》《防止贪污法》;美国先后通过的《政府工作人员道德准则》《美国政府行为道德法》等多部法律;1999 年韩国修订了 1981 年制定的《韩国公职员道德法》等。这些关于公务员的职业道德立法对我国公务员道德的法制建设具有积极的借鉴意义。公务员道德的法律、法规建设就是给公务员道德立法。我国在吸取新中国成立以来的干部道德建设与西方行政道德建设的经验的基础上,根据我国当前的国情,结合治国、治党的新情况、新任务制定了多部国家公务员法规和党内相关规定。2005 年 4 月 27 日十届人大常委会十五次会议通过的《中华人民共和国公务员法》第十二条规定,公务员应当履行下列义务:

(一)模范遵守宪法和法律;

(二)按照规定的权限和程序认真履行职责,努力提高工作效率;

(三)全心全意为人民服务,接受人民监督;

(四)维护国家的安全、荣誉和利益;

（五）忠于职守，勤勉尽责，服从和执行上级依法作出的决定和命令；

（六）保守国家秘密和工作秘密；

（七）遵守纪律，恪守职业道德，模范遵守社会公德；

（八）清正廉洁，公道正派；

（九）法律规定的其他义务。

全国人大常委会2015年7月1日表决通过实行宪法宣誓制度的决定，誓词共70字：

"我宣誓：忠于中华人民共和国宪法，维护宪法权威，履行法定职责，忠于祖国，忠于人民，恪尽职守、廉洁奉公，接受人民监督，为建设富强、民主、文明、和谐的社会主义国家努力奋斗！"

各级人民代表大会及县级以上各级人民代表大会常务委员会选举或者决定任命的国家工作人员，以及各级人民政府、人民法院、人民检察院任命的国家工作人员，在就职时应当公开进行宪法宣誓。权力是由宪法赋予的。被任命者拥有权力后，宪法宣誓制度可以通过看得见的仪式，表示其会如何对待责任和职权，培养被任命者对法律的敬畏，强化被任命者对自己的约束。同时宣誓本身也代表了宣誓人内心的认同和良心上的约束。宣誓人也会因为想到表过态、宣过誓而提醒自己应该履行自己的誓言。

（二）公务员道德的监督机制建设

孟德斯鸠指出："一切有权力的人都容易滥用权力，这是万古不易的一条经验。有权力的人们使用权力一直遇到有界限的地方才休止……要防止滥用权力。"①对公务员实行监督的主要内容包括政治监督、行政监督和道德监督。要保障道德监督的力度就必须提高道德监督意识，强化有关的监督机制，从制度上保障监督主体对公务员道德监督的效用。

强化道德监督机制就要理顺监督主体关系，克服多头监督责任缺失的问题，增强监督主体独立性。大力发挥群众监督和社会舆论监督的功能。公务员道德监督机制建设，还要推进从源头上防治腐败的制度改革和创新。深化干部人事制度改革。推进干部人事工作的科学化、民主化、制度化进程，扩大党员和群众对干部选拔任用的知情权、参与权、选择权和监督权。完善民主推荐、民主测评、差额考察、任前公示、公开选拔、竞争上岗、任职试用期等制度。

（三）公务员道德责任机制建设

公务员道德责任机制建设重点应放在对公务员道德责任意识的培养上，

---

① （法）孟德斯鸠.论法的精神[M].张雁深，译.北京：商务印书馆，1961：354.

只有拥有较强的道德责任意识,才能充分地发挥道德责任在公共行政中的重要作用。公务员的道德责任意识要注重公务员的道德责任认同意识、承担意识的培养。其中,对道德责任的认同是自觉承担道德责任和勇于监督自我和他人履行道德责任的先决条件。只有在道德责任获得普遍认同的条件下,道德责任才能更好地被履行。

(四)公务员道德自律建设

道德主体通过"自律"所表现出来的行为或者是自我情愿的,或者是自我强制的,而道德主体通过"他律"所表现出来的行为可能是自愿的,也可能是被迫的,因为它是一种不得不执行的外在强制。自律是道德的基本法则,也是道德的最高准则。公务员的道德自律是相对于公务员的制度他律而言的。公务员的道德自律在控制其道德风险的过程中所起的作用要比制度他律的作用大得多。增强公务员主观责任。主观责任根植于自己对忠诚、良知、认同的信仰。公务员的伦理自主性是其客观责任与主观责任相结合的产物。正确的责任自律意识,可以为公务员的行政行为提供正确的向导,控制其道德风险,规范其行为。

(五)公务员伦理文化建设

反官本位和反过度蔑视权威的政治文化的建设依然是一个需要解决的问题。市场经济的发展,官本位文化没有消失,但随着反腐败的深入,另一个极端,逢官必疑、蔑视权威的心态,在社会中日益蔓延。在规避和控制公务员道德风险问题上,除了要不断增强政府制度的民主化趋势外,在政治文化方面,既要破除东方传统文化中的官本位文化观念,同时又要避免西方文化中的过度蔑视权威的思想,形成现代行政权力文化观念:视政府为服务的政府而不是统治的政府;视公务员为服务于民众公共利益的勤务员而不是凌驾于人民之上的官僚人员的伦理文化取向。当然,这根本上需要依赖现代民主法治文化培育,依赖现代公务员伦理文化价值观的长期教育。以民主价值理念建设现代民主文化,清除官本位文化残余。以政府法治伦理精神和法治理想,建设依法治国、依法行政的现代政府伦理文化。

思考与探讨题

1. 如何理解政治制度的道德化与道德责任的制度化?
2. 如何认识公务员角色错位问题?
3. 有观点认为善治优于法治,还有观点认为法治才是最大的善治。你同

意哪种观点？为什么？

4. 试比较现代与古代官员的忠诚德性。

5. 联系实际，试评析库珀的公共行政行为的伦理选择理论。

6. 阅读：俞可平：《官本主义引论——对中国传统社会的一种政治学反思》，载《人民论坛》，2013年，第9期。撰写一份关于官本主义与官员道德问题的自我研究学习报告。

第八章 政治伦理价值认同与公民政治参与伦理

本章提要

政治认同是政治体系正常运行的合法性基础。无论是传统社会的专制统治，还是现代社会的民主政治，都必须以一定的政治认同为前提。作为政治认同的对象是多种多样的。国家认同是政治认同的最高形式和基本形式。政治伦理价值认同是指政治伦理主体通过公共政治生活实践或政治教育而对一定的政治伦理价值的认可和共识。社会主义核心价值观是当前我国政治伦理价值认同的共同基础。公民伦理是公民基于公共政治生活中公共性交往的生活规范。公民政治伦理的存在论基础是对公民身份与公民地位的自觉认知，是公民意识的核心内容。理性公民、责任公民、守法公民、爱国公民构成了公民政治伦理的基本内容。公民政治参与就是一个国家的公民和公民团体影响政府活动的政治行为，是公民的主要责任。理性的公民政治参与是一种政治文化和伦理行为，是政治伦理价值实现行为。

"认同"指的是人在各种关系中自我身份和角色的归类或定位，包含着对自我身份和所在类别价值的认可与肯定。阿皮亚说，"认同"这个词是人类当中关于诸如人种、种族、国籍、性别、宗教或性等这样一些社会心理学领域中的现象，基于某一种或几种上述身份角色的归类和自我定位。"对伦理生活来说，它是重要的……来自这个事实：它构筑了认同，它影响了人们对其生活的塑造和评价；对政治生活来说，它是重要的则来自这个事实：在如何被他人对待这一点上它是重要的，而他人如何对待一个人将决定一个人生活的成败。"[①]政治生活领域，每个人都离不开特定的组织、族群和国家身份的认定。在古代中国"家国天下"之中，天下是最高的政治价值理想，天下即代表普世的政治伦理文明。古代中国人对抽象的"中国"之认同，则是通过对某些具体代表"中国"的正统王朝的王道天理等政治伦理价值认同表现出来。现代政治认同，也是一种政

本章知识结构图

---

① （美）阿皮亚.认同伦理学[M].张容南，译.南京：译林出版社，2013：99.

治伦理认同。政治伦理价值原则,构成了一个社会政治成员——公民身份价值认同主要的构成要素、内在的核心表达和价值支撑,对现代公民有序的政治参与具有重要的意义。

第一节 政治伦理价值认同

一、内涵

(一)伦理价值认同

伦理价值认同是指伦理主体(个体或组织)通过相互伦理行动交往而在思维观念上对某一或某类伦理价值的认可和共享,或以某种共同的理想、信念、原则为追求目标,实现自身在伦理生活中的价值定位和志向,并形成共同的伦理价值观。它是人们对涉及共同利益关系的事物的价值意义所达成的共识,也是社会成员对社会伦理价值规范所采取的自觉接受、自愿遵循的态度甚至服从。伦理价值认同是人们群体生活个体行动和集体行动是否具有伦理意义价值的一个标志,也是人们伦理行动的必要条件。

(二)政治认同

政治认同,是人们在共同的社会政治生活中对自我身份、政治理念、行为目的等产生的一种感情、意识和价值的归属感和认肯感。它与人们的政治心理活动有密切的关系。人们在一定社会中生活,总要在一定的社会联系中确定自己的身份,如把自己看作是某一政党的党员、某一阶级的成员、某一政治过程的参与者或某一政治信念的追求者等,并自觉地以组织及过程的要求来规范自己的政治行为,这种现象就是政治认同。"政治认同是政治体系正常运行的合法性基础,无论是传统社会的专制统治,还是现代社会的民主政治,都必须以一定的政治认同为前提"。[①]

作为政治认同的对象是多种多样的,其中重要的有国家、政治制度、阶级、政党、政治理想、政策等。国家认同是政治认同的最高形式和基本形式。对国家的认同是最基本的政治认同,几乎所有的人都把自己看作是某一国家的公民,并把自己的行为约束在本国法律的限制内。对国家的认同也具有不同层

---

① 王茂美.政治认同的建构:主体与对象之间[J].吉首大学学报(社会科学版),2015,(2).

次,既有对种族、地域这类情感层次上的认同,也有爱国心、民族自豪感这类情感层次上的认同,还有对国家法律制度、政策方针理解与赞成这类高层次上的认同。政党是为捍卫一定阶层、集团、阶级利益而自觉行动的政治利益团体。政党认同主要是对政党目标、行动纲领以及政策的自觉认可和同意,因而,对政党的认同多属较高层次的认同。

(三)政治伦理价值认同

政治共同体的生活实践不仅决定了政治共同体必定会形成普遍性的政治价值,而且也会使人们用伦理道德来审视、选择并确立最适用于政治生活的政治价值。政治的"价值判断"性质和"应该"指向,决定着政治不可避免价值选择。政治行动无法逃避伦理价值的选择与追问,而且应该是一个首要研究的问题。政治既是人类一种最主要的实践活动,同时又是一种价值选择活动。人类的政治实践活动推动着政治价值的形成与发展,政治价值又指导和引领着人类政治活动的实践。对政治价值的不断探索与追问其实就是对政治生活本原意义的确定,就是对政治意义和理念的追寻。

1. 政治伦理价值

人们一般将正义作为政治伦理价值的基本范畴,进而确立其核心价值地位。政治正义性问题,指主要政治制度、社会制度和经济制度等社会基本结构必须体现合乎伦理的价值理念,这种理念为政治权力提供了伦理合法性支撑。在实践层面上审视政治正义性可发现:一是势必要对政治权力运作的合理配置进行价值判断;二是促成了政治主体价值认同的形成。

政治伦理价值总体目的评判即公共善。公共善是指美好生活及其实现方式的政治伦理价值反映,是实现自我认同的价值根源,是政治伦理的核心问题与终极价值目标。公共善作为政治的一个终极价值目标,以最大程度促进社会整体利益,在"作为公平的正义"与促进"最大多数人的最大利益"之间达到一种平衡与协调。公共善以应当追求何种价值而不仅仅是政治伦理所追求的价值是什么为目的。政治伦理的公共善不仅是对现实的应然把握,它更追求终极的价值理想。公共善提供了关于政治伦理所建构的这种理想的国家、理想的政治社会是什么以及它在现实生活中实现的程度如何等问题思考的总的起点和归属,是政治伦理的基本价值观。

因而,政治伦理价值,从根本上说就是政治活动的价值取向,对政治行为发挥深层次影响的原则、价值取向、基本范畴。从现代政治伦理学意义看,政治伦理价值有:自由、平等、民主、正义、秩序、公正、效率、人权、主权、权利、义务、责任、合法性、德性、治理等。政治伦理的各种价值之间也可有多重组合,

如经济增长和政治民主,平等与自由,公正与权利义务,人权与民主,起点公平还是结果公平等,这些价值的抉择总是两难的。现实的政治发展,其实就是评判、选择和确定某些政治伦理的价值发展的优先性,以及对其的操作和制度安排,进而对人和社会的发展产生积极影响和取得的成果。

2. 政治伦理价值认同

综上,政治伦理价值认同是指政治伦理主体通过公共政治生活实践或政治教育而在思维、观念、情感上对一定的政治伦理价值的认可和共识。因此,政治共同体可为成员和组织确立某种共同的政治理想、信念、原则作为行动的追求目标和动力。它是现代社会公民对现代政治伦理价值规范的自愿接受、遵循、服从和追求。

二、政治伦理价值认同的基本特征

政治伦理价值认同本质是一种理性的自我认同。主权在民,公共权力归依人民。这是现代政治伦理价值的核心和根本。主权价值中根本的权力价值,是立法权价值。政治伦理价值认同在主权、立法权上表现为法律、法权认同。康德讲道德本质特征和原则是自律,意思是:自己立法自己遵守。在政治社会里,参与立法的每个公民本身的事,所有公民应该通过各种方式,参与立法,认同和服从出于自己意志而确立的法则,其结果,使得法则不再是一种异己的力量。法权认同归根结底还是自己理性颁布律法,人们不是服从一个外在的力量,而是服从自己的理性。只有在人类理性、政治公共理性的基点上,法权价值认同才有可靠的着力点。从而在现代政治生活中树立了伦理道德意义的坚守法律底线原则,这是人类政治文明跨出的实质性的进步。相应地,政治伦理价值认同呈现以下几个方面的特征:

(一)自愿自觉性

政治伦理价值认同是主体一种对政治伦理规范原则的道德认同。政治伦理的自觉反映了一个人对人的政治伦理价值的体认境界,政治伦理价值也只有通过主体的伦理自觉才能显示价值自身的存在,不至于悬浮在空洞虚幻的价值理念世界。道德的本性是自觉、自愿和自律。泰勒认为,自我的根源是探索现代自我认同形成的基础。现代人的最典型的道德直觉困境是意义感的丧失,人缺少方向感,没有确定性。人性本来就有善恶之别,要阐明认同的形成,必须涉及自我的根源、人性的善恶。而个体总是根据"我们是谁"来思考我们的道德方向感的,个体总是把他们的认同看成是由道德的或精神的承诺所规定。个体对自身及所属社会团体的道德空间的构成和自己在道德空间的定位的认知,对于确立自我认同和自我形象来说起着根本性的作用,这种认知决定着个体的存在价值感①。麦金太尔认为,在现代社会,自我涉足于不同的社会领域,在不同的领域遵从不同的道德规范,呈现出多维性。自我集多种社会角色于一身,于是经常面临不同角色道德选择中的冲突和矛盾。自我在道德领域的分离,会导致在一些道德领域尤其是"公共领域"道德的缺失和混乱。要摆脱危机,唯一的出路是追寻美德。麦金太尔重视道德人格的内在化。政治伦理价值的认同,根本是与道德价值认同一致,经由政治生活的实践,主体本着理性的自由意志对各种政治伦理价值进行自我选择的结果。政治伦理价值认同的过程也是一种理性的自我选择、自愿自觉的过程。

(二) 共识性

政治伦理价值需要面对的是现实的政治生活世界多元化、扁平化的事实,面对的是复杂的实践操作过程。公民自由带来文化、价值的多元取向,背景各异的陌生公民个体之间存在多样差异性,而公民身份本身则要求所有社会成员能够坚持统一、稳定、持续、和平秩序的政治社会的忠诚,能够共同遵循社会的法律和规则。公民自由蕴含的价值多元性多样性与公民政治身份本质的统一性之间形成了现代政治社会的内在矛盾,解决这一矛盾,需要公民能够以平等的身份进入公共生活,彼此之间就社会制度、框架和道德秩序等公共问题进行协商、辩谈并且谋求共识。政治伦理价值认同很大特点就是共识性。

(三) 自组织性

现代政治伦理价值认同可与哈贝马斯所说的"人民的主权意志"相联系。政治伦理价值认同从其政治主体地位出发,即从政治领域的自主性出发,通过公民自我组织体现和落实。"公民的政治自主被认为是体现在共同体的自发组织之中,而共同体是通过人民的主权意志为自己立法的。"②公民在为政治共同体进行道德立法的同时,也在进行公民道德自我立法。公民们认同自己同属于同一个政治共同体组织,有着共同的利益诉求和公共价值信念追求,共同致力于正义的政治制度安排,通过自我认同的组织共同体,与其他组织在同一对话协商平台上,相互沟通、对话、商谈,以求政治价值共识的达成。

---

① (加)泰勒.自我的根源:现代认同的形成[M].韩震,等译.南京:译林出版社,2001:30-35
② (德)尤尔根·哈贝马斯.包容他者[M].曹卫东,译.上海:上海人民出版社,2002:299.

（四）理性共识性

理性是人类走向文明的标志，而公共理性则是文明不断发展的优越性成果，它以实现社会整体利益为目标，它是在人们实践活动的基础上理性认识的产物。政治伦理价值则要转化为公民的政治信念和行为准则，政治伦理价值则表达为公共理性。公共理性是基于人类共同利益而达成的理性共识。也就是说，公共理性是在承认现代公共生活领域平等的多元利益主体及其文化价值观差异的前提下，"以人的自由、平等、正义为基点和核心，以互利双赢、和谐共生、可持续发展为价值取向，通过主体间的对话、沟通、交往、谅解等而达成的，对现实多元价值主体的实践交往起着整合与牵导作用的理性共识"。① 现代政治伦理价值民主、平等、自由等已经建立起来的范畴，成为培养公民价值共识和认同的关键因素。

（五）过程性

政治伦理价值认同是一个在政治生活中不断寻求政治伦理价值合理性的过程。政治认同离不开公共理由。这种公共理由是公民确信其正确的理由，是用来论证特定国家所制定的政治制度和政策的合理性的。在其实质上，它以公共利益为内容的。在罗尔斯看来，公共利益具有不可分性和公共性两个特点，从这两个特点中所得出的推论是："必须通过政治过程而不是市场来安排公共利益的提供。"② 由于社会是不断发展变化的，因此，公共利益或者"共同的善"总是具有历史性的。这就需要公民们通过政治辩论等行为来论证所追求的公共利益的合理性，来确定一定社会历史时期的公共利益的全部内容。这种政治行为对公民提出了这样的要求："只有当你能够使你自己的动机，以及你实际上正在追求的目的与共同的善等同起来时，你才能实现道德方面的目的，并且因此而获得道德方面的幸福。"③ 公民正是既在对公共利益的论证或者对政治是否符合道德的判断中，又在出于各自的理由去追求公共利益的过程中，形成认同感，经验并坚定自己政治伦理价值认同。

三、社会主义核心价值观是当前我国政治伦理价值认同的共同基础

中国共产党的十八大提出，倡导富强、民主、文明、和谐，倡导自由、平等、公正、法治，倡导爱国、敬业、诚信、友善，积极培育和践行社会主义核心价值

---

① 周玉国，石曲. "公共理性与和谐社会"[J]. 安徽大学学报(哲学与社会科学版)，2009,(1).
② (美)约翰·罗尔斯. 正义论[M]. 何怀宏，等译. 北京：中国社会科学出版社，1988：257.
③ (美)乔治·赫伯特·米德. 心灵、自我与社会[M]. 霍桂桓，译. 北京：华夏出版社，1999：414.

观。三个"倡导"所提出的富强、民主、文明、和谐、自由、平等、公正、法治等价值,是对社会主义核心价值体系的科学概括和提炼,构成了社会主义核心价值(下文称核心价值)的基本内容,应成为当前我国公民政治伦理价值认同的共同基础。

(一)核心价值始于民族文化传统下的公共政治生活的内在需求

中华民族文化传统历来强调"民本"、和谐、"己所不欲,勿施于人"、"出入相友,守望相助"、"老吾老以及人之老,幼吾幼以及人之幼"、诚信友善、义利合一等,这些优秀传统文化价值在社会主义核心价值观里得到了充分体现和发展。政治权力作为现代社会一种最具权威性的公共权力发挥效能,就应该首先需立足本文化共同体的传统价值诉求,并赋予其时代意义。在现代陌生人社会之中,社会更表现为一个广大的公共合作协调的体系。广大成员参与公共生活,是社会维系稳定、持续发展的根本途径,更是人类特有的存在方式。社会成员之间可以有完全不同的经历,以及殊为不同的生活方式,甚至属于各种不同的社会亚文化,但人们在公共政治生活中作为"公民"所具有的政治身份和特征并不会因此而改变。因此,对于属于同一民族文化传统的成员而言,人们所真正共有的是历史传统和民族、国家文化所共同决定的核心价值。核心价值有着天然的公共生活本性,这种公共性首先来源于其深深植根于民族成员的文化传承之中,成为公民身份的重要文化属性。

(二)核心价值源自于公共理性的向度

近代政治哲学家们普遍认为,人类社会不是由某种超自然的神秘力量所规定的,也不是由于某些在人格、道德和理性方面具有卓然不群的个体或者群体所安排和规制的,而是公民之间达成契约的结果。具有平等地位的个人为了安宁和幸福的生活在相互之间达成契约,形成公共权力,并且赋予公共权力组织以合法性和道德合理性。公民之间的共存共生,除了文化传统的支撑,更依赖于公民参与公共事务的智慧和能力,并且只有具备这种能力才能保证社会契约能够超越纷繁多样的社会文化、社会结构、内容的变迁,保持其合法性的持久力。这种能力很大程度上就是源自公共理性。公共理性是保持自由公民社会体系的基础,是处于"基本道德与政治价值最深"的观念,是自由平等公民的理性,与公共善相关,并且为公共生活制定框架。核心价值作为社会最基本的文化价值体系,提供了这种公共理性应具有的能力要求,有着最大的包容性,为社会成员公共交往提供了基本价值认同的平台。

自启蒙运动以来存在着两条主要的政治哲学思路:一条是同质性社会的

构建思路,确认某种价值理念的绝对真理性而具有严格的文化排他性;另一条则是合理多元的社会构建思路,以保护社会成员的自由、平等权利为主旨。核心价值显然属于后者。核心价值关涉到社会的公共善,指引社会成员认识到公共的利益以及他人与自己的利益联系。它不是依靠政治权威而树立的文化价值系统,而是着力于为社会成员所广泛接受的政治、文化传统价值观的实然性提炼。核心价值对于公共善的阐释和澄明,与自由、正义、平等等政治根本伦理精神原则的包容性、国家富强、民主、文明、法治等国家价值善的公共性构成了核心价值公共性的重要表达方式。核心价值也因此而具有公共理性的特征。作为广泛为社会成员接受的文化体系,是公共理性重叠共识的结果。同时,核心价值也是公共理性的重要组成部分,表达了公共理性的理想,集中体现了社会基本善的概念,引领社会成员围绕善观念开展公共生活。

(三)核心价值是政治价值与伦理价值的统一

1. 核心价值反映并表达了社会生活的基本政治价值诉求

从古希腊时代的幸福,到启蒙运动的自由、平等追求,社会的维系总是基于某种具有核心意义的政治价值追求。这种追求是实现公共利益、维系社会存在的重要纽带。现代社会一方面表现为对于个体利益的关切,对于个体自由的注重,另一方面极大地扩展了社会公共空间。核心价值则使人们能够超越单纯的个人利益和观念差异,就公共生活达成共识。

2. 核心价值为政治生活提供了基本的合理性标准

核心价值体系作为根本性的社会文化体系,是公民相互信任、遵守承诺、履行职责和义务的合理性依据。核心价值为这些合理性依据提供了基本的政治价值原则。核心价值为公民的自由平等生活提供基本的价值框架。它既具有作为政治价值追求的引导性,又表现出作为价值基本机构的底线性。

3. 核心价值为公民的政治生活提供根本的价值规导依据

公共文化是与公共权力、社会治理相关的行为、规则、语言综合文化价值体系。在这一体系中,公民表现为积极的公共事务参与者。在现代文明社会中,核心价值为公民提供自由、平等参与政治生活的规范理念,并且引领他们建立和维护所有公民正义与公平的权利之社会政治机制。核心价值赋予公民政治创造力,与公民政治生活实践是紧密相连的,这是核心价值区别于其他文化价值的根本特征。它为公民参与政治和公共生活提供了根本的价值依据和准则。

4. 核心价值提供了政治与社会契合的伦理价值基础

在公民政治社会中,公民道德的培养和树立与实现社会基本政治价值相辅相成、内在统一。核心价值作为基本的政治价值表达,也是公民基本政治伦理基本要求。它为公民的政治生活提供了基本的政治与社会契合的价值构架和伦理价值认同的基础。核心价值公民之间的伦理共识,是对于社会基本伦理观念的高度概括。在这种共识之上,公民们才能形成具有统一标准的道德原则和共同的道德目标,公民之间的道德交往才具有可能。在现代政治社会中,由于权力部门在越来越多公共领域的退场,更多的公共领域将移交给社会并在社会的公共性的伦理审视之下,公民的伦理自治将扮演更为重要的角色。公民伦理的社会性政治性趋于契合融通,将成为一种趋势。核心价值从国家、社会和个体三层次和角度为之提供给了一个基础价值平台,它是民族精神与时代精神、国家与社会、政治与伦理、个人发展与社会文明进步协调融通的价值基础。

【视频材料】 任剑涛:现代性政治认同

视频

第二节 公民伦理

公民伦理是公民基于公共政治生活的公共性交往的生活规范。公民作为公民伦理主体,在政治活动中其理性的自主意志是公民伦理存在的伦理基础。从 20 世纪下半叶以来,西方公民伦理理论进入了偏重公共性与公共领域的时代。罗尔斯与哈贝马斯是其中的代表人物。罗尔斯的公民伦理侧重于通过正义论的道德理性设定,以寻求一种支配人类公共生活普遍的基本的规范原则,更侧重公民伦理的合理性;而哈贝马斯重在社会交往行为中的公共性,更强调公民自主与商谈伦理的所达成的共识理性之可能,更侧重于公民伦理的合法性。公民伦理研究和公民伦理的实践对各民族和国家的政治、经济、文化、教育的现代化发展意义是深刻而又重大的。政治制度现代化发展,需要制度中人的现代化觉悟、人的现代政治素质——公民素质加以认同和支持,否则,制度就会出现反复或扭曲。威尔·杜兰特说:"有什么样的公民,就有什么样的国家。因此,我们只能指望素质优良的人,才能有素质优良的国家","一个人如果试图改变社会制度而不同时改变人的本性,那么,未改变的人性很快就会使那被改变了的制度卷土重来。这就是那个古老的恶性循环;人建立了制度,制度造就了人。"[①]关于人的现代化与政治现代化发展,英格尔斯有以下论述:

---

① (美)威尔·杜兰特.探索的思想[M].武国强,周兴亚,等译.北京:文化艺术出版社,1991:28,259.

政治伦理学

"如果一个国家的人民缺乏一种能赋予这些制度以真实生命力的广泛的现代心理基础,如果执行和运用着这些现代制度的人,自身还没有从心理、思想、态度和行为方式上都经历一个向现代化的转变,失败和畸形发展的悲剧结局是不可避免的。再完美的现代制度和管理方式,再先进的技术工艺,也会在一群传统人的手中变成废纸一堆。"①

英格尔斯从人的心理、观念以及文化方面考察人对制度的适应性问题,提出人的现代化主题。人与政治,人的现代化与政治的现代化,根本来说,是一致的。但对于现代化转型的社会和国家来说,却并不总显得那么协调一致。往往是某些制度环节改革先行,但人的总体素质、文化价值观念、习惯习俗在现实的政治生活实践中又很难与制度变迁要求相协调和适应。最终导致制度运行的结果,就是要么空悬、要么扭曲变形来适应人的习惯。从伦理价值角度看,则是一个制度伦理价值的主体性认同问题。因此,作为政治行为主体——公民的政治伦理问题就显得更加突出了。

一、公民身份和公民地位

公民政治伦理的存在论基础对公民身份与公民地位的自觉认知,是公民意识的核心内容。没有公民意识,公民伦理就无从谈起。

公民的产生与城市国家的产生和发展有着密切的关系。一般说来没有国家、没有法律一定没有公民,但是有国家、有法律,也不一定有公民。公民的身份和地位一般是由一个国家宪法的形式加以确认的。就公民身份而言,在古希腊城邦国家里,公民身份有着一系列如性别、年龄、地域和阶级的限制,妇女没有政治权利,未成年人不是公民、外邦人不是本邦公民、奴隶只是会说话的工具。在古希腊,公民只是城邦居民的一个享有特权的群体,亚里士多德将他们界定为"有权参加议事和审判职能的人"。是否拥有参与公共事务的权利被视为判断一个人是否具备公民身份的根本标志。随着欧洲社会城市的复兴,一种有别于封建贵族或农奴的市民生活逐渐兴起,城市市民以其独立的精神气质,自治自主、讲契约守规则的社会性交往活动日益频繁。随着城市市民平等意识、权利意识的普遍觉醒,近代民族国家出现了。于是,在政治公共生活中,需要将以保护个人权利为核心的价值观念制度化,运用国家法律的方式加以固定下来。被法律赋予权利和义务的市民成了近代社会第一批获得公民身

---

① (美)阿历克斯·英格尔斯等.人的现代化——心理·思想·态度·行为[M].殷陆君,译.成都:四川人民出版社,1985:4.

份与地位的人。

公民身份是一种成员地位，它包含了一系列的权利、义务和责任。这种成员地位意指平等、正义和自主。"现代公民身份通常被界定为由一系列为民族国家所有合法成员平等享有的普遍权利（即对国家的合法要求权）和义务构成的个人身份。"①它体现为两种认同：一是公民权利范畴所带来的认同，二是文化民族的归属感的认同。它也投射为两种不同类型的国家范畴，即公民国家与民族国家。

在现代社会，公民既是一个政治概念，同时也是一个法律概念。其一是共和主义的公民概念："所谓公民就是凡得参加政治事务、司法事务、社会公共事务和统治机构的人们在政治层面上有着自主权利并平等参政的社会共同体成员。"②此概念强调公民的共同体公共性获得前提，以及义务权利。其二是自由主义公民概念："自由主义认为，公民的地位是由主体权利确定的，而主体权利是公民面对国家和其他公民所固有的。作为主体权利的承担者，公民受国家的保护，只要他们在法律范围内追求自己的私人利益，就不受国家的非法干预。"③共和主义强调公民概念的公共性和共同体善，自由主义则侧重公民概念的个体主体性权利。但两者都强调公民的政治主体性责任和义务。从法律制度层面看，公民就是具有一国国籍，并依据该国宪法和法律规定，享有权利和承担义务的人。

从公民地位而言，在现代公民政治生活中，不是国家权力本位、公民义务本位，而是公民之"权利＋义务"为本位。对政治国家来说，国家义务在于保障公民基本权利——即人的尊严以及每个人个性与潜能之自由全面发展权利的实现。对公民自身来说，则是国家根本大法规定的公民权利和义务的运用。公民权利有主动和被动或积极和消极之分：一种是直接规定了公民具有参与政治等一系列积极主动的权利，使人们可以主动直接走上政治舞台参与公共事务管理，如公民选举权利；另一种是禁止他人或是政府的一些不当侵权行为，具有明显的防御性、被动性特点，如公民财产权利。这两个方面相互支持，共同体现出公民在现代政治生活中的主人地位以及政治权力的主权在民的现代国体本质。

---

① 苏国助，刘小枫.社会理论的政治分化[C].上海：上海三联书店，2005：623.
② 周国文.公民伦理观的历史源流[M].北京：中央编译出版社，2008：6.
③ （德）于尔根·哈贝马斯.包容他者[M].曹卫东，译.上海：上海人民出版社，2002：280.

二、公民意识

公民意识是公民政治伦理的认识论前提。公民可以说是一个在法律上被规定的政治概念，但是，人们在成为公民的时候，往往因为个人的生长环境、生活阅历以及喜恶偏好，对自己和他者公民权利义务的认知程度是不相同的。所谓公民意识，是指公民对自身公民身份的认知，以及自身在国家政治生活中地位和作用的认知，是公民以宪法与法律规定的基本权利与义务为依据，对自身政治主体性的一种意识自觉和理性认知。公民意识是现代人社会意识的最重要形式，是民主政治的支撑，也是现代社会理性秩序形成的基本社会心理和社会意识基础，成为公民政治伦理的认识论前提。公民意识大体可分为主体意识和公共意识两个基本类别。其具体内容：公民个性、自由、创造性、自我意识、社会参与意识、批判精神等公民规定性。公民自身不仅是自然界的主人，也是自身与社会、与国家结合的主人。

（一）公民主体意识

公民是构成公民社会的基本单位，这与传统社会家庭是社会组成的基本单位不同，公民具有主体性的特点。是否具有能动的主体意识，是判断一个人是否从臣民的依附性角色中解脱出来，自觉成为国家政治生活中的能动主体的标志之一。公民主体意识表现为公民在公共生活中，能够知晓自身所拥有的各项权利，并且能够自觉排除各种外界干扰，在自己独立理性判断的基础上主动参与政治过程，独立自主地进行个人选择，参与国家公共事务决策。是否具有主体意识是是否具有现代公民意识的重要标志之一。

公民主体意识体现在以下几个方面：

1. 权利意识

公民依法享有法律规定的所有正当资格，这些权利不受任何非法限制和侵犯。具有公民意识，意味着一个公民对自己合法权利有全面认识和正确的理解，并能善于运用这些权利追求和维护自己的正当合法权益。权利意识是公民意识的核心。

2. 自由意识

自由权利指公民在法律规定的权利范围内可以自由地选择，公民也可以自由地选择行使某些权利或是放弃某些权利。公民要对自己选择行为产生的结果负责。在现代社会，公民对其自由权的行使也是有条件的，应以不损害其他公民的正当权益、不损害公共利益和国家利益为前提，这些构成了公民自由活动的合法领域。相对于传统社会，现代社会之所以充满活力、创造力、创新力,根源在于个性自由。穆勒说:"如果个性的自由发展被认为是福祉的一个主要要素,那么它不仅是和被称为文明、教化、教育、文化等一切东西并列的一个要素,而且它自身就是所有这些要素中的一个必要部分和必要条件。"①

3. 平等意识

法律赋予每个人平等的权利,每个人权利的内涵和外延都是一样的。每个公民都是独立的价值主体,每个社会成员拥有平等的人格,都应受到无歧视的对待。平等也意味着对别人的宽容、包容。公民在追求自己权利的时候,不能滥用自己的权利侵犯其他公民的权利。这是现代公民平等意识的实质。

4. 参与意识

与传统社会臣民的臣服、古代公民高权利与高义务的均衡不同,现代政治社会公民应是一个社会公共事务的积极参与者,而非被动的接受者或臣服者。宪法和法律赋予了人们参与公共事务的正当权利;公民对于个人或是所属群体的利益捍卫促使他们更加关心政治;现代信息社会的发展,公民可便捷获得各种信息,改变了传统社会信息不对称的状况,政治公开性透明度大大提高了。

(二) 公民公共意识

现代政治社会是公民的集合体。公民不仅应具有个人主体性,更应该具有公共性。公共性在本质上是私人性的理性延伸,反映出公民对自身所承担义务的理性认识和自觉程度,意味着公民对自己、他人和社会的责任。公民的公共意识主要体现在以下几点:其一,法律意识。公民的权利是由国家法律所赋予的,公民对权利的获得和保持就意味着对法律的忠诚和信仰。其二,责任意识。自由选择,意味着自我负责。权利的获得意味着义务的履行。要求公民比以往任何时候都应具有责任意识。公民在社会生活中,要对别人、对社会、对国家负责。其三,协商意识。现代社会是一个理性多元社会。现代人有着比传统社会的人拥有更多的价值诉求,各种利益关系交织在一起。公民只有在尊重别人正当权利的基础之上的,彼此沟通、协商,才能达成共识而解决冲突。其四,公德意识。社会公德是全体公民在社会交往和公共生活中应该遵循的行为准则,涵盖了人与人、人与社会、人与自然之间的关系。国家和社会共同体的持续发展,需要公民具有良好的公德意识,如诚实、守信、爱护公物、尊老爱幼等公德,这些是任何社会公民所具有的最基本公共行为规范。

---

① (美)阿皮亚. 认同伦理学[M]. 张容南,译. 南京:译林出版社,2013:15.

三、公民伦理的基本内容和特征

从伦理学层面看,公民观念必须在人的道德自主性中找到根据。自主是对自我的尊重,是道德责任感与义务感的来源,也是个体作为社会共同体成员的角色确认。公民伦理就是研究公民在政治参与活动及调节人与公共权力、人与人的人际政治关系中所应遵循的道德规范与准则。

（一）公民伦理基本内容

1. 理性

主要指公共理性,体现为在公共领域里起作用的理性。公民理性不仅要根据该国的法律规范承担义务和享有相应权利,更要在政治实践活动中保持理性客观的态度,积极运用理性思维方式方法,正确判断公共领域公共信息,表达自己合理的观点和诉求。不轻信,不盲动,不听信谣言,不盲目传播流言,对任何事情、事物的评判均坚持事实的前提,保持客观的态度。罗尔斯称之为公民的政治合作的公民美德。公民美德,源自原初状态中塑造的公共理性,包括"宽容以及愿意与他人妥协的美德,合情理性以及公平感的美德"等,它们是社会的"政治资本"。

2. 责任

公民是在承担责任的过程中逐渐走向成熟的。承担责任正是公民自我价值和社会价值的实现的表现。责任公民的培养是现代社会的必然诉求。责任公民在参与政治时,不仅要对他人负责,履行对他人和社会的责任,还要履行对环境等问题的责任。随着科学技术的发展,一个社会的公共问题、人类自身发展的问题越来越新、越来越多、越来越复杂,现代公民应承担更多的伦理责任。

3. 守法

现代公民社会是一个法治社会,实现法治的标志在于法律是否依据公民普遍意志来制定,是不是能切实体现和维护公民的意志和利益。因为法律只有得到公民的认同,并转化为其内在的行为规则使得公民去自觉遵守和维护时,法律的内在价值和社会价值才能充分实现。知法、懂法、守法,是现代公民伦理的基本要求。

4. 爱国

爱国即为热爱自己的祖国,体现为对保障自我权利的国家政治共同体的认同和支持。公民的身份、权利和地位,是通过法律的形式加以确认的,而法律权威来源于政治国家的至高无上的强制力。爱国是现代公民伦理的重要内涵。

总之,理性公民、责任公民、守法公民、爱国公民构成了公民伦理的基本内容,体现出现代公民社会发展对现代公民的道德要求,彰显出公民之"善"的现实基本内容。

(二) 公民伦理基本特征

公民伦理具有互主体性。尽管现代公民作为政治伦理主体被法律所界定的身份不同,扮演的角色不同,其身上所承担的义务也就不同。但政治共同体建立基础是普遍的个人权利的基础。普遍的个人权利,意味着每一个人权利和义务在法律面前一律平等,每一个个人不是单独个体的存在,而是具有社会普遍的正式成员身份的公民,参与到政治共同体的政治生活中的。每一个主体的尊严、权利义务都应得到其他主体的同等的尊重。在此意义上,我国有学者认为:"公民伦理就是我们在公共生活中可以相互提出的那些有效性要求,即每个人对于他人的恰当的尊重态度和出于这种态度的恰当的行为习惯。"① 个人的自主性并不能通过个人自身获得,而是在于同等身份地位的其他普遍性主体的交往、协商、对话的关系中获得的。因此,这种主体特性带有交互主体的特性。政治生活中的宽容、妥协才能达成。因此,公民只有在承认其他人尊严、理念、价值观、权利的前提下,才能实现自我的权利、价值以及自由的行动,才能克服不平等、不公正。

公民伦理具有底线性。公民伦理是以权利与义务的统一为基础,以合法性为底线的。它是对所有公民在公共政治领域中的最低伦理的普遍性一般性要求。托克维尔对当时美国公民品德的理解是"正确理解的自我利益"。他认为,所谓"正确理解的自我利益",其实就是被公共理性启蒙了的自利。根本来说任何自利,不是无私利他,不是一个"崇高的"原则,但它却是很"清楚明确"。公民美德的目的并不在于让所有公民达到个人私德中美德——人性崇高、人类最高境界的道德理想,而在于适合时代对人在公共领域中最起码的规约需要,因为它切合"人的弱点"。因此,这种美德规范对公共领域中所有人是适中的、有效的、可行的,因而能对人产生巨大效能和影响。他看到"只靠这个原则还不足以养成有德的人,但它可使大批公民循规蹈矩、自我克制、温和稳健、深谋远虑和严于律己。它虽然不是直接让人依靠意志去修德,但能让人比较容易地依靠习惯走上修德的道路",它"一旦完

---

① 廖申白.公民伦理与儒家伦理[J].哲学研究,2001,(11).

全支配道德世界，无疑不会出现太多的惊天动地的德行。但……怙恶不悛的歹行也将极其稀少……就某个人来说，这个原则使他们下降了；但就整体来看，它却使整体向上了"①。公民伦理是一种面对社会全体公民的立足人性现实、社会现实的规范，总体看，可防止社会政体道德水平的堕落，有助于社会整体道德水平的提高的。

第三节 公民政治参与伦理

巴伯说："公民不是与生俱来的，而是在自由的国家中实施公民教育和政治参与的结果"。② 阿尔蒙德说："如果说现代世界上正在进行一场革命的话，我们或许可以把这场革命称作'参与革命'"。③ 现代民主政治发展的过程同时也是政治参与不断扩大的过程，一个国家公民的政治参与程度和水平越高，这个国家的政治发展程度也就越高。在某种程度上，政治参与已经成为衡量一国政治发展程度的一个重要指标。亨廷顿和纳尔逊将政治参与定义为平民试图影响政府决策的行为。④ 政治参与就是一个国家的公民和公民团体影响政府活动的政治行为。政治参与也是一种政治文化和伦理行为、政治伦理价值实现行为。

一、政治参与的伦理价值向度

（一）内在价值：政治参与中民主价值内在需要

政治参与作为一种政治现象始终是与民主政治紧密联系在一起的。人类政治发展的实践表明，政治参与是民主政治体系内的一个重要构成要素，没有参与谈不上民主。政治参与"作为目的是善的"，或者说政治参与本身是一种善，因为政治参与具有内在价值。在现代化进程中，政治参与构成了政治现代化的重要内容，同时也是政治现代化的主要动力。这意味着政治威权的合法性不是来自上帝神谕，而是来自世俗的人民意志。进而言之，人民有权参与政

---

① （法）托克维尔. 论美国的民主（下）[M]. 董果良，译. 北京：商务印书馆，1988：653-654.
② （美）本杰明·巴伯. 强势民主[M]. 彭斌，吴润洲，译. 长春：吉林人民出版社，2006：8.
③ （美）加布里埃尔·A·阿尔蒙德，鲍威尔. 比较政治学[M]. 上海：上海译文出版社，1987：60.
④ （美）塞缪尔·亨廷顿，琼·纳尔逊. 难以抉择——发展中国家的政治参与[M]. 北京：华夏出版社，1989：69.

治,行使当家做主的权利。人民不是超脱于政治体系之外的。现代民主价值的内在价值通过自主、自由、平等、理性的博爱孕育出现代公共精神。科恩说:"任何尊重并珍视康德所谓'道德的最高原则'——意志自主——的人会发现民主内在的价值。只有在民主政体中,而不是在任何其他政体中,这一原则才得到明确而且充分的体现","博爱是社会的知觉,是成员对他们根本的共同事业的承认。三者之中,民主是在最深的层次需要它,它提供了范围,在这个范围内,平等可以得到承认,自由可以得到保护。因此,在这三个目标之中,博爱应得到暂时的、逻辑上必然的优先考虑。如果社会不承认自己是可以试行并实现自治的实体,根本就不会出现自治。博爱创立了民主社会,如平等表示它的特性那样,自由则予以保护。"①公共精神本质上就是公民的一种参与精神,在现代政治生活中,公民是公共事务的积极参与者,参与意识是公民公共精神最直接的体现。公民政治参与体现了公民对公共事务的关注和对公共利益的维护和追求,通过参与实现个人、社会和国家之间的良性互动,培养了公民素养和情操。

(二)工具价值:公民权利和利益博弈的需要

任何社会中任何单独个体的利益其实由多维度的具体利益构成,主要包括经济利益、政治利益、文化利益和社会利益等。在政治参与中,参与主体为了实现自身利益的最大化,必然会面临着一个利益取舍问题,而取舍中抉择过程则意味着在公共关系中与多个主体在多项具体利益中展开博弈过程。随着国家与社会之间的良性发展,不同主体之间,诸如中央政府与地方政府之间、民众与政府之间、不同社会阶层之间等在政治参与中必然会展开利益博弈。国家与社会的互动发展,市场和社会的利益博弈,多元主体的社会利益结构,决定着现代社会是一个利益分化和利益博弈共生共在的政治参与时代。民主政治伦理中的妥协、宽容、对话、协商等原则规范,只有在参与行动中得到体现。而在专制主义文化下,指向政府及其公共政策的政治参与则是很难做到的,正如托克维尔所言:"专制者不会请被统治者来帮助他治理国家,只要被统治者不想染指国家的领导工作,他就心满意足了。"②

(三)法治价值:现代公共领域公共理性表达的需要

作为法治的根本特征,公民的参与必然越来越显示其决定性的因素。哈

---

① (美)卡尔·科恩.论民主[M].聂崇信,朱秀贤,译.北京:商务印书馆,1988:274,279.
② (法)托克维尔.论美国的民主[M].董果良,译.北京:商务印书馆,1993:625.

贝马斯说:"如果说人民的参与在政治上成为法治的一个突出特征,反之则可以说,人民的参与就是法治。这样,法治就意味着人民的参与或人民的最终统治","虽然立法被设想为一种'权力',但它应当是理性协议的结果,而不是政治意志的产物。"①国家的宪法和法律成为各种阶级、阶层和利益集团在对等条件下有序博弈的结果。在遵循公平、公正的秩序和原则的情况下,各方相互"妥协"的结果。"公共领域的成败始终都离不开普遍开放的原则。把某个特殊集团完全排除在外的公共领域不仅是不完整的,而且根本就不算是公共领域。"②所有公共道德人格的人,都应该属于该公共领域。而公共领域的公共理性精神使得公共领域的发展与现代法治本身呈现一个互为表达、互相共生的过程。

(四)生态价值:公民未来利益需要

政治参与主体在政治活动中的主体地位主要表现为公民成为主权人、未来人获得道德关怀以及自然获得内在价值。政治参与的主体不仅包括当代人,如公民、政府、利益集团(企业、NGO 以及其他社会组织),而且还应以人类对自然和生态环境的尊重、当代人对未来人生存和发展空间的道德关怀的形式将自然和未来人纳入主体的范畴。民主制度的公共理性发展迫使人们将用道德的眼光思考自身未来以及未来人利益和整体利益。未来人虽然不拥有权力,但作为当代人的延续,未来人仍是道德的主体,其利益应该被平等地对待。对未来人的道德关怀,实质上就是对人类自身主体地位的肯定。生态价值的政治参与,使得无权者感到有价值的尊严,让环境具有内在的价值,让未来人享有道德关怀,成为可能和必要。

(五)美德价值:公民自发行为的需要

公民政治道德素质的提高是其政治参与水平提高的关键之一。一般而言,公民的政治参与素质取决于公民教育,而且随着经济社会发展及公民教育水平的提高,公民政治参与会越来越理性化,越来越具有公共精神。古代柏拉图认为国家公民应具备智慧、勇敢、节制和正义四美德。自由多元论者盖尔斯顿认为公民应该具有以下四种美德:一般品德、社会品德、经济品德和政治品德。其中一般品德包括勇气和诚信等美德;社会品德包括思想的独立和人格的自由;经济品德,包括遵守一定的职业道德,能够靠自己的能

---

① (德)哈贝马斯.公共领域的结构转型[M].刘北城,等译.上海:学林出版社,1999:91-92.
② (德)哈贝马斯.公共领域的结构转型[M].刘北城,等译.上海:学林出版社,1999:94.

力来满足自己的要求,并能适应经济社会的变化;政治品德,包括辨明尊重他人的权利,并有从事公共讨论的意愿,能积极地参与政治讨论,关注公共事务,对所处的政治环境有很好的认识。公民的基本美德就是要做一个按照责任伦理规范行事,在自己的身份角色位置上实现自己的价值,做一个"热心政治"的人。

二、公民政治参与的伦理问题

(一) 政治参与私域化

在某些领域中有的公民个体、社会组织或特殊利益集团等出于维护和实现自身特殊利益的需要,将公共权力私人化,公共身份私域化,特殊利益公共化,出现了政治参与私域化的现象。政治参与私域化本质是个人或群体的具体好恶、具体利益等凌驾于公共利益之上。政治参与往往成为社会精英或既得利益者之间展示各自风采的博弈舞台,力图使公共政策朝着有利于自身个体利益最大化的方向发展,进而影响或左右着政策的公共性,把公共意志进行了巧妙转化或涂改,这问题常常出现在社会转型时期,由国家主体性能力缺失、转型机制机能失调导致的。

(二) 公民参与冷漠

这问题被阿尔蒙德称为"臣民型与参与型"混合的政治文化。在这种政治文化氛围中,公民表现出极大的参与冷漠,既是被动员参与,也是较低层面的参与,似乎一切都是形式,对公共决策不具实际影响力。就公民角色的角度,公民基于个人理性考虑,更倾向于选择让别人替代其行使公民资格的职责,而自己却充当一个安稳的"搭便车者",不愿承担"看门人"之外的更多责任。他们缺乏基本的权利、责任、平等和法治意识,对于公民参与表现出极度的冷漠。

(三) 公民资格匮乏

公民参与的逻辑起点是公民资格,缺乏积极公民资格的"公民参与"对公共治理都无济于事甚或有害。积极公民资格要求具备对公共权利和义务的感受能力,这实际上是一种公共责任意识。公民资格严重匮乏的公民参与大多是盲目而无知的,对公共责任的感知根本无法谈及,他们消极地参与危及自身利益的公共事务。或许就个人而言这种现象是正常的,但是,对公共治理的持续发展来说却是一种不利现象。

(四) 公民参与能力限制

民主需要公民的积极参与,但它需要的是具有公共理性的积极参与。霍尔巴赫认为，如果说那些统治人的人能够滥用的只有权力，那么当人民不再受理性或自己的真正利益支配的时候，他们能够使用的就只有任意的自由。在公民政治参与过程中，公民们参与的都是公共事务。公共事务的公共性要求每个参与者不仅享有这种参与的权利，而且应当承担相应的义务，其基本要求就是不能违背公共伦理和道德。在缺少公共理性和参与能力的情况下，公民在政治参与的集体行动中就很容易导致集体非理性情况的出现。

（五）匿名投票的伦理悖论

匿名投票是公民政治参与中的一种秘密状况，它使得个体公民在投票情境中的政治偏好、政治意愿或政治选择等不为他人所知，因此，其隐私性或私密性是不言而喻的。匿名投票在于它可以有效地维护或实现公民政治上的真正自由，从而确保投票的结果是公民政治上的自由意志的真实体现。悉尼·胡克在解说"自由地表示同意"时指出，这意味着不用直接或间接的强制，来影响被统治者表明他们的批准或不批准。直接的强制"如在刺刀尖下举行的一种公民投票或选举，或只能投'赞成'票，或不准有反对派候选人的投票或选举，显然就说明不是自由地表示同意的。这些只是对民主理想最粗暴的侵犯，……"。而间接的强制则指"有一些比较不显著而同样有效的方式来强制地影响同意的表示。例如剥夺被统治者的工作或生活手段的一种威胁，如果为有权这样干的一个集团所作出的话，那就会挖了民主的墙脚，即使民主的名义还保留下来也是一样"。① 无论是直接强制还是间接强制，其结果都会对公民在投票过程中的自由意志产生不道德的负面制约，因而都有损于自由的道德价值。因此，在存在着对公民的直接强制或间接强制的投票情境中，为了确保自由的价值，可供选择的有效途径就是秘密投票或匿名投票。在政治公共领域，在直接强制或间接强制的公开投票情境中，公民都可能因受到威胁而不得不对强权或强势投出赞成票，这样的投票结果满足的是少数强人或强势集团的利益，不可能满足与大多数公民相关的公共利益。在政治公共领域中，公民的投票因为可能"遭到报复"或可能"遭到任何严厉的惩罚"，而匿名投票又使得公民可能免于这些报复或惩罚，从而保障公民政治上的自由，匿名投票因此而可以获得伦理辩护。

匿名投票虽因其匿名而可以有效规避来自少数人的强制，但却也因匿名之避开公共监督而可能使得投票者仅依据各自的利益偏好投票。尽管匿名投

---

① （美）悉尼·胡克.理性、社会神话和民主[M].金克,徐崇温,译.上海：上海人民出版社,1965：285-286.

票中众多投票者的各自利益偏好可能优于少数强权者的私利偏好,但并不能排除在缺乏公共监督的情况下无法达成公共理性以至偏离公共利益目标的可能性。密尔曾经认为秘密投票对于保护投票者免于恐吓和强迫是必要的,但后来他又说:"人们在秘密的情况下比在公开的情况下……更容易作不公正公民的政治参与:自治与隐私的或不正当的投票。"①

三、公民政治参与的伦理教育

公民伦理教育是执政党和国家培育公共理性的一个重要路径选择。公民伦理教育始于法国。法国于1882年率先开设了"公民训导"课。到19世纪末,德国教育家凯兴斯泰纳从理论上论证了"公民教育"的思想,德国政府于1918年以宪法形式保障公民教育的实施。此后,培养合格的公民就逐渐成为世界上许多国家的教育目标。

(一) 公共理性的精神教育

公共理性是独立的自由和平等的公民的理性。一方面需要注重对本国的优秀文化传统和价值观念的解释和弘扬,以获得公民对本国政治文化对政体的情感支持。从小培育儿童和公民公共协商意识。在班集体中、在团队和团体公共生活中培养所有学生自觉参与公共生活的公共责任和公共理性意识。就公共利益问题能进行自由表达、平等对话、讨论和协商公共决策,超越传统单向度、片面、极端的教育低效模式。极端、激进、片面的集体主义、极端国家主义、民族主义教育往往形成非黑即白单向极端思维。

(二) 现代公民人格的培养

公民人格意味着公民人格的独立与完善,是公民摆脱异己力量束缚和奴役的象征。它是在私人领域的私人事务自我决定、自我负责、自我承担,在公共领域的公共事务共同决定这一道德属性的体现。马克思关于人的发展形态认为"人格"有三个历史形态:自然化依附型人格、物化独立型人格、全面发展自由型人格。马克思强调"有生命的个人的存在"是"人类历史的第一个前提","人们的社会历史始终只是他们的个体发展历史,而不管他们是否意识到这一点"。②"人格是个人的,但只有对他人、对社会而言才谈得上是个人的,

---

① (美)阿米·古特曼,丹尼斯·汤普森.民主与分歧[M].杨立峰,等译.北京:东方出版社2007:112.
② 马克思,恩格斯.马克思恩格斯选集(第四卷)[M].北京:人民出版社,1995:532.

这就是人格的'社会特质'的意义。"[1]人的社会性寓于现实个人及其个性之中。公共理性是自由而平等的公民的理性,它运作的起点和基础就是彼此之间对这种关系的体认。承认公民之间的这种关系,也就意味着每个公民都应当有独立思考的气质而不应当盲从于其他公民的观点和学说。参与伦理的教育应当加强对社会主义自由和平等的理念的宣传,使公民能够正确地体认它们所对公共生活和民主政治建设的重要价值,并通过实践和反思建立与之相适应的公平正义观念。

（三）弘扬相互尊重和宽容精神,增强公民的沟通能力和达成合作的能力

尊重和宽容要求是公共理性的必然要求。相互尊重和宽容是一个民主国家的公民所必须具备的素质,缺少这种心理气质公民不可能运用公共理性来解决他们的分歧和其他重要问题。同样,公民不仅要具有一种相互尊重并且与其他公民合作的意愿,还应当具备相应的沟通能力和达成合作的能力。一个利益多元化的社会中不可能没有冲突的存在,关键在于怎样选择解决冲突的手段,运用协商、谈判、对话、讨价还价等和平方式解决纷争则更为可取。宽容与妥协并不是对冲突进行简单的压制和禁止,而是鼓励冲突各方放弃非理性对抗和暴力,实行彼此让步,进而能达成谅解和共识。

（四）公民教育必须坚持淡化灌输、强化开放启发的教育方式

这种教育方式不是"我在课上讲给你听,你背我的结论,考完试再还给我",而是启发和鼓励受教者通过自己的生活实践练就分析批判的思考方法,提高主体认知能力,并在这个过程中趋向自身道德的成熟。它通过引导公民在实践中学会分析、学会选择,不断地发展他们的理性能力和道德能力。教育是最重要的方式,通过教育,可以传授政治参与的技巧,教给人们获取政治知识的方法,了解政治的基本制度和原则,形成正确的政治态度和政治心理。当然教育不是万能的,"教育可能产生与政治参与相关的知识和技巧,但它不能传授基本的政治态度,……开发其他的政治化途径,是补充教育不足的替代办法"。[2] 积极推动公民参与政治实践,通过政治实践,公民不仅了解了政治的实际运行机制,而且学到了实用的政治技巧、政治责任。

我国已经基本建立了有利于公民政治参与的政治制度,如全国人民代表大会制、中国共产党领导的多党合作制、信访制、基层群众自治等参政形式,并

---

[1] 邓晓芒.再辨"人格"之义——答徐少锦先生[J].江海学刊,1995,(6).
[2] 毛寿龙.政治社会学[M].北京:中国社会科学出版社,2001:123.

且也发展了其他一些新的参政制度,如听证会制度、旁听制度等,这些举措无疑推进了我国的公民有序政治参与。但是,在加强基本制度性建设的同时,应重视操作性、细节性参政制度的建设,如公民如何参政,手段和依凭的工具如何,参政的程序、步骤怎样等。因此,加快制度创新,完善参与机制,探索政治参与的新形式,对现代政治的发展有着重要的意义。

思考与探讨题

1. 如何理解政治认同与政治伦理价值认同的关系?
2. 公共理性对政治伦理价值认同有何意义?
3. 政治伦理价值认同与公民政治参与有何关系?
4. 试论析公开投票和匿名投票的伦理特性。
5. 试论析社会主义核心价值观与公民伦理的关系。
6. 阅读下面材料,试结合政治自由权利观点,从公民政治伦理角度讨论公民政治参与与政治领导人政治美德的关系。

"总而言之,参与式民主又一次提出了政治哲学中的古老问题,即谁应该制订政策?由政府的哪一级机构制订?制订什么样的政策?其对象应该是多大的社会单位?这些问题没有明确的答案。但是紧张局势却存在着,而且将要恶化。

从修昔底德到马基雅维里,面世的政治指南书不胜枚举。从这些书中我们得知,判断一个社会能否解决它所面临的问题的依据是:它的领导层的质量和它的人民的品质。虽然我们注重社会力量,但是只有白痴(例如某些像乔治·普列汉诺夫那样的马克思主义者)才会说个人不重要,才会说历史造就出适应于时势的领导人。西德尼·胡克在《历史上的英雄》中指出,既有经历了多次事变的人,也有'造时势的人'。而造时势的人是可以在历史上创造转折点的。一九一七年十月,布尔什维克的力量取得了胜利,这正是由于列宁不可动摇的意志和善于选择时机的意识起了决定作用。在一个不同的场合下,也正是由于沙尔·戴高乐的权威力量才解除了一九五八年法国军队在阿尔及利亚篡夺权力的威胁,当时若是换上居伊·摩勒,他肯定是会动摇的。所以,未来十年的领导层的质量将是一个无法估计的然而又是关键的可变因素。"(〔美〕丹尼尔·贝尔:《资本主义文化矛盾》,赵一凡等译。生活·读者·新知三联书店,1989年版,第259页)

7. 做一次以校园公民伦理教育为主题的调查活动或演讲活动。

第九章 政治发展伦理

> **本章提要**
>
> 政治发展伦理主要是以发展的理念审视政治转型、变迁等现代化发展过程中出现的政治问题及其伦理评价。政治发展是一个价值和意义概念。优良的政治发展伦理应积极致力于反思、省察、审视并积极构建合伦理性与合法性的政治发展行动和实践。政治发展就是秩序、制度、人三者协调发展。政治革命究其实质,是指对政治制度进行变革,且革命的结果应当建立保障人的基本权利、保障人在不损害他人利益基础上自由选择幸福生活的法律和制度。现代革命伦理的制度化是宪法法治。改革伦理需要讨论政治秩序何以能够或如何能够成为良善的可以持续的政治秩序。政治改革伦理的基本原则:保证权力的合法性,守护政治基本权利底线;人民权益是最核心的价值基础;改革正义是改革伦理的首要价值。

20世纪50年代以来以发展问题为核心的系列新的学科开始陆续诞生。起初以罗马俱乐部为代表的一些学者对人类因发展而造成的气候、环境、资源的困境表示了深深的忧虑。他们对狂热经济增长的批判,对环境、资源、人口、全球贫困、世界经济旧秩序、人的异化和唯物质主义倾向等问题进行理性的审

本章知识结构图

视,主张应将社会的综合发展、协调发展提到重要位置。随后学术界纷纷提出哲学、人类学、伦理学、经济学、政治学、教育学等领域的发展概念,并运用多学科、跨学科理论模式去解决发展问题,进而催生了发展经济学、发展政治学、发展社会学、发展教育学、发展伦理学、发展哲学等交叉学科。发展政治学主要研究发展中国家的政治发展和经济现代化过程中出现的政治问题,重点研究后发展国家现代化过程中经济发展的政治后果和政治因素对经济发展的影响的学科。政治发展伦理主要以发展的理念审视政治转型、变迁等现代化发展过程中出现的政治问题及其伦理价值评价,其主要研究对象是政治发展行动。从马克思主义关于社会发展理论基本点看,政治发展的主要形式有政治革命和政治改革,相应地,政治发展伦理也应着重从伦理角度考察和审视政治改革和政治革命等重大政治变迁及其带来的伦理问题。德尼·古莱说:"马克思断言,到目前为止我们只证明了史前,他说出了深刻的真理。真正发展的人类历史确实是随着异化的取消而开始的。发展的真正任务正在于:取消经济的、社会的、政治的和技术的一切异化。"① 政治发展伦理的提出及其研究的主旨,不仅在于政治发展的伦理检视,提出伦理问题,更重要的探讨政治发展——政治权力不能游离于人的发展甚至成为人的发展的异己的力量等问题。

第一节 政治发展伦理与人的发展

一、政治发展与政治发展伦理

(一)政治发展的内涵

1966年阿尔蒙德与小鲍威尔合写了《比较政治学:发展的研究方法》一书,正式提出"政治发展"概念。阿尔蒙德曾明确地将政治发展的标准界定为两个方面:政治文化世俗化和政治结构功能分化。② 不仅把政治发展作为主题和基本概念来研究,而且开始将动态的政治发展层面全部纳入其研究内容中。阿尔蒙德认为,作为一个概念,政治发展是政治体制对其社会和国际环境的变化作出的反应,特别是对国家构成、民族构成、政治参与和权力分配等的挑战作出的反应。

起初研究者常常把"政治发展"等同于"政治现代化"。但1965年亨廷顿在《政治发展与政治衰败》一文中认为,"政治发展"与"政治现代化"不是一回事,如果把"政治发展"等同于"政治现代化",就把这个概念的"时间"和"空间"限制起来了,比如,古希腊、古罗马、古代东方国家的"政治发展"问题就无法纳入到这个研究领域中去。再就是,如果"政治发展"等同于"政治现代化",是现代性不断取代传统性的过程,那就难以用它来解释"政治衰败"问题,即现代政治体系向传统政治体系的倒退问题。于是,他从静态的政治制度化和动态的政治参与两个层面来解释政治的稳定性。他在1968年出版的《变化社会中的政治秩序》中提出了这种超越政治现代化理论和政治发展理论的新理论、新方

---

① (美)德尼·古莱. 发展伦理学[M]. 高铦,等译. 北京:社会科学文献出版社,2003:33.
② (美)加布里埃尔. A. 阿尔蒙德,鲍威尔. 比较政治学[M]. 上海:上海译文出版社,1987:22-24.

法,即"组成部分变迁"理论,也成为政治变迁。他认为一个发展的政治体系,其政治制度化与政治参与的程度必高,且能达致平衡状态。反之,未发展的政治体系,其政治制度化与政治参与的程度必低,结果必会导致政治衰退。沿着其思路,福山对政治发展的研究旨趣也在于政治秩序,《政治秩序的起源》《国家构建:21世纪的国家治理与世界秩序》《大分裂:人类本性与社会秩序的重建》《政治秩序与政治衰败》等论著深入人类政治发展长远的历史过程之中,寻求政治秩序得以形成的深层机制。他展示了三种政治秩序:一是古典政治秩序,二是现代政治秩序,三是从古典向现代过渡的政治秩序。他以历史溯源的方式展现了政治秩序兴起的历史原貌。福山认为,构成一个政治秩序的是三种基本类型的制度:国家、法治与问责制的机制。"我相信,在国家、法治和负责制之间取得平衡的政治体系,对所有社会来说,既是可行的,又在道德上都是必需的",①而政治发展就是这三者之间的平衡及其演变。

  陈鸿瑜在其著作中系统总结了西方学者最有代表性的11种观点,但其核心观点基本上都集中于政治结构功能分化、政治系统能力的增强、人民参与水平的提高等。②派伊在《政治发展面面观》一书中,把政治发展的含义概括为以下10种:① 将政治发展为经济发展的先决条件,政治发展对经济发展有决定性的作用;② 政治发展是工业社会典型政治形态的生成过程。工业生活使政治形态出现许多相同之处,因而不管是否实行民主政治,所有工业社会都有一套相同的政治行为模式和施政标准,这就是政治发展的状态;③ 政治发展是政治现代化,而这种现代化又是以西方的政治形式为参照标准的;④ 政治发展是民族国家的运转和建设过程,政治发展首先是一种国家政治制度中的民族主义政治形式;⑤ 政治发展主要是国家行政与法律方面的发展,即现代行政组织、行政秩序与法制的发展;⑥ 政治发展是政治动员与政治参与的过程。政治参与一般是自下而上的,而政治动员则是自上而下的,但两者只要达到了一定的程度,都能达到政治发展的目的;⑦ 政治发展就是建设民主政治;⑧ 政治发展是一种稳定而有序的政治变迁,是一个社会能够理性而有目的的控制政治过程,引导社会变革的方向;⑨ 政治发展是政治系统的能力的提高过程,其中主要是指政治动员和权力行使能力的提高;⑩ 政治发展是多元社会变迁中的一个侧面。③

---

① (美)福山.政治秩序与政治衰败[M].毛俊杰,译.桂林:广西师范大学出版社,2015:31.
② 陈鸿瑜.政治发展理论[M].台北:桂冠图书股份有限公司,1995:24-30.
③ 彭庆军.政治发展进程中的政治平衡问题研究[M].武汉:武汉大学出版社,2010:62.

因此，政治发展概念仅仅从政治学角度理解，意味着各个民族国家在朝向现代化的过程中实现的关于国家基本建构、法律制度、政治责任等方面的政治制度化以适应不断扩大了的政治参与的要求。政治发展可以理解为政治制度体系和政策的变迁过程，也可被理解为达到某个目标的（如政治现代性、民主政治、政党政治等）的政治变革或革命的运动。但问题是这些概念中未能凸显政治发展与人的发展内在关联，也就是说，缺少了人的发展因素和向度。如果我们追问，政治发展本身就一定是好的吗？何为好的政治发展？政治如何发展才是好的政治发展？因此，政治发展其实也是一个价值和意义概念。

（二）政治发展伦理

政治发展伦理是一种对政治发展历程中的政治行动的根本性问题的进行伦理价值的反思与建构，是立足并面向发展的政治生活实践的行动伦理。从其研究对象看是政治变革和根本制度意义的政治革命等政治行动对于社会和人自身发展带来问题和影响的一种伦理关怀意识的具体体现，主要包括政治革命伦理和政治改革伦理。一方面，是对政治发展带给社会与人的伦理问题的反思；另一方面，通过对政治体制、制度本身的发展和变革促使社会的发展能力求降低发展代价（政治动荡、内战等），沿着良善和谐的方向发展。伦理的政治功能在于以一种优良、适宜的政治伦理原则来设计政治制度来规约权力和权利、治理社会，而优良的政治发展伦理应积极致力于反思、省察、审视并积极构建合伦理性与合法性的政治发展行动和实践。

二、政治发展伦理的目的和任务

（一）目的

伦理意义的政治发展是将政治发展视为一种人类社会有理性、有目的、有价值的行动和过程。理性的政治观将人类政治演变历史看作一个从自然到自由、从野蛮到文明、从人治到法治、从由他人作主到由人自己自主的过程。这个过程尽管背后有一种历史必然性的作用，但不能离开特定时代人们的主体目的性的作用。这种目的性成为政治发展的目的、价值的主体性基本特征和根本动力。具体来说，政治发展伦理的目的：合理性的政治发展应该将国家与社会的公共善和公民个体善作为政治发展的伦理目的。前者结果体现公共利益最大化；后者体现为公民个体权利的有效保障。前者表现为国家能力和政治组织能力的政治执行力、权威性强大——善治能力强大；后者体现为公民政治公共道德、集体自由能力的普遍提升。

这取决于政治发展主体——国家、政党和公民(组织)的行动选择过程中个体和群体的意志。发展伦理目的实现需要三类主体基于政治公共领域基本价值和精神,取得共识,三者利益根本上取得一致与调和。

(二)政治发展伦理的任务:为政治现代化提供伦理价值澄明

现代政治的发展意味着传统与现代诸价值理念的冲突与发展。任剑涛认为从现代政治的发展历史和经验看,现代政治所具有的三个基本构成性要素的均衡发展:市场经济、民主政治和宽容文化。"市场经济提供了民主政治的产权支持和物质条件,分权制衡的政治提供了现代的政治制度安排,基于宽容的多元文化提供了现代政治的精神氛围和社会理念。三者的良性互动,才足以形成现代政治的典范形态。"[1]对现代政治而言,三者是缺一不可的,总体发展趋势一致,但就发展历史具体过程和环节看,这三者与其对应面之间(市场经济与非市场经济、民主政治与非民主政治、宽容多元文化与非宽容文化)的冲突,推动着三者呈现动态、开放、充满张力的发展态势。然则,细究起来,现实利益冲突的背后,无一不包含价值理念的冲突和发展。

制度变迁中制度悖论的克服需要价值系统协同发展加以纾解。制度的作用经常被政治现代化研究者看作是实现国家治理体系和治理能力现代化的核心和关键,因而制度建设被认为是推进国家治理体系和治理能力现代化的关键手段。事实上,如果考察制度的实践历史,便可发现,制度的简单复制和移植绝非是轻易可以取得成功的。人们发现在制度行为结果中存在诸多难以避免的自反性要素。制度行为要成为一种集体行动,制度的自我优化势在必行。在制度变迁理论中,制度化问题被直接定义为一个集体行动的问题。集体行动中的制度维度研究大多是从规范性角度展开,不论是等级式的制度设计还是参与式的制度协商,基本是利用其刚性作用规范行为的选择和过程。但在实践中,依然存在诸多集体行动失败的事实。制度论者奥尔森等人提出,一个政治制度理论必须考虑非最优和低效率问题。因为制度的稳定性、确定性、选择性等理性设计,在集体行动实际运作中及其结果往往导致低效或非理性结果。因此,制度成功变迁和发展需要公共理性、制度自身理性、政治认同、非政治制度价值支持等内外部要素协同发展,"制度是公共理性的文本化,也是抑制个人理性的价值手段,因而它应当成为制度建构的前置性条件……通过民主参与和高层认可而形成的政治认同既是制度认同的宏观描述,也是实现路

---

[1] 任剑涛.拜谒诸神——西方政治理论与方法寻踪[M].北京:社会科学文献出版社,2014:313.

径;正式制度和非正式制度是相辅相成的统一体,后者给予前者柔性的力量"。① 其实,集体行动问题是公共选择理论的核心。无非是说,制度行为本质上是一种价值认同行为,而伦理价值共识在其中地位应该绝不可缺失,甚至是贯穿始终的。

政治发展的过程不是线性进步的过程,对非民主制的政治是一个民主化、现代化的质性变迁;但对于民主化政治又同样也将面临着民主后的政治衰败等政治秩序困境。政治秩序的优化是政治发展的永恒主题。福山认为政治发展有三个维度:国家、法治、问责。国家是一个合法(使用暴力)的垄断;法治是一种平衡,限制政府以及这个政府内最有权力的人的权力;问责是要让政府对人民负责。在《政治秩序和政治衰败:从工业革命到民主全球化》中提出了民主化后成功典范国家如美国依然存在政治运转失灵的秩序问题。政治发展进程中政治衰败与政治发展可以说是如影相随的。许多后发展国家渴望成为自由民主国家,却又无法如愿。新型和老牌的民主化国家又面临国民对实质政治功能的期待问题:安全、经济成果共享和不断优化公共服务。国家能力、法治实效与民主负责三种制度功能发挥是否正常、是否均衡、是否能适应变化具有自我修复能力,进而能否让政治发展与政治秩序同步协调,则是一个所有形态政治值得正视的问题。民主目的是要用来解决人民要解决的问题,权力制衡机制是用以防止权力滥用的,政党轮替是用来解决权力交接规范化的制度化的。但这些要素在实践过程中出现了过度化,便会造成"否决政治"、国家能力的衰退等问题。任何一种制度要素的过度化,都会给秩序带来问题。福山说:"普遍的进化可能决定某些制度形式随着时间的推移会涌现出来,但特别进化意味着,没有具体的政治体制会与环境永远保持适应"。但并不是说政治发展方向的,"政治发展的过程有明确的方向性,承认公民平等尊严的负责制政府,具有普遍吸引力。"②福山如同阿伦特一样,看到了政治行为的实践性和复杂性,更强调政府行为的判断力和行动能力,而非受困于他人制定的不适应环境变化的官僚性规则。

现代政治正是在这种理论、模式、观念、行为以及价值论纷争的张力和冲突过程中展开的,从宏观革命叙事到微观集体行动、从启蒙思维理性理念到现实非理性经验抵抗甚至反转、从实践事实到行动价值的确立和选择,不断开放、往返和调适。从根本意义上说,人类是理性、意义的存在。人类政治行为

---

① 金太军,鹿斌.制度建构:走出集体行动困境的反思[J].南京师大学报(社会科学版),2016,(2).
② (美)福山.政治秩序与政治衰败[M].毛俊杰,译.桂林:广西师范大学出版社,2015:499.

无论个体抑或组织群体的政治行动,都应该是追求利益、价值和意义的行为。从传统到现代的政治发展行为需要从应然的价值意义层面即政治发展伦理层面加以观照。这就是政治发展伦理的本然任务。

三、政治发展伦理的基本内容

1. 以国家认同协调政治主体力量均衡发展

现代国家能力强大并不在于最高政治权力、行政权力的万能,也不在于权力的无所不包。而在于国家政治权力结构的合理性,在于国家政治共同体构成系统的有序性,即国家公共理性精神在国家制度建构中内在蕴含,在于对国家、社会、个体三者关系形成系统的生态的均衡发展而形成的系统力量。同时,政治制度的发展应当与经济发展、社会发展、思想观念的发展协调发展。福山说:"成功的现代化还得依靠政治制度、经济增长、社会变化和思想的并行发展……为了启动经济增长,强大的政治制度往往是必须的。"①福山强调的政治制度主要是国家基本制度、法治和民主负责制三个最基本的制度缺一不可,而能够做到这些的,恐怕只有国家认同了。

国家认同就是现代化国家的政治主体对业已确立的合理的政治模式、理念、传统及国家模式的预期效能怀有坚定的意志认同。如一个国家的公民对自己所属国家的历史文化传统、政治伦理价值理念、政治发展模式、政治主权等方面的认同。国家认同是一种重要的政治伦理意识,是维系一国政治体系存在和发展、协调主体利益、动员民众的必要条件。国家认同是一个国家现代化内在强大的伦理软实力。

国家认同缺失,便会导致国家对强制性权力的滥用和单向度依赖,强用政治手段,强制支配公民权利,法治不彰,结果使得政治发展不断向后逆转,直到逆转到专制极权顶点后,无法逆转下去方可停止。但此时,国家强制力极点化同时也是权力私有化、一元化的极点,国家软实力、伦理力降低到最低点,经济和社会发展停滞不进,"将失败或脆弱的国家锁进了冲突、暴力和贫困的恶性循环"②中。

2. 防范政治发展过程中权力异化

权力异化是权力自身不受到制约和规范而导致的权力自利化、偏离权力公共性的本性的现象。布坎南认为政府也是理性的经济人,任何公权力都会

---

① (美)福山.政治秩序与政治衰败[M].毛俊杰,译.桂林:广西师范大学出版社,2015:44.
② (美)福山.政治秩序与政治衰败[M].毛俊杰,译.桂林:广西师范大学出版社,2015:44.

追求自己的利益最大化。任何掌握权力的人往往优先考虑的是自己的权力。公权力是极易异化的,因为它占有绝对的资源优势,有以各种"公意"的名义行使权力的机会,权力自身的特点更容易从自身利益立场出发趋利避害。

公共权力又具有强制性的特点。在市场经济发展过程中,公权力在对经济和市场干预中可以创造更多寻租条件,更容易满足权力的私利化要求。权力在市场中寻租的实现,被称为权力的市场化。一些人可以租用权力或社会关系获得某种资格叫权力寻租。但如果有合理的限制和法律规制,人都有向善的可能,权力也有正向的作用。克服权力异化,需要加强伦理制度化建设,以权力制约权力、以法治制约权力、以公民权利制约权力。

3. 保证政治变革和革命的秩序和理性

现代理性政治的政治变革和革命应该尽量防止暴力、流血和无序。暴力、流血和无序不一定会必然带来真正的民主。如果革命结果是长期无序,人民必然又怀念专制。防止无序最主要的就是这个社会具有必要的理性的多元化的组织资源。改革和革命的秩序,来自公平和正义。在改革开始之际,所有人都能得到改革利益。正义不是一个显性问题,但当改革过程进行到一定阶段,就可能出现公正与效率的价值冲突。价值冲突势必带来秩序的紊乱。表面上的效率很难再成为政治与权力合法性的基础,同时,效率也将面临着被正义缺失带来的秩序紊乱所抵消。正义问题显性化。社会的公平正义才是基础。凝聚改革共识,降低改革代价,应该将理性、公平和正义作为改革的基本价值取向。以公平正义为基础的改革又需要尊重权利、规范权力、制约利益集团、建设法治社会。

四、政治发展伦理与人的发展

政治发展在派伊看来,是公民的政治组织化程度和政治参与程度提高的过程。大众普遍参与,才能够为民主的不断发展创造更多的社会资本。在福山看来是国家制度、法治和民主问责制度三大政治制度协调发展,是政治与经济、社会、思想领域的同步发展,是公民平等尊严与负责制的政府制度发展。合而言之,政治发展就是秩序、制度、人的协调发展。三者其实可以统一于伦理价值观念的发展,是贯穿于制度、人以及政治实践活动的政治实践理性的发展。

人的发展离不开善的制度,善的制度又促进人的发展。人的各种能力的发展,形成了一定社会生产力发展前提和条件。社会生产力、经济关系与相应的社会关系系列规则化——制度发生关系。现代政治制度伦理存在着两个方面的基本价值取向:社会的公平正义价值取向和公民组织与个体的权利义务价值取向。它们分别指向理性的、持续协调发展的政治秩序以及不断扩大的公民政治参与。这两点,正是现代政治发展两个根本标准。从制度与人的关系看,体现了公民伦理权利义务责任与社会公正公共理性的有机统一。因此,合乎理性的制度发展必然包含促进人的个性潜能自由发展激励因素,又能体现公平正义秩序理性的双重价值。

因此,制度的建立与选择、安排和运行、变革与创新的根本伦理标准在于:与人的发展的根本目的——人的自由全面发展总目的相一致或符合,形成最大程度的制度认同,即制度应当有利于调动主体的积极性、主动性、创造性,有利于让尽可能多的公民最大程度的政治参与,进而能形成可持续的协调和谐的政治秩序。

第二节 政治革命伦理

一、政治革命伦理的基本特征

(一)革命的概念与实质

"革命"(revolution)源自天文学,拉丁文为"绕转"。革命并非古已有之,它是现代的产物,马克思把它称作"历史助产士",又或"历史火车头"。海伍德认为革命不同于造反和叛乱,因为革命导致根本性的变革,即政治制度的变革,与纯粹的权力更换或政策的变化并不一样。直到启蒙思想家马布里、伏尔泰、达朗贝尔等时代,"革命"一词才被赋予了积极的意义。较早对"革命"词义做出积极解释的是马布里。他说,对于一个民族来说,有比"革命"更坏的事情,就是不自由或被奴役。如果一个民族要在"革命"与"奴役"之间进行选择的话,则宁可选择革命。加缪说:"我反抗,故我们存在。"加缪第一次明确提出政治革命伦理问题。他认为对个人来说,反抗是自由意志的体现;反抗是社会正义的伸张。人类通往自由之路,抑或奴役之路?反抗跨出决定性的一步。勒庞有革命四要素说,即思想观念、领袖、军队和大众,对所有革命来说缺一不可。潘恩在《论人权》中把革命按不同的原则分为两类:"积极革命"和"消极革命"。消极革命旨在逃避或摆脱某种巨大的灾难,所以能够冷静地应对各种问题,谈判、协商、说服,都可以成为斗争的武器,只有对最顽固的敌人才使用暴力。积极革命是要取得巨大的实际利益,所以总是情绪激昂,取激进的状态,从来不懂妥协和退守。亨廷顿多次比较革命的东方类型和西方类型。阿伦特说,革命唯一且向来的理由是自由,革命"这一核心理念就是以自由立国,也就是建立一个政治体,保护自由得以呈现的空间。在现代条件下,立国就是立宪"。①

政治革命究其实质,是指对政治制度进行变革,且革命的结果应当建立保障人的基本权利、保障人在不损害他人利益基础上自由选择幸福生活的法律和制度。

(二) 革命伦理基本特征

1. 现代性

革命伦理最本质的特征,就是它的价值现代性。在传统社会中,政治变迁,表现为大范围的社会动荡、叛乱、起义和王朝的更替。自然政治状态大多依赖暴力的使用,目的只是最高权力的更替,而严格意义的革命则表现为现代的价值体系和政治权力体系的新建构。立足政治现代化研究的亨廷顿,把革命看作是现代化所特有的东西。他指出革命是一种使一个传统社会现代化的手段,而与历史上的叛乱、起义、造反、政变和独立战争有着根本的区别。他认为之所以如此,是因为:革命是对一个社会居主导地位的价值观念和神话,及其政治制度、社会结构、领导体系、政治活动和政策,进行一场急速的、根本性的、暴烈的国内变革。而后者起义或造反,或只改变领导权,可能也改变政策和部分制度,但不改变社会结构和价值观。而一个政治共同体即使是反对外来政治共同体统治的斗争,它也未必在这两个共同体的任何一方引起社会结构方面的根本变更。他非常认同阿伦特观点,现代革命的目的是在于建构自由的政治体制。相比美国革命,法国革命的目标则是在于解决公民的身份、社会平等问题,并没有突出权力运作的个体权利前提性的自由体制建构而是侧重于依赖公民崇高德性的共和主义体制的新建。勒庞说:"对于国民公会的代表来说,'自由'仅仅意味着拥有无限专制的权力;对于一个年轻的现代'知识分子'来说,同样的一个单词就意味着摆脱了那些让人厌恶的东西:传统、法律、高傲等;而对于现代雅各宾主义者来说,自由的意义则主要在于迫害对手的权利。尽管政治演说家们在他们的演讲中现在还不时地提起自由,但他们一般已经不再提博爱了。他们今天要教导我们的不是社会各阶级间的联合,而是他们之间的冲突。社会不同

---

① (美)汉娜·阿伦特.论革命[M].陈周旺,译.南京:译林出版社,2007:108.

阶层之间以及领导它们的政党之间从未像今天这样充满了刻骨的仇恨。自由已经变得疑窦重重,博爱也消失得无影无踪","一度中断的情感与理性之争,由此进入了一个新的阶段;不过,立于不败之地的依然是情感,而不是理性"①。因此,用暴力和变革来描述革命现象都是不够的。但尽管如此,革命及其伦理价值对于现代国家建构的深刻意义在于,它是这些国家从传统向现代化转变过程中,必不可少的环节和条件。由此,才开启了各国政治现代化的过程。这些包括公民身份、个体权利、市场、法治、有限责任政府、现代政治认同、政治参与等现代性政治制度的确立。

2. 人民主体性

现代革命伦理内含着人民主权的意识形态性。人民群众是变革社会制度的决定力量。"任何一场大的革命通常都是由上层人士而不是下层人民引发的。但是,一旦人民挣脱了枷锁,革命的威力属于人民"②。真正意义上的革命,都是以人民的利益和意志为旨归的。任何权力者、政党或集团,如果可以任意剥夺人民的生存权、财产权、选举权和监督权,可以建立并不断扩充其特权,可以无视广大社会的种种不公,即使曾经革命,且经由革命获得一切,结果还是反革命。政治从古代到现代、从专制到民主的转型,在历史上是由资产阶级首先提出并开始探索的,民主的现代政治伦理观念也首先是由资产阶级在其自由、平等、博爱的意识形态中得到最初的表达。但资产阶级的局限性,使民主这一现代政治形式从其伦理价值来说,只具有人民的抽象性,抽离了经济关系的现实性。无产阶级民主政治则在继承资产阶级民主政治积极成果的同时,将它推到一个新的阶段:由个别人或者部分精英人物政治、资本金钱政治,到人民大众掌握最高权力的民主政治的根本性转变。"权为民所有、权为民所用、权为民所谋"的现代社会主义政治伦理价值观,在价值指向与现实正当的意义上,实现了对传统专制政治、资本物权政治的否定,也内含了对资产阶级民主政治的超越。1871 年马克思与美国工人领袖弗里德里希·博尔特的一封信评论了这种革命伦理的政治方向:

"工人阶级开展政治运动最终自然是为了替本阶级夺取政权,这自然需要工人阶级的组织从经济斗争中产生,并达到一定的发展程度。但是另一方面,只要工人阶级作为一个阶级与统治阶级进行对抗,并试图从外部用压力对统治阶级实行强制,任何这样的运动都是政治运动。某个工厂或某个行业试图

---

① (法)勒庞.革命心理学[M].伶德志,译.长春:吉林人民出版社,2004:242.
② (法)勒庞.革命心理学[M].伶德志,译.长春:吉林人民出版社,2004:8.

通过罢工等迫使单个资本家减少工作时间,这是纯粹的经济运动。而强迫颁布八小时工作等法律的运动就是政治运动。这样,从工人零散的经济运动中到处都产生了政治运动,即旨在采用普遍的形式、通过普遍的社会强制力形式来实现本阶级利益的阶级运动。"①

当然,这种彻底的现实性民主最能保证人民主体性的实现,也需要其他相应的要素和条件,如占主体地位的社会所有制经济制度、高度发达的生产力、合理的按劳分配方式、自由的市场经济、发达的全球化治理等。

3. 自由价值目的性

现代革命目的区别以往革命的本质在于自由价值的充分自觉。从社会发展形态来看,人类历史文明演化轨迹则体现为人类走出自然一步一步迈向自由王国的阶梯式进步,即人的自由价值觉醒到实现过程。革命的目的从来就是自由。自由是本源的,平等表面上看来在于表明人与人、人与社会的一种关系,本质上仍在于个体的自由与尊严。革命意识形态所以具有普遍主义维度,就因为自由是它的灵魂。孔多塞说,"革命的"一词仅适用于以自由为目的的革命。就是说,"革命的"即是"自由的"。这是最简括的关于革命和革命性的定义。阿伦特认为革命的目的则是以自由立国。"基于对革命以自由为目的的定义,阿伦特认为法国革命没有建立起保障自由的共和国,因此是失败了,而美国革命建立起了捍卫(共和主义意义上的)自由的国家,因此是成功的。"②现代革命的对象是专制,现代革命价值是自由价值对专制价值的胜利。潘恩在《论人权》中形容专制:"奥球斯王牛厩中的寄生虫和掠夺者已肮脏恶臭得难以清洗干净,非采取彻底而又普遍的革命不可。"③这是由于革命现代性所决定的。

缺失了自由价值的革命价值,会带来民主价值和人文精神的变形甚或缺失。勒庞说:"不管革命是由上层阶级动员的,还是由下层阶级自发的,一般都不会改变人们长期以来形成的精神状态,革命只能改变那些由于时间的销蚀而行将崩溃的东西","一个民族除非首先改造它的精神,否则就无法选择自己的制度。"④但发动一场革命容易,改造一个民族精神是非常困难的。勒庞所要表达是革命精英要求的民主和群众要求的民主是两种截然不同的事物。托

---

① (英)彼得·斯特克,大卫·韦戈尔.政治思想导读[M].舒小昀,等译.南京:江苏人民出版社,2008:344.
② 任剑涛.拜谒诸神:西方政治理论与方法寻踪[M].北京:社会科学文献出版社,2014:57.
③ (英)潘恩.潘恩选集[M].马清槐,等译.北京:商务印书馆,2009:122.
④ (法)勒庞.革命心理学[M].佟德志,译.长春:吉林人民出版社,2004:35,32.

克维尔指出,革命往往加强中央集权,而非削弱或涣散。卡尔·波普尔的观点也是:革命是不可控的,因为它会把整个社会推入难以预料的进程,并必然带有极权性质。革命同世界上其他事物一样,有它的"自反性",往往从自由出发,通过不自由而达至自由,或终不自由。当旧政权崩溃之后,新政权面临两种选择:一是暴力取得权力,继以暴力维系权力。即延续战争时期的思维和行为模式,实行社会控制,以确保权力获得者成为永久的统治者。还有一种选择就是权力制度化建设。为了建立一个稳定有序的社会,原先的革命者,即此时的立国者积极制定宪法,给在革命期间处于激情的获得权力组织和革命的民众,以绝对权威的成文形式确立自由价值,以保证人的尊严、权利以及平等、人的价值的实现。马尔库塞认为社会主义作为一种新的生活形式和方式,与传统的根本差异,不仅在于生产力的理性发展,而且在于对结束生存竞争的重新定位。不仅在于消灭贫困和劳累,而且在重建一种和平、美好的社会和自然环境。价值的完全转变、需要和目标的转变。这就暗示革命概念的另一种变化:那就是对生产力技术设备连续性的突破,对马克思而言,这将发展到(从资本主义的过分使用中解放出来)社会主义社会。① 重建与自由人的需要相适应的技术设备,这些设备受他们自己的意识、理性和他们的自治指导,即人应该从自己所创造的物和环境的束缚中解脱出来。

二、政治革命伦理的制度化

(一)暴力、流血和无序

吉登斯认为:革命必须包含一场群众运动,导致大规模的改革或变革过程,而且涉及运用或威胁运用武力。他的定义是:"群众运动的领袖通过武力方式取得国家权力,并随之以其用来发动大规模社会变革。"② 我国《政治学辞典》对政治革命定义是"社会形态和政治体系的根本性变化,是以一种政治体系取代另一种政治体系的快速的、激烈的变革。其根本问题是国家政权问题,最高方式是武装斗争"。③ 在这个过程中,旧有的政治秩序遭到破坏,包括它的政治关系、政治制度、政治结构、政治活动以及社会上主导的价值观念都发生了根本性的变化,同时新的政治秩序由取得革命胜利的阶级按照自己的利

---

① (英)彼得·斯特克,大卫·韦戈尔.政治思想导读[M].舒小昀,等译.南京:江苏人民出版社,2008:351.

② (英)卡尔佛特.革命与反革命[M].张长东,等译.长春:吉林人民出版社,2005:3,5.

③ 王邦佐.政治学辞典[Z].上海:上海辞书出版社,2009:5.

益要求而建立。一般而言,流血和暴力,好像是现代革命应有之义。"某些情况下,暴力能够重燃希望、激发改变现状的意识和激起参与者的凝聚力,从而引起了一些现代思想家对暴力的美化。乔治·索雷尔(GeorgeSorel)的《论暴力》支持革命工团主义者通过大规模剧烈的社会运动自下而上地推翻国家,就是一个引人注目的迷信暴力的现代例子"。① 但政治革命并没有排除非暴力的革命形式。而且非暴力革命,使得政治斗争免于陷入以暴易暴、流血冲突的怪圈,有时也称为转型。无序或失序,是大规模变革以后造成一种无政府状态,或者造成社会的极度混乱。这决定了革命政治观轻视秩序、法律。长期革命无序对各派政治力量都没有好处。如果公众长期缺乏安全感就会重新呼唤铁腕或专制,使转型失败。

避免无序,要有一种多元的组织资源。任何一种高度一元化的组织资源都可能在超稳定和超不稳定之间反复摆动和轮回。这个社会的现代化前途一定要发展出一套多元利益组织,培养和平共处的公民,建设负有责任与义务的社会。避免流血和暴力,要求当权者要有妥协精神,当权者有主动改革的精神。社会制度的发展和完善才是革命的根本动力,金钱、权力和社会地位只是推动革命力量的权力资源。革命不只是为了推翻哪个人哪个阶层的统治,而是赋予社会成员更为公正、公开、公平和民主的活动框架和规则。

(二)革命伦理制度化——宪法法治

宪法和法治的前提是制宪及其制宪权问题。政治革命的伦理后果需要落实到伦理制度化层面上。现代政治伦理制度化实质是宪法制度的建制和运作。宪法制度的前提问题是宪法制定的合法性、合理性问题即制宪权。政治革命与制宪权关系,重点是革命伦理原则贯穿到制宪的法律过程中的问题。

克服无序化革命政治观需要实现执政观的转型。无序化革命政治观自然不利于执政时代所需要的政治稳定和发展。社会发展的稳定性、可持续性,只有靠法律制度才能从根本上加以保障。执政政治观与革命政治观有时也有冲突。执政政治观需要的是法律、制度和法治化。执政党需要依据法律、制度这样的规范进行政治治理。执政政治观主张,必须从法律、制度上规定决策权、执行权、监督权的政治权力的相互分离,实行政治权力之间的相互制衡。

---

① (英)约翰·基恩.暴力与民主[M].易承志,等译.北京:中央编译出版社,2014:132.

革命往往是在没有民主的社会条件下发生的，占据统治地位的政治集团实行专制制度的血腥镇压政策，不允许在野人士和党派进行公开的政治活动，不允许对政治问题采取讨论、协商的民主方法方式，强硬地逼迫他们成为革命党，只能采取秘密隐蔽的斗争方式。专制社会的屠刀政策，不但造成整个社会政治生活的神秘化，而且也迫使革命党内部的政治生活整体上变得十分的神秘化。革命政治观既以神秘政治为武器，也以神秘政治为自豪，只讲政治服从、不讲政治商量，只要政治结果、不要政治过程。

政治是有关社会公共权力的形成和国家公共管理的活动。从这样的基本理念出发，政治的鲜明特点就在于它是公共事物，具有公共性。政治的公共性特征，决定了任何党派、公民对政治应该具有知情权。这就要求国家的政治生活具备应有清晰度、透明性，破除封闭性、神秘化。因此，如果说反动统治扭曲了政治的性质，造成革命政治观只能宣扬政治生活的神秘化，那么在执政时代，执政政治观就一定要将政治生活转向公开化。革命政党不是为了通过革命手段取代反动政党而成为新的专制政党。因为革命的目的就是为了实现政治向社会公开、向公众公开、重大政治问题经人民讨论和决定的人民主权政治制度。

三、政治革命伦理的评价

对革命行动的评价，应遵循政治道德标准优先的原则，应该将政治革命行为主体置放在政治道德的天平上，考察行为主体的行为是善举还是恶行。

一是人们在历史过程中形成了一些特定的价值偏好，影响了人们的政治革命道德评判。如皇权崇拜思想长期以来使人们形成了"成者为王败者贼"的价值判断。在政治权力的争夺中，道德的约束被降到最低点，甚至道德虚无主义盛行。在中国历史上的各种厚黑学、西方历史上的马基雅维里主义（尽管有的与马氏无关）都曾为政治权力斗争提供过价值辩护和支撑。在传统社会政治斗争通向权力的大道上，的确不乏"卑鄙是卑鄙者的通行证，高尚是高尚者的墓志铭"的历史佐证。

二是人们在评价政治人物的政治行为时容易将各种不同社会生活领域的道德标准混为一谈，从而产生众多争议，甚至有时无法作出善恶评判。作为历史评价标准的政治道德的主要内容表现为对政治行为体的政治责任和历史责任的评价。对于每一个拥有权力或权利的政治革命行为主体来说，在政治活动中是否抱着善的动机、是否行使了善举、是否达到了善果，这是历史评价最重要的政治道德尺度。

第三节 政治改革伦理

革命伦理的目的是要建立主权在民、基本制度正义的国家,包括民族国家、人民主权制度、法治政府、适应市场化和世俗化制度认同和国家认同等。而改革伦理则是基本制度建立后,主要面对的是各种利益组织和集团对国家制度正义价值构成的潜在或显在的威胁。改革伦理需要讨论政治秩序何以能够或如何能够成为良善的可以持续的秩序。改革伦理以政治权力公共理性的运作实践为内在线索,本着协调、共识、发展、法治、效率等理念,促进政府信用责任、公民参与、体制认同、公共领域商谈机制的形成,调整集团利益和公共政策,追求分配正义、机会公正、补偿机制的完善,以适应利益集团化、价值多元化、民众个性能力自主发展的现代社会生活内在需要。

一、政治改革伦理的合理性

政治改革伦理的合理性是政治伦理合理性在改革行动中的体现,包括国家权力公共性的实现(权力所有、权力系统均衡、协调、政治最高权力任期、选举制度化)、法治精神的实现(政府非人格化、责任、权力系统)、公民(组织)认同和参与的伦理责任等。在传统家族制国家向现代民主制国家过渡中改革伦理理性特征是很明显的。

(一)格林的"共同之善"

托马斯·希尔·格林(Thomas Hill Green,1836~1882),被称为现代自由主义的开创者。格林的自由理念比密尔更大程度上影响着此后的英国以至欧洲的公共政策。格林第一次提出了自由的限度问题。他以意志自由和积极自由观为核心,据此提出权利哲学、"共同之善"的思想。无论哪一种制度包括民主制度建立后,总会出现利益的分化问题,利益在不同阶层、集团、组织、个人之间的分配获得总是不会得到普遍认可的。格林认为,大量的现实社会问题说明,如果不对个人任意的自由有所限制,必须会妨碍他人的自由,从而造成对社会自由的限制。但格林发现,个人的善之间有一致性,这就是共同之善。共同之善是人们设想与他人共存的东西,与其他人共享的善,而不管这种善是否适合他们的嗜好。共同之善的本质抽象是存在于个人生活与他人生活的相互自愿协调、合作而达到和谐的过程之中。一个人意识到自己有自由的要求,同时别人也有同样的要求。一个人实现本身之善是从与他人的关系的角度去实现的。如果个人的活动造成了对他人利益的伤害，就偏离了共同之善，最终双方每个个人之善就无法实现。格林认为，经验主义传统既不能给人们一种正确的知识论，也无法对人类的普遍理性行为做出解释。他主张人与动物的根本区别在于人有追求善的能力。人是有意志和理性的，人的生存目的绝不仅仅局限于追求快乐，人所追求的其实个人的自我实现，个人心灵的自我完善。在人们的道德和政治活动中，总有一些原则是内在的，它们指导人们的行动，成为人们正确行动的标准。政治权力上，与共善的道德理念相一致的关于政治权力的普遍意志构成了国家的基础。格林的共同之善旨在告诉人们：个人、集团、社会的权利利益与他者和国家权利利益的一致，是可能的、也应当是可欲的。政治改革伦理需要有合理性的基础和前提。

政治改革要求则来自于一个社会内外的利益冲突。从内部来说，政治改革主要根源于利益关系中的共同利益的要求和不同利益之间的矛盾性。社会利益关系中利益的矛盾性既包含社会原有利益关系和利益矛盾，又包含随着生产力和社会的发展产生的新的利益要求与原有的利益关系的矛盾。政治改革是一种政治行动，针对的是具体而现实的政治问题。政治改革行动也是在既定的基础政治制度框架下的政治行动，也不能突破这个既定的基本制度框架。因此，现代政治改革的特点是利益性、体制性、机制性的改革。而这种改革是一个渐进的、逐步合理完善的过程。

（二）斯泰因的"公民参政"改革

斯泰因（1757～1831）是普鲁士王国民族主义和民主主义政治家、改革者。他废止普鲁士的农奴制度，并允许土地自由买卖。他之后又推行了一系列的改革，鼓励人民参与政治，实施地方自治。19世纪初的普鲁士改革运动是德国政治现代化的开端，它对德国未来的现代化进程发生了深刻影响。当时法国人启蒙精神对大众主权和民族精神的热爱，成为了德意志改革的思想源泉。作为改革的主要领导人，斯泰因却有自己的独特见解。他认为宪政体制的建立固然重要，但关键还在于实现人性的自由，以及在此基础上实现公民参政。它的哲学基础就是"道德政治"。这是由于他在普鲁士民众的身上看到了一个弱小民族的种种恶劣品行：自私、懒惰、贪图享受，对社会和他人表现冷漠、无动于衷。因此，他决定借助于道德力量，来开启德国政治现代化大门。"国民性"、"道德力量"或"共同精神"成为斯泰因改革的主要价值目的。一是要实现个人自由。把个人国家和封建等级制度从约束中解放出来。让每个人懂得自立，对自己负责，然后才能对集体、对社会、对国家承担责任。二是实现公民参与国家事务的自由。"公益"是公民的首要义务。他积极推行公民自治,让公民亲身参加乡镇、县、省以及国家的行政工作,把热情和活力转向"公益"活动。国家的最高任务是对公民的公共精神道德教育。国家是一个严格的法律组织,关心的是个人之间的有序共存。它是普遍法则的人格化,在其中个人的自由意志能与其他所有人的意志和谐一致,个人不仅不会丧失自由,而且还会在法律组织的保护下获得全部的自由。他重视的不仅是个人的自由发展,更重要的是个人与社会、民族和国家之间的协调发展。在斯泰因等人看来,国家不是外在的机器,它是与社会整合在一起的。

"斯氏公民的政治参与程度"的确是考察政治发展的重要尺度。但公民参政和地方自治的实际执行结果并不成功。一些旧的等级制度改革实验,也失败了。其原因恐怕在于他忽视了权力分立与制衡的机制建设,认为君主的行政权力是改革的前提。他也不能单纯依靠民众参政民主制度产生国家权力,他无力促动国家最高权力的制度性建构。以一种缺失国家理性的公共理性去改革官僚体制和强制公民参与能力,显然缺乏元规则的国家伦理基础,核心是国家最高权力的优化及其合理性问题。

(三)布坎南的"一致同意"的立宪改革

布坎南认为政治活动的本质是一种公共选择。"在几十年的研究过程中,我已经论证,对行为的正式约束,例如像法律和宪法结构所施加的约束条件,从来不能单独保证社会秩序的可行性。一套内在的伦理规范或标准似乎是必不可少的。"[1]他认为政治过程可分为两个阶段:第一个阶段为政治权力元规则或者宪法秩序的设计阶段;第二个阶段为规则的实施阶段。如果把社会博弈比喻成一场体育比赛的话,第一个阶段就是要设计好比赛规则;第二个阶段就是要按照事前设计好的规则来比赛。而布坎南强调的是第一阶段——"规则的制定"。规则在于唯有"同意"才可能保证规则的合法性,唯有"一致同意",才可能保证规则的最大合法性。而政治权力规则的制定唯有"同意",唯有"一致同意",才可能保证民意的最大广泛性,保证制度和法律意志的最大广泛性,保证规则也有坚实的伦理基础。规则理性在于其普遍性,即元规则和宪法法规必须普遍适用于共同体中全体成员。最高层次的规则,即"宪法层次上的同意"必须是一致同意。了解宪法规则并且参与宪法规则的讨论则是一种公民身份伦理和伦理责任。他说:"承认个

---

[1] (美)詹姆斯·M·布坎南.自由、市场和国家[M].吴良健,译.北京:北京经济学院出版社,1988:85.

政治伦理学

人作为公民必须接受下述伦理责任,即充分和知情地参与仍然持续的制宪会议","在没有理解甚至没有考虑那些界定宪法秩序之规则的情况下采取的行为。我将这种政治活动称作'宪法无政府主义',借此我指的是下述政治活动,即忽视对政治结构的影响、几乎完全被竞争性利益集团做出的策略选择支配或由其衍生而来。这种政治活动已经取得了如今这种地位,因为作为公民,我们未能尽到我们的伦理责任。"①

社会治理的关键问题是元规则体系的优化,也就是完备宪法制度的建立。元规则体系的优化也就是宪法的优化,核心是国家最高权力的优化问题。因为权利是权力保障下的利益索取,义务是权力保障下的利益奉献,如果权力只是强制,就不可能保证权利与义务的公正平等分配。任何权力如果不能缺乏有效监督和制衡,都可能对全体国民的权利带来损害。因此,对权力的制衡是任何优良社会治理都必须首先考虑的问题。如在政府掌握的一切权力中,现代国家最先关注的是限制和监督"征税权力"。关于权力的基本制度的发展和变更,则是所有公民应该普遍参与并普遍认同的伦理责任。唯此,才能维护权力在政治发展过程中效能意义的合理性。

二、政治改革伦理的功能

(一)体现政治改革价值观念的目的性

政治改革伦理澄清和消除政治改革中的观念障碍,为政治改革进程提供方向、目的和动力。政治改革根本来说是基于一定的政治权力的所有权基本制度框架下对政治体制和机制的调整,其现代政治价值和目的在于进一步落实政治权力公共性、增强法治实效性、激活公民政治参与责任意识而进行的利益的调整。这种调整,必然触动和影响改革前的既得利益群体和个人。他们这一群体基于自身利益需要往往会对改革持观望甚至阻抗态度,是影响改革的主要障碍,是改革的主要对象。如果存在改革中的主体和对象有重叠的现象,那么改革会形成一个困局——改革主体需要对自己进行改革。此外,处于改革中大部分民众,对改革的认知、认同和参与也需要一个过程。因此,政治改革的过程必然是一个政治伦理价值观的教育过程。这是一种特殊的大教育,即让人们融入到改革行动过程中,用自己的行动经验和体认改革的价值、改革对政治秩序的持续发展、改革对每一利益主体的长久意义。各个利益主

---

① (美)詹姆斯·M·布坎南.宪法秩序的经济学与伦理学[M].朱泱,等译.北京:商务印书馆,2008:204.

体通过对话、协商、论争、妥协,形成价值共识,澄清和消除政治改革中的观念障碍。这个过程也是政治伦理理念在利益主体行动中经由公共理性平台,形成公共意志,促成政治改革行动的过程。政治伦理从理念、原则进而转化为主体行动的准则和政治德性。因此,政治改革伦理在政治改革中,起到了一种价值导向、规范、支撑等方面的功能。任何政治改革不能游离于政治伦理的基本价值和原则,如以人为本、人的自由全面发展总原则;规则制度的公平正义首要原则;民生幸福与人的自我能力实现的生产力进步根本原则。现代人民主权基本制度、权力约束的法治制度、民主问责制度等制度的形成和发展也是这些原则和价值的制度化结果。改革伦理原则规约着政治改革的方向,为政治改革进程提供目的、意义、动力和保证。

(二)体现新政治制度以及政治体制的进步性和正当性

新的政治制度、政治体制获得进步性和正当性必须有道德和道义基础。无论是政治制度革命抑或是政治体制改革,都是对社会成员利益关系的根本性调整,必然要遭到既得利益阶层的顽强抵抗。既得利益阶层必然设法阻挠改革、阻挡改革者前行的脚步,维护旧的统治秩序。人类社会历史过程中的所有的政治革命、政治改革,都充满了残酷而艰辛的政治斗争。但通过政治改革,人们追求先进的政治伦理精神和价值,催生了政治主体参与民主政治生活的道德情感、意志和信念,从而促使人们积极主动、坚定不移地拥护符合社会发展方向的政治制度和政治体制。新的制度和体制,总是焕发出新的活力,解放了社会生产力,激发了主体的积极性和创造性,推动政治文明发展和进步。人们开始学会独立的运用自己的理性来选择自己的信仰和价值观。人们遵从公共理性的规导,通过公共论坛公民的公共理性得到充分实践,公民之间达成对有关正义等基本政治问题达成共识,又进一步促进了民主政治的发展。

(三)体现政治权力的公共性

公共性主要是指政府作为人造的公共事物的所具有的本质属性,即政府是属于全体公民公有、公用、公享的政府。福山在《政治秩序和政治衰败》中提出了一个新概念:"有效政府"或"体面政府"。"有效政府"意指政治系统中存在有效的国家官僚体制,能够有效施政,维持法治并进行定期的权力轮替。政府产生和存在的目的是为了解决公共问题、满足公共需要、维护公共利益、实现公平正义以及塑造公民公共精神。通过政治改革,政府行使公共权力、处理公共事务方面更显示其比以往具有更高的效能。在承担公共责任、提供公共产品和公共服务方面较以往获得更高的公众认可和满意度。而关键之处在于，政府行为受到法律的制约，决策更加透明公开。政府行为主体代理人——公务人员更加廉洁高效，群体正义形象更加鲜明。政府主体成为公共利益的守护者。

三、改革伦理对政治改革的规导

（一）对改革者的规导

改革的发起者应当在社会上公开改革的方案，并且对方案的依据和理由进行充分的解释。改革的发起者应当承认并且公平地对待不同的观点和利益诉求，允许和支持持不同观点的公民或公民代表就改革所涉及的根本政治问题展开充分的辩论。改革者自身应该尊重现存法律、循规蹈矩，社会公众才会遵纪守法，不至于改革失序。改革者应该有效区分公私领域的不同事务，并相应采取适宜的制度安排。对于现代理性的政治而言，政治改革是一个没有完结的过程。改革了旧问题，便会产生新问题。问题产生压力，改革者时常遇到问题压力。但也只有让政治改革者面对问题压力，才会产生改革压力，他们才有可能对政府实施名副其实的改革。

（二）对改革方式的规导

改革应当采取和平渐进的方式积极稳妥地推进。现代国家建设和公共部门现代化是一个历史发展过程。当今世界，依然存在两大类型这样的社会和国家：其一是拥有相对廉洁高效的政府；其二是依然受困于依附、腐败、低效、认同度很低的政府。福山认为，传统国家的现代化的方式和途径至少有两大类型：第一是军事竞争；第二是有志于高效廉洁政府的社会群体组成改革联盟，推行和平的政治改革。前者如19世纪中期德国普鲁士，着手民族建设，凝聚国家力量，引进现代官僚体制但形成专制的官僚联盟，却又成了国家建设的阻碍，只得继续沿着老路，直到出现两次世界大战，以民族认同构建现代国家认同的路径，才走到尽头。而英美国家则是早期工业化国家，现代化政治改革的主力联盟是新兴的中产阶级。英国凭借自己坚实的法治传统，由中产阶级联盟推动的官僚体系改革进程起步早速度较快。美国继承了英国的强大的法治——普通法。法治凭借对私人产权的制度性保护，为19世纪经济发展奠定了基础。因经济成长而涌现出大量的新兴社会群体，在公民社会中获得了新的广泛的基础，成为政党体系中新的派别，有力推动了国家现代化进程。而相应地，德国"由于强大自主的国家过早发展,对民主负责制度建设产生非常不利的影响"①。历经两次大战后,现代意义的政治制度才真正起步。改革方式的选择,对改革的进程和改革代价,会产生重大又深远的影响。

(三) 对利益集团的规导

奥尔森曾经以集体行动的分利集团理论模式分析一个国家兴衰的根源。他指出,在一个稳定且不受侵犯的国家,由于利益分化,总会产生利益集团。一定的利益集团凭借政治经济优势,为了自身的利益最大化,势必会逐步做大,形成分利集团。分利集团总是试图控制国家权力,让其成为自己获利的工具。这样的集体行动逻辑,就不像人们想象那样,具有共同利益的公民会组织起来并依靠反映自己利益的组织机构来维护其共同的利益。争取利益的集体行动,逻辑上确实可能让集体成员获得相关的利益,但相对于集体的每一个成员来讲,他们的实际获利其实是微不足道的。诸如工会、行业集团、农会、卡特尔、国会的院外活动集团为了分利,给公共政策制定执行,往往带来负面的结果,也会阻滞一个国家的经济增长。因为以集体行动谋求收入增加的分利集团,其实他们的动机是不关心社会总收益或公共损失的,结果当然伤害了国家整体利益和国家效能。因此,运用法治理性,对利益集团的行动进行合理规范,这对积极的政治改革,寻求政治的持续发展,具有重要意义。

(四) 对公民的规导

现代法治背景下,一方面,公民在面对利益分歧、歧视和权利侵害时不应采用违背现行法律的对抗的方式来进行利益诉求表达,更不能基于革命思维偏好走向极端,而是在合法的前提下诉诸于有关公平正义的政治观念,寻求合法途径和平台,进行理性客观的表达;另一方面,现代消费社会为现代公民制造了无数自私不利己、放纵欲望的机会。现代民主制福利国家往往迁就甚至纵容公众这种欲望,将国家资源投向满足公众快感享受、奢靡浪费、穷奢极欲的事物上。这种体制性倾向,也造就了缺乏公共关怀(如生态关怀)和进取精神的公众。这需要现代公民遵纪守法、谨行德性、做有责任、尽义务,有底线的理性公民。

---

① (美)福山.政治秩序与政治衰败[M].毛俊杰,译.桂林:广西师范大学出版社,2015:185.

四、政治改革伦理的基本原则

(一)保证权力的合法性,守护政治基本权利底线

政治自由是一种现实意义的社会自由。政治自由体现在政治生活实践中的就是社会成员的一些基本政治权利和义务。改革本身就是政治自由理念启动的,但在改革进程中,伴随着政治权利的调整,经济、权位、身份、地位等物质利益都会随之发生变动。不同程度改革涉及不同范围和程度利益群体和权力再分配,自然会人为地导致各种矛盾与利益集团冲突事件的扩增。在中国几千年历史传统中,政治变革都以权力体系失衡、付出大范围长时间的社会动乱最后才达成平稳,或以原始的部族复仇方式作为历史循环的基本推动力,很少出现过不流血的革命以及通过和平与民主的方式完成权力调整和历史过渡的。其根源的共性便在于改革进程中没有产生或守护好政治自由的底线——所有社会成员(包括权力执掌阶层)的基本权利。利益的天平从一个极端到另一个极端或者仅仅局限于少数几个权力利益集团之间的博弈。而当改革进行到一定阶段,部分成员甚至大部分成员的基本权益都未能得到相应的保护,致使改革进程中断。权力的合法性受到威胁。如中国传统社会尽管发育出世界最早的类似现代的官僚科层制系统,但由于缺少民主理念,主要依靠威权政治推动国家化建构,具有浓重的独断与专制性色彩。广大民众难以在自由平等的基础上表达各自相应的利益诉求,最终改革大多以暴力流血的方式让中国政治困于自然政治的循环往复轮回之中。

(二)人民权益是最核心的价值基础

任何现代政治改革的目的和价值都不能游离民主政治的本质,都是对主权在民原则的具体落实。民主政治的要义就是人民群众合法权利形成对政府公共权力的依法制约。这种制约主要表现在两个方面:第一是由人民群众以授权(包括再授权)的方式决定由什么人充当管理者;第二是人民群众运用政治权利通过各种渠道对政府的改革决策和政策的执行进行制约。人民群众为什么要对政府进行制约?因为政府的政策关系到人民的利益。人民群众中各个群体之间相互进行利益博弈和利益表达的同时,也是利益差异、对立的人们所进行的公开交涉、谈判或抗争。由于政府的根本宗旨是为人民服务的,因此政府做任何事情都必须以人民的权利和利益为出发点和归宿点。

经济和社会的发展也必然带来政治参与的扩大。这也意味着政治参与的结构性变革和发展,即改革的过程也是人民群众参与意识、参与能力和参与体制不断完善和发展的过程。人民至上的最高价值追求以及人民主体、人民利益、服务人民大核心价值理念是政治改革的价值基础。中国30年来改革本质上就是以"人民拥护不拥护,人民赞成不赞成,人民高兴不高兴,人民有没有得到实惠"为基本评价标准。"以人为本,就是要把人民的利益作为一切工作的出发点和落脚点,不断满足人们的多方面需求和促进人的全面发展。具体地说,就是在经济发展的基础上,不断提高人民群众物质文化生活水平和健康水平;就是要尊重和保障人权,包括公民的政治、经济、文化权利;就是要不断提高人们的思想道德素质、科学文化素质和健康素质;就是要创造人们平等发展、充分发挥聪明才智的社会环境。"①以人为本作为中国改革最核心的价值基础,既是政治性的,又是伦理性的。其伦理指向是改革的价值基础,是具体的人民利益。

(三)改革正义是改革伦理的首要价值

改革正义,就是在社会改革和政治改革过程中,任何人的基本权利不能受到侵害,任何人权利和义务包括道德权利和义务都应该是对等的。改革不是为了改革而改革,更不是改革为了其他目的而可以牺牲正义价值。恩格斯说过:"国有化以来,出现了一种冒牌的社会主义,它有时甚至堕落为某些奴才气,无条件地把任何一种国有化,甚至俾斯麦的国有化,都说成社会主义的。显然,如果烟草国营是社会主义的,那么拿破仑和梅特涅也应该算入社会主义创始人之列了。"②在渐进式改革过程中逐渐坐大的特殊利益集团迫切需要维护现有利益格局并使之定型化,由此导致改革转型过程中"权力+市场"的体制路径依赖,进而让改革面临进退维谷的困局。究其根源则在于改革过程中权力、市场和社会三种力量的失衡问题,在于权力、法治和责任三种制度的整体性建制问题。政治改革意味着一个社会的政治系统为适应社会发展的需要而对自身的结构、功能和活动方向作出适当的调整,从而更有效地顺应社会的发展并实现自身的更新。注重公平正义的改革并不仅限于公正维护公民的平等权益,主要的还是要创设一个适应经济发展、市场公平竞争以及个人选择的权力运行的制度环境体系,来协调权力、市场和社会三种力量的关系。改革正义问题,在现实中关系到在改革过程中制定法律、制度和决策的时候,如何能够保证自身的公正性,依照何种原则和标准保证制度公正实现问题。总之,一

---

① 温家宝.提高认识统一思想牢固树立和认真落实科学发展观[J].新华文摘,2004,(9).
② 马克思恩格斯选集(第3卷)[M].北京:人民出版社,1995:628.

个社会制度的正义性质不仅在于其如何产生、如何确立以及合法性的来源,而且要看这一制度的实际运作结果。具体要看在其制度安排下是否拥有权力运作执行效能、是否有活力的市场、是否有积极、负责、有序的社会空间以及政治权力对个人生活管理的边界。

思考与探讨题

1. 如何理解政治发展伦理与人的发展的关系?
2. 试从政治发展伦理视角分析权力市场化问题。
3. 试比较政治革命伦理与政治改革伦理基本原则。
4. 评析格林的共同善观点。
5. 阅读材料,然后运用相关理论分析材料。

习近平:"进一步实现社会公平正义,通过制度安排更好保障人民群众各方面权益。要在全体人民共同奋斗、经济社会不断发展的基础上,通过制度安排,依法保障人民权益,让全体人民依法平等享有权利和履行义务。""进一步提高党的领导水平和执政能力,充分发挥党总揽全局、协调各方的作用。要把党要管党、从严治党落到实处,完善党内制度体系特别是民主集中制,推进体制机制改革创新,加强惩治和预防腐败体系建设"。(习近平:《以更大政治勇气深化改革》,《新京报》,2013-7-25)

试分析以上材料所蕴含的改革伦理意义。

第十章 政治伦理文化与政治文明

> **本章提要**
>
> 政治伦理文化是基于一定文化的思维模式,关于政治伦理方面所形成认知、观念、价值、制度、行为方式、习俗等,即包括政治伦理观念文化、政治制度伦理文化以及政治行为模式伦理文化等。政治伦理文化具有民族性、相对独立性、时代性等基本特征。政治文明的核心是制度文明。现代政治文明是与传统集权专制相对应的人民当家作主的民主法治制度文明。它与现代市场经济发展要求相一致,以自由、民主、公平、正义为理念,以民主政治为载体,以法治为表现形式。政治伦理文化的现代化,根本上说是现代伦理文化的制度性创制及其价值实践过程。政治伦理文化的现代化具体体现在以下三方面的伦理理性自觉:政治伦理观念、伦理规范体系以及伦理行为模式与习俗的自觉。政治伦理文化的现代化需要制度文化、法治文化与政治伦理文化协同建构。

政治伦理文化由政治文化和伦理文化、政治伦理和文化共同交叉而派生形成的一个概念。政治伦理文化涉及政治文化、伦理文化、政治伦理三者关系。政治伦理文化体现政治伦理的民族性、传统向现代转型过渡性、思想观念向行为方式落实的制度模式特性等。

本章知识结构图

如重德修、重人伦、重关系、重情感,追求内圣外王、清明政治成为传统政治伦理文化重要特征。"重民、利民、得民心的思想是中国传统政治伦理文化的主题,尽管封建君主专制制度的背景下,得民心并非是真正为了人民的利益,而是为了巩固自己的统治"。① 严格说来,"重民、利民、得民心"这些优良的德政民本理念仅仅存在在传统政治伦理文化的思想观念层次,这些观念却难以真正贯彻到政治生活实践中。这样便形成了中国传统政治伦理文化特有的知行背离的人治模式。因此,有观点认为,"中国古代德政理念与治国实践简直是'阴阳两重天',存在天然之别,根本没有也不可能进入

---

① 周灵方.勤政论[M].北京:华夏出版社,2013:76.

到实践领域。"①其原因是非常复杂的,如道德公私适用问题、制度文化理性因素缺失问题等。现代政治文化与政治文明联系点关键在于制度。政治文明意味着政治国家拥有一套稳定的、现代的价值观以及与其相适应的普遍有效性的制度安排。现代文明的核心是政治文明,政治文明的核心是制度文明。政治伦理文化的现代化依赖于制度文化和制度文明价值观的现代化。在人类早期历史中,特定地区的生存和生活环境孕育了一定文明和政治伦理文化价值观念,进而形成一定的政治制度规范体系。但人类进入现代社会、全球化信息时代,特别是在后发展的转型社会中,其政治发展利用现代政治制度规范去培育现代政治所需的政治伦理文化价值观,则是促使特定政治发展和社会进步的应然选择,也是政治文明进步发展的标志。

第一节 政治伦理文化

一、政治伦理文化的含义

(一)关于文化和伦理文化的概念

中华民族向来重人伦、重道德修养,在历史上创造了农耕时代璀璨的伦理文化,成为东亚传统农业时代文明的典范。伦理文化总是以特定民族文化方式存在的。首先,关于文化概念,美国著名文化学专家克罗伯和克鲁克洪的《文化:一个概念定义的考评》一文共收集了166条文化的定义。影响较大的,首推英国人类学家泰勒在1871年对文化所作的经典性概括:"文化或文明,就其广泛的民族学意义来说,乃是包括知识、信仰、艺术、道德、法律、习俗和任何人作为一名社会成员而获得的能力和习惯在内的复杂整体。"②他强调的文化包括知识技术、制度规范和价值观念三个基本要素。关于文化和民族,法国当代著名思想家埃德加·莫兰说,文化产生于精神与大脑的互相作用,包括语言、知识、逻辑规则、范式规则等。文化中观念都是有生命力的,可以形成特定的有机的观念系统和精神圈。"抽象、概念、理论可以获得生命、威力、主权和荣耀。表面上看,一个概念不具备任何生物形态和人类形态的特征,且事实上

---

① 唐士红.中国传统政治伦理文化的惰性因素及其现代置换[J].伦理学研究,2013:3.
② 庄锡昌.多维视野中的文化理论[C].杭州:浙江人民出版社,1987:99-100.

它可以获得这样的特征"。① 一定的观念系统形成一定的世界观、价值观,进而形成行为规范和行为模式。观念系统的寿命是很长的。人们其实总是受制于特定的观念系统的作用,受它们所主宰和"奴役"。而民族则是由社会圈和精神圈共同组成的,它同时负载着意识形态、神话和宗教,是一种由各种成分合为一体的存在。民族国家是一种社会、政治、文化、意识形态、神话、宗教的存在,是一个有领土划分的、有组织的社会,是一个有国家、有自己法律的政治实体。对民族国家与文化关系而言,民族国家是一个有自己的文化记忆和自己的独特习俗的命运共同体。"民族国家是一个自我中心的合理化的意识形态系统,是一个元生物的有生命存在,因为它是一个精神存在"。② 可见,文化对一个民族和民族国家来说,是很难遗忘和丢失的。它隐蔽地沉淀在民族和国家人们的思维观念的深处并以一代代传承下来。

伦理文化则是文化的价值观念部分的文化。伦理文化,"乃是伦理现象的纯粹的文化属性方面、真正的客观属性方面,即人们在现实生活中按照一定的伦理标准所形成的伦理行为、伦理评价、伦理教育和伦理修养等,客观属性方面之外,还有主观属性方面。这个方面是指包括伦理观念、伦理感情、伦理意识、伦理信念等的纯粹的伦理意识现象。"③其实,按一般文化内涵理解,伦理文化包含:伦理思维观念、伦理规则规范体系以及伦理行为模式三个主要层次和方面。

(二) 关于政治文化概念

政治学家从不同的角度出发对政治文化作了定义,阿尔蒙德对政治文化概念的界定比较有影响。1956年阿尔蒙德在美国《政治学杂志》发表了"比较政治体系"一文,首次提出了"政治文化"这一概念。"每一个政治体系皆镶嵌于某种对政治活动指向的特殊模式之中,我认为可把它叫做政治文化","政治文化是一个民族在特定时期流行的一套政治态度、信仰和感情。这种政治文化是在该民族的历史和现在社会经济、政治活动进程中形成的。人们在过去的经历中所形成的态度。"④阿尔蒙德将政治文化解释为一种群体行为取向或心理因素,即政治制度的内化。政治文化可以概括为政治认知、情感与评价,

---

① (法)埃德加·莫兰.方法:思想观念[M].秦海鹰,译.北京:北京大学出版社,2002:129.
② (法)埃德加·莫兰.方法:思想观念[M].秦海鹰,译.北京:北京大学出版社,2002:161.
③ 李世家.现代台湾与传统伦理文化[M].贵阳:贵州人民出版社,2001:12.
④ (美)G. A. 阿尔蒙德,小G. 宾瓦姆·鲍威尔.比较政治学:体系过程和政策[M].曹沛霖,等译.上海:上海译文出版社,1987:29.

也可以表述为政治态度、信仰、感情、价值观与技能。阿尔蒙德认为政治文化具有三大特征:政治体系文化、过程文化和政策文化。20世纪80年代以来,中国政治学者开始关注政治文化理论。一般认为,政治文化总是与某一政治制度或政治体系相适应的。在阶级社会中,政治文化代表一定的阶级、阶层、集团的政治观念、情绪和政治习惯。它是一个国家中的阶级、团体和个人,在长期的社会历史文化传统的影响下形成的某种特定的政治价值观念、政治制度、政治心理和政治行为模式,主要包括政治主体对政治体系、政治活动过程、政治产品等各种政治现象,以及自身在政治体系和这种活动中所处的地位和作用的一种态度和价值取向。政治文化主要有政治思想、心理、制度、行为模式等四部分构成,分别形成思想与心理的政治观念文化、政治制度文化以及政治行为文化。

(三)政治伦理文化概念

政治伦理文化,类属于政治文化。伦理文化的核心是政治文化,政治文化的核心又是政治伦理文化。因此,政治伦理文化又是伦理文化的核心。目前学界对政治伦理文化这一概念还没有统一的定义。如"政治伦理或政治伦理文化,是社会政治生活中调节、规整人们的政治行为及政治关系的道德规范和准则",[①]"政治伦理文化,又称政治道德文化,是一个民族在特定时期形成的一整套有关政治伦理道德的意识、观念、理想、原则、心理、思想、精神、传统、习惯等规范的综合。它主要研究政治伦理文化的因素、结构、类型、作用及意义。"[②]传统政治伦理文化的内核维护专制等级伦理文化价值元素。现代政治伦理文化又构成了现代政治文明的价值核心。政治伦理文化是基于一定文化的思维模式,关于政治伦理方面所形成认知、观念、价值、制度、行为方式、习惯等,即包括政治伦理观念文化、政治制度伦理文化以及政治伦理行为文化等三方面主要构成要素。它是一个民族在其独特的历史发展过程中逐步形成的,并对该社会人们的政治行为模式、对政治系统的要求以及对法律的主客观反映发挥着重要作用。这个定义包含了如下几层含义:

(1)政治伦理文化的主体,是同政治活动的主体相一致的,既有团体性的,也有个体性的;既指普通公民,也指政治团体和其他社会团体。

(2)政治伦理文化的基础,是民族国家整个政治文化历史与现实的存在。政治伦理文化概念下政治活动主体的政治态度、政治心理倾向以及行为

---

① 余涌.政治伦理研究:现状与期待[J].哲学动态,2005,(1).
② 徐黎明,孙守春.政治伦理学[M].北京:中国社会出版社,2011:162.

方式,是历史与现实的经济、政治和文化生活综合作用的产物,这是透视政治伦理文化的关键。

(3) 政治伦理文化的对象,是国家政治生活,包括国家政治体系、政治过程、政治活动等,它既是政治伦理的观念形态,也是政治伦理关于制度、行为习惯方面的客观描述和评价。

(4) 政治伦理文化的内容,是政治观念在伦理层面的一系列表现形式,包括政治伦理认知、政治伦理情感、政治伦理动机、政治伦理态度、政治伦理思想、政治伦理环境、政治伦理意识形态、政治制度伦理模式、政治主体伦理行为模式等。

二、政治伦理文化优劣判断标准

(1) 从历史的尺度来看,它是否站在时代前列,符合并体现时代特征和时代要求,顺应时代发展的方向和历史潮流;

(2) 从科学的尺度来看,它是否是客观地反映了人类社会的本质及其发展规律和基本趋势的真理性认识;

(3) 从价值的尺度来看,它是否反映和促进生产力发展、有利于成员个性潜能发展和民主政治制度的发展,是否反映、体现和维护民众的根本利益和公共利益。

优良的政治伦理文化必然是符合历史潮流,继承优秀民族传统政治文化和道德文化的遗产,扬弃了传统政治伦理文化中的不适合现代政治发展的因素,如专制道统、礼仪制度、宗法等级观念等,反映人类社会的发展规律和必然趋势,体现民族精神,塑造现代政治人格,推动政治文明进步和人的自由全面发展的文化,构成政治伦理文化核心内容的价值观和原则规范,为现代制度伦理建构以及个人的发展与完善提供精神导向和行为方式指南。

三、政治伦理文化的构成要素

一般来说,政治伦理文化由政治伦理观念、政治制度伦理文化和政治行为模式伦理文化几个层次构成,政治伦理心理是政治伦理文化表层和感性的部分,政治伦理思想是政治伦理文化的深层和理性部分。政治伦理文化通过政治伦理社会化过程得以传习,因此,政治伦理社会化是政治伦理文化的重要内容。

(一) 政治伦理观念

1. 政治心理

政治心理是社会成员在社会政治实践中对社会政治关系及其表现出的政

治行为、政治体系和政治发展等政治生活各方面现象的一种自发的心理反映。政治伦理心理即政治心理在伦理道德领域所具体表现出的人们对政治关系的认知、情感、态度、情绪、兴趣、愿望和信念等综合因素的反映。政治伦理心理的主体是政治人,即处于特定政治关系和政治生活之中且具有一定政治意识的人。就其构成要素而言,政治伦理心理一般包括政治伦理认知、政治伦理情感、政治伦理动机和政治伦理态度等。

政治伦理认知是政治主体对于政治生活中各种人物、事件、活动及其规律等方面的道德认识、判断和评价,即对各种政治现象在伦理道德视角之下的认识和理解。政治伦理认知是整个政治伦理心理体系的基础,它对于政治伦理心理的发展和政治态度的形成具有基础意义。

政治伦理情感是社会成员以政治伦理认知为基础,在政治生活中对政治体系、政治活动、政治事件和政治人物等方面所产生的一种道德体验和感受,它基本上是一个自发的过程,有时候体现为较低层次的政治伦理情绪,有时候体现为较高层次的政治感情,它是政治伦理心理形成的重要环节和感情基础。

政治伦理动机是激励并维持政治主体的政治活动以达到特定的政治目的的内在的道德动力,它隐藏在人们政治行为的背后,是政治行为的内部驱动力。作为一个特殊的心理过程,政治伦理动机决定了人们政治活动的自觉性和积极性,是政治行为的直接动因。

政治伦理态度是社会主体对政治权力、政治权利及其形态在道德视角下的相对稳定的综合性的心理反映倾向,表现为对特定政治权力、政治权利、政治制度或肯定或否定,或赞成或反对的倾向状态。

作为政治伦理心理发生、发展的重要环节,以上政治伦理心理的构成要素形成了一个相互联系、相互作用的有机整体,共同构成了政治伦理心理的整个过程。

从类型上说,政治伦理心理可以按照不同的标准划分为不同的类型。

根据心理的承担者的不同,可以划分为个体政治伦理心理和群体政治伦理心理。其中个体政治伦理心理又可以依据社会成员在政治生活中所扮演的政治角色和所起的作用不同而划分为政治领袖的政治伦理心理和普通社会成员的政治伦理心理。根据不同的社会和政治群体,政治伦理心理还可以划分为阶级政治伦理心理、民族政治伦理心理、集团政治伦理心理、阶层政治伦理心理和大众政治伦理心理等。

2. 政治伦理思想

政治伦理思想是政治伦理文化的重要组成部分,一般来说,可以从文化传统分别探讨西方政治伦理思想和中国传统政治伦理思想。西方政治伦理思想：古希腊城邦政治伦理，主要讨论正义、政体、公民等政治德性；中世纪神学政治伦理重点探讨教权与王权方面应然关系及其权力伦理等。到马基雅维利之时，政治学和伦理学实现了分离。文艺复兴时期马基雅维利和空想社会主义者们，注重从契约伦理、权力伦理、制度伦理的角度来考察政治。重点强调社会政治制度对社会个体天赋权利的维护与促进。现代西方政治伦理思想是指19世纪末以来主要是20世纪的政治伦理思想，主要内容表现为以下几个方面：自由、正义、平等、民主思想。

中国政治伦理思想。传统政治理论思想资源是十分丰富和突出的，具有代表性的是儒家、道家和法家政治伦理思想。到了晚清和近代，一批清朝体制内开明官员和知识分子关于政治近代化的维新变革政治伦理思想，孙中山为代表的资产阶级革命党、民主党派政治伦理思想。近现代中国共产党马克思主义政治伦理思想以及当代中国特色社会主义政治伦理思想。

（二）政治制度伦理文化

制度就是人为设计的各种约束，它包括规则、法律、宪法等正式约束和行为规范、习俗、自愿遵守的行为准则等非正式约束。早期制度经济学派的创始人之一康芒斯在其著作《制度经济学》中指出，制度是指约束人的行为的集体行动。制度既指规则体系，也指制定准则的活动。政治制度是一种正式约束的制度，但却受到习俗、传统观念等非正式伦理及文化方面的约束之影响。同时，政治制度的制定运行也体现和强化一定伦理文化价值观念。伦理文化作为人类社会中的一种特殊的实践理性文化，它存在的历史以及对政治生活的渗透力和影响力，使得任何制度一出现被涂上善恶评判伦理色彩，不同程度影响制度的制定、变革和创新。制度伦理文化作用于制度伦理观念，进而对所有社会成员和个人的行为，往往起着规范、塑造着他们的行为模式，影响着他们的价值观念，引导着他们的道德选择。

政治制度伦理文化应该是政治伦理文化派生出来的概念，类属于伦理文化。它是关于政治制度方面伦理认知、情感、观念及制度设计运行等方面体现出来伦理文化样式，也包括制度伦理本身所体现出来的文化特征。制度文化作为文化整体的一个组成部分，既是精神文化的产物，又是物质文化的工具。不同政治制度如古代传统与现代政治制度、民主制度与专制制度，它们在制度设计的主体参与、制度目的、遵循的原则、制定的程序、运作的实效等方面，所呈现出来的伦理文化模式，都具有一定的差异性。不同文化、民族、国家施行同一种制度，会出现本质类似的伦理文化模式。按照政治权力所有权划分大致两类政治制度伦理文化:民主制伦理文化和非民主制度伦理文化。"民主主义文化是民主制的直接原因;专制主义文化与精英主义文化是非民主制的直接原因"①。民主制度伦理文化认同:民主是政治应当的伦理价值和原则,国家最高权力应该平等被全体或多数公民所拥有并执掌;非民主制度伦理文化认同:民主不是一种政治应当,国家最高权力应由一个最优秀的人独掌或少数优秀的政治精英来统治。

正是由于制度伦理文化是政治制度的最为核心的原因,因此,制度发展变革必须与制度伦理文化相配套。制度伦理文化不变革,最主要表现在人们的思维方式、价值观念形态还停留在旧制度模式下,那么即使政治制度发生变革,但新制度的运行势必会被扭曲、悬置,终将被旧制度所复辟。制度伦理文化发生变革,尤其是关于新制度伦理思维、观念发生变迁了,制度迟早也会发生变革。此所谓的"人心思变"。

当然,制度伦理文化与制度的关系,不是简单的"文化决定论"或"制度决定论"。在现实的政治发展实践中,还有待于其他条件的实现,如市场经济的发育、中产阶层为主体的公民自组织的社群发展、新制度观念中公共理性的认同和自觉等。对于传统后发展非民主制度文化来说,一个重要的启示,就是新制度规范体系先行确立后,必须且应当着力于相应的制度伦理文化教育和建设。

(三)政治行为模式伦理文化

政治行为模式伦理文化,是指在不同政治伦理文化环境下,国家政治制度设计运行、政府治理活动、政党、官员和公民等政治主体行为模式所体现出的伦理文化样式。政治行为模式是一定政治伦理价值观念、思维方式、政治权力意志表达方式、政治主体之间关系、国家政治治理方式等方面的总体反映和体现。政治行为模式根本上是政治权力伦理意志和实践政治理性精神的实现结果,反映的是政治选择的主流趋向。

促使一个政治主体政治行为模式发生改变的主要因素是制度文化的改变,主体的政治行为模式会在理性选择的动力和压力下向有利于自身发展的方向调整。一个社会政治生活的伦理文化秩序化、规则化、理性化程度高,政府的政治行为的模式化、治理社会的能力就会提高,成本也就会降低。政府对社会的反映能力、认知能力、理解能力,也就会提高。政府与公民互动有效性

---

① 王海明.论民主的文化条件[J].西南民族大学学报(人文社会科学版),2012,(10).

也会提升。

然则,一个社会政治生活的伦理文化秩序化、规则化、理性化程度低,政府统治治理局限大多只能停留在私人情感经验层次上,以直觉、任意、情绪化、明规则正式规则不彰、暗规则非正式规则盛行的治理方式治理社会。如在中国传统社会,这种治理方式与家族制或类家族制国家制度相结合,造成了两种极端的政治主体行为模式并在两种极端之间轮回:"在政通人和之际,明君就是贤良的父亲,子民就像听话的孩子、大家相安无事,于是,家庭安定,天下太平;但一遇天灾人祸,百姓揭竿而起时,这样的管理马上失去了效力,执政方与在野方,都可以打出'替天行道'的旗帜,宣称'天理'、'天道'在自己这边。君主、官员撕破温情、亲民的外衣,而露出残忍的一面。百姓则由顺民变为刁民、暴徒,于是天下大乱开始了。国家只能靠高压、靠暴政","中国封建社会的统治术中,始终含有'愚民'、'驭民'、'牧民'的成分,而少于科学理性"。[1]

当然,社会规则的理性化需要政治权力主体和普通国民对深层的伦理价值观念加以理性化反省,让制度上升制度文化的层次。露丝·本尼迪克特在分析日本人战后的行为模式变迁时认为,日本人在战前实行选举制度近30年,农村人投票之前总是说:"洗好脑袋准备砍头"。人们将选举比作有特权的武士对平民的攻击。选举制度对日本普通国民的积极影响几乎甚微,只是藩阀之间、党派之间利害的斗争。而"日本人走向社会变革迈出的第一大步则是承认侵略战争是'错误的',是失败。他们十分希望在和平国家中重新取得受尊重的地位"。露丝·本尼迪克特进一步分析:

"想用命令方式创造一个自由民主的日本,美国做不到,任何外国也做不到。不论在哪一个被统治国家,这种办法从未成功。任何外国都不能强迫一个具有不同习惯和观念的民族按照外国的模式去生活。法律不能使日本人承认选举出来的人们的权威,不能使他们无视其等级制中的'各得其所'。法律也不能使他们具有我们美国人所习惯的那种自由随便的人际交往、自我独立的强烈要求,以及自行选择配偶、职业、住宅和承担各种义务的热情。但是日本人已明确认为需要向这个方向改变。日本投降后,他们的为政者说,日本必须鼓励男女国民掌握自己的生活,尊重自己的良心。他们虽然没有这样说,但每个日本人心里都明白,他们已在怀疑'耻',在日本社会中的作用而希望在同胞中发展新的自由,亦即从对'社会'谴责和追究的

---

[1] 郑俊田.政府依法行政的本体考察[M].北京:中国商务出版社,2009:245.

恐惧中解放出来。"①

四、政治伦理文化的基本特征

(一)政治伦理文化具有独特的民族性

政治伦理文化的民族性是政治伦理文化不同于政治思想的一个重要特点。政治伦理文化包含许多因素,其中民族心理是一个非常重要的方面。一个民族在共同的地域、长期共同的经济生活和社会生活中,形成了共同的语言,形成了表现于共同文化上的共同心理素质,并成为维系民族凝聚力的心理和文化纽带。因此,一个民族的政治伦理文化就有其民族性的特点,这就要求人们在对世界各种政治伦理文化进行比较分析时,重视每种政治伦理文化所包含的特定的民族气质、民族精神和民族心理。当然,政治伦理文化在表现出强烈的民族性的同时,也具有一定程度的世界性。在现代化进程中,世界化的精神演化现代文化已深深扎根于社会经济发展的各个层面,渗入人们的习俗、礼仪、道德及普遍性思维中。随着经济全球化、数字化发展,生活于不同国家民族的人们在政治态度、政治信仰、政治情感等方面也经历着时代的变迁,从对政治权威的盲目迷信到理性自觉,逐渐认识到自己作为"政治人"的主体权利和作为现代公民所拥有的政治责任。政治权力公共化和公有化、维护公民个人合法权益日益成为人类追求政治文明的核心主题。

(二)政治伦理文化具有相对的独立性

人是政治伦理文化的创造者,同时也是政治伦理文化的承载者。在现实的政治实践活动中,人们不仅受到已有的政治伦理文化形态的影响,而且在自身的历史活动中传递和延续着特定的政治伦理文化,正是在社会成员一代又一代的历史活动中,政治伦理文化才得以绵延不绝。政治伦理文化虽然具有历史继承性,但它不会随着政治制度的变动而立即消失或快速重建。旧的政治伦理文化不会随着新制度的建立而立即消失,它还会在一个相当长的时期里滞留在人们的观念领域,沉淀在人们的文化心理意识之中,并对人们的行为产生持久的影响。

(三)政治伦理文化具有一定的时代性

任何文化形态都不是一成不变的,政治伦理文化也不例外,它是随着社会历史的发展而不断发展变化的。任何生产方式的变革必然会带来政治制度的

---

① (美)鲁思•本尼迪克特.菊与刀[M].吕万和,等译.北京:中国商务印书馆,1996:210,217-218.

变迁,进而使人们在政治心理、政治价值观以及政治信仰等多方面发生相应变化,而这种变化反过来又进一步推动政治制度的变迁。政治伦理文化随着时代的进步而体现出一定的与时俱进的特征,如 20 世纪 70 年代以来,中国的政治伦理文化就日趋理性化、世俗化,现代化的政治伦理文化观念日益深入人心。但另一方面,还要注意到,现实的政治伦理文化总是处于一种各种时代伦理文化要素互相交织的状态。尤其是许多后发国家在现代化过程中传统性、现代性、后现代性政治伦理文化总是互相交织、缠绕。由此造成政治和社会发展价值主体性目标的缺位和错位,进而导致整个发展进程的混乱阻滞。对待社会秩序问题、市场发展问题和政治现代化发展政治心态问题也会不时处于一种矛盾的进退失据的状态。

五、政治伦理文化与政治社会化

(一) 政治伦理社会化

作为一个教育和传递过程,政治伦理社会化也是政治伦理文化的重要内容。政治伦理社会化是社会生活和政治权力通过特定的方式和途径养成社会成员权威人格或权利人格,从而形成思想文化的政治认同和道德权利的途径。政治伦理心理和政治伦理思想通过家庭、学校、特定的政治符号、大众传播媒介、社会政治组织和政治实践等一系列途径相互联系、相互影响,从而实现传播、教育和继承。

(二) 政治伦理文化社会化主要途径

政治伦理文化社会化主要途径是公民的政治参与。法国托克维尔曾考察并深入研究过美国的民主制度,将美国国民性中的某些方面称之为个人主义。但他并没有停留在个人主义所存在的内在弱点上。他将美国人国民性中个人主义结合到政治制度安排之中来理解,即个人主义价值观念在制度文化价值体系中的平衡状态。这种状态是地方性政治参与的政治自由对个人主义无限蔓延的遏制。进而让人们看到个人主义的平等独立价值,成为人人政治参与地方自治的精神动力,原子式的个人走出自己独立狭隘的自我,在与他人的联系中形成独立平等关系的公民组织,以此来担负起公共责任,积极地参与地方自治。平等与独立不只是政府的权力分配和官僚体制的恩赐,而是公民能在社会中自觉充当担负起连接个人与国家政治权力的"中间团体"之公共责任。因此,联系法国现实,他指出,造就暴政的不仅是专制独裁的统治者,而且是丢弃了自由、不能摆脱奴性的国民。他们自顾自地委曲求全、迁就现实,既无意愿也无能力相互合作形成能与国家权力抗衡的"中间团体"。

政治伦理文化社会化一方面需要公民的政治伦理意识将宪法中的公民主体地位提高到公民的自觉政治意识层面。通过落实宪法，展示宪法的生命力，促进公民的政治意识。另一方面，需要公民积极有序的政治参与，将基于政治公共理性的公共责任视为公民的政治伦理认同的对象，对现代政治普遍的宪法规则体系及法律权威，而非对权力、权力资源及个人，产生积极的依附归属意识和忠诚感。

第二节 现代政治文明

在我国的古籍《尚书》和《易经》中，分别有："睿哲文明"、"见龙在田，天下文明"的表述。在古代中国人看来，圣上开明的皇权统治本身就是政治文明。与中国不同的是，作为西方"文明"(civilization)概念的词根源于拉丁文Civilis，其含义十分丰富，含有公民、市民、城邦、社会等意思。在近代英文中为civil society，可译为"公民社会"、"市民社会"、"文明社会"。主要指业已发达到出现城市的文明、政治共同体的生活状态。政治文明意味着政治国家拥有一套稳定的、现代的价值观和与它相适应的一套制度。任何现代国家文明的崛起，恰恰不是固守自身的文明传统，而是要把民族文化的优秀的因素融入到人类文明演进的历史当中。政治文明的核心是制度文明，而制度文明是否进步关键在于政治制度的伦理价值取向及其对社会历史的促推作用。

一、政治文明的内涵

（一）概念

"文化"与"文明"这两个词，一般意义来说，都表征人类征服自然和改造自然所创造出来的物质成果和精神成果。二者有不同的侧重，"文化"偏重于特定人类族群基于一定思维观念，认识世界，创制制度所形成的生活、行为方式或模式。而文明侧重指称的是人类走出自然和野蛮状态，在物质和精神上所取得历史进步和发展之程度。文明是人类力量得到最大可能的展现，是人类物质自然界和对人类自身内在本性的最大限度的发展和调适，反映了人类理性精神的进步。关于政治文明的概念，学界还未有一致观点。有代表性的，如"所谓政治文明，简单地说，就是人类社会政治生活的进步状态。政治文明包括政治意识文明、政治制度文明和政治行为文明三个组成部分,是由这三个部分组成的有机整体"。① "政治文明表现为政治思想、政治制度和政治设施的进步和完善。政治思想是在阶级出现后才形成的,是最直接,最集中地反映经济基础的社会意识形态"②。因此,政治文明,是人类在政治生活中关于政治观念、制度、行为、设施等方面进步的状态。

政治文明历史起点是民主政治。恩格斯曾明确指出:"文明时代是社会发展的这样一个阶段,在这个阶段上,分工、由分工而产生的个人之间的交换,以及把这两者结合起来的商品生产,得到了充分的发展,完全改变了先前的整个社会。"③ "管理上的民主,社会中的博爱,权利的平等,普及的教育,将揭开社会的下一个更高的阶段,经验、理智和科学正在不断向这个阶段努力。这将是古代氏族的自由、平等和博爱的复活,但却是在更高级形式上的复活。"④ 马克思认为,政治文明的实质在于民主政治。1844年11月,马克思在《关于现代国家的著作的计划草稿》一文中明确地提出了"政治文明"的概念。马克思不但提出了政治文明的概念,而且揭示了政治文明的核心在于民主政治。马克思认为封建社会废除了奴隶制,把所有奴隶从人身占有状态变为人身依附的相对自由人状态,享受自由权利的人比奴隶社会更多了。但封建神权政治、等级特权的王权政治又造成了新的人身依附关系。资本主义社会推翻了封建专制的等级特权统治,倡导自由、平等、博爱、人权、契约政治价值,确立了法治精神和法治理念,建立分权制、选举制、政党制、监督制等民主政治制度形式,较之奴隶社会、封建社会,解放了人社会身份的依附关系。人类政治才进入了文明时代。但在这个政治文明社会里,也同时存在着政治丑陋、政治衰败现象。文明与野蛮、堕落同时并存。马克思认为,资本主义的政治文明是"建立在劳动奴役制上的罪恶的文明"。⑤ 他认为,巴黎公社起义,"搞了一次反对文明"⑥即反对资本主义政治野蛮的英勇斗争。人类要彻底走出政治野蛮,实现真正的政治文明,必然要走出资本主义政治文明,走向社会主义政治文明,社会主义政治文明一定会实现真正的民主政治。

现代政治文明是与野蛮的集权专制相对立的人民当家作主的制度和民主

---

① 虞崇胜.政治文明论[M].武汉:武汉大学出版社,2003:123.
② 李靖宇.社会主义政治体制大辞典[Z].沈阳:沈阳出版社,1989:100.
③ 马克思恩格斯文集(第4卷)[M].北京:人民出版社,2009:193.
④ 马克思恩格斯选集(第4卷)[M].北京:人民出版社,1995:104.
⑤ 马克思恩格斯全集(42卷)[M].北京:人民出版社,1979:238.
⑥ 马克思恩格斯全集(42卷)[M].北京:人民出版社,1972:394.

法制制度,是与市场经济发展要求相一致的,以自由、民主、公平、正义为理念,以民主政治为载体,以法治为表现形式的新的政治文明。现代政治文明表现为对野蛮和蒙昧的超越,主要表现为:政治理念的文明、政治制度的文明和政治行为的文明。政治文明的体系结构大致上应由理念文明、政府文明、政党文明、法治文明和公民文明五个范畴构成,都凸显了民主政治的基本特征。

(二)基本构成

1. 政治理念的文明

主要是指民主、平等、法治、公平、正义、理性等现代民主政治观念深入人心,成为支配现代政治活动的基本政治理念。政治观念、政治思想与政治制度同属上层建筑,受经济基础之影响,是对经济基础的能动的反映。在古代社会,由于市场经济的不发达,宗法制农业经济构成了整个社会的经济基础,适应这种农业经济要求的社会政治制度是高度统一与整合的政治制度架构,由此,占支配地位的政治观念就是服从、等级、身份等理念。在权力本位的社会里,公共领域与私人领域没有分化,权力支配着权利,因而"正义"就表现为对身份的认同和对权力的服从,"君君、臣臣、父父、子子"就是等级社会最基本的政治理念。现代社会市场经济取代农业经济,契约关系取代了身份关系,公共领域和私人领域呈现出分化的趋势。适应这一经济和社会的变化,国家权力不再过度干预私人生活领域而是被限制在公共领域之中,权力不是来源于等级和身份的特权而是基于社会契约而产生的公共权力,其根本宗旨是保护公民的平等权利不受侵犯。启蒙运动所倡导的民主、自由、公平、正义、法治、理性等观念逐渐成为现代人的基本政治理念。

2. 政治行为的文明

主要是指政治权力和公民行为方式的文明,是政治权力者之间通过平等竞争获取国家权力并在对话的基础上达成某种"重叠共识",其主要表征是以制度宽容、对话为核心原则,以竞争替代斗争为主要方式。古代社会是以人的依附为关系的社会,其政治权力建立于血缘和等级之上,专制权力不会得到被统治者的内心认同或服从,只是表现为臣民顺从。被统治者往往也觊觎特权者的权力。特权者为了自我保护,最有效的往往依赖国家暴力机器进行野蛮的强制力控制,几乎没有真正的宽容和对话。房龙说:"只要不宽容是我们的自我保护法则中必不可少的一部分,要求宽容简直就是犯罪。"[①]古代政治活

---

① (美)房龙.宽容[M].刘寿宾,译.芜湖:安徽师范大学出版社,2013:194.

动的基本形式暴力、权术、阴暗或血腥的政治斗争,野蛮是政治行为的常态。现代社会,竞争成为人与人之间的基本关系形式。垄断的权力资源配置形式为竞争获取资源所取代。现代竞争与古代斗争的主要区别在于:古代斗争属于自然政治,服从于自然欲望情感原则;现代竞争属于人为的理性政治,服从于自由的理性法则。建立在公民组织基础上的政党,各自为了自身政治利益需要,在宪法制度下,为获取权力展开和平的竞争。由此,公民的政治行为方式区别于古代臣民的,最主要的在于以一种法权平等的地位、政治主体的角色,积极参与到政治生活中,表达自己的政治意愿。

3. 政治制度的文明

主要体现在以民主、自由、公平、权利等现代政治理念、以宪法为核心、以法治为基本治理形式的几种基本要素构成的现代政治制度架构。宪法真正居于国家政治生活的核心,政治制度创设、政治制度运行都必须与宪法相融合,并在其规范和价值理念的范导下,才会取得合法性。以宪法为核心的政治制度文明主要特征有:第一,政治权力的契约性。现代国家建立在契约基础之上,以契约化的市场经济为基础。洛克的社会契约论认为,在自然状态下,所有人都是自由的、平等的,理性的自然法教导人们彼此尊重他人的生命、财产与自由的权利。但是,由于自然状态下权利享受的不稳定性,并且自然状态中,缺少既有的明晰确定的公共标准,也缺少权的公正裁判者,因此人们才被迫组成社会,订立契约将破坏自然法的惩罚的权力委托给一个公共机构实施,这就是国家。这种契约就成为国家运行的基本规则体系——宪法的合理性依据。第二,政治权力的有限性。政治权力作为一种公共权力,是一种"派生"的权力,是从公民权利中派生出来,公民权利才是"本原"性的。因而政治权力是有限的权力,受到公民权利的限制,其活动范围不可逾越公共领域。

二、现代政治文明基本理念

现代政治文明是相对于传统政治文明而言的。现代政治文明最初发源于西方近代的反对天主教教会和专制主义的斗争。经过几百年的批判创新,形成了一些得到普遍认同的理念。政治理念的文明是指民主、平等、法治、公平、正义、理性等现代民主政治观念成为支配现代政治活动的基本政治理念。既表达了人们对这些理念的追求,也标志着现代政治文明较之古代文明,体现出的历史进步和发展。

(一)自由

人生而自由、平等是世界历史自启蒙运动以来人类政治生活的普遍的根本常识和共识。现代政治文明直接动因就是要把人从宗教教会和专制主义的束缚中解放出来，使人获得自由，因而自由是现代文明尤其是现代政治文明的目的和核心。现代意义的自由就是要使所有人能在法制的范围内按自己的意愿行事。政治权力也好、政治制度也好，必须守护和扩大公民的这种自由。自由理念是构建一个包容所有社会成员的自主自律、平等合作、开放互惠的公共理性政治秩序的最基本的观念条件。每一位社会成员在这一秩序中都享有平等的界限、明晰的自由权利。任何人和组织都不能将自己的非理性权力意志凌驾于他者之上。

（二）平等

现代政治文明反对等级制，把平等作为自己的旗帜。人格和尊严的平等是现代政治文明理念的基石。现代意义的平等主要是指所有公民在人格、权利和机会方面都是平等的，不允许有任何享有特权的公民存在。平等像自由一样，也是人的基本权利。一切政治制度和政治活动都必须尊重和努力实现这种权利。

（三）民主

现代政治文明反对专制，强调公民是自己的主人，同时也是社会的主人。现代民主是公民自主，而不是为民作主，其基本含义就是公民自治，公民参与管理。现代政治文明强调政治必须以民主为基础，必须是民主的政治。公民在政治生活中具有参与权。人民主权成为现代政治与传统政治区分的标志，民主是现代政治文明的根本标志。民主也是社会主义制度的核心价值观，人民的根本利益是政策、制度的根本价值指向。

（四）公正

现代政治文明反对偏私和不公，强调在尊重和保护公民自由和权利的前提下对社会资源的分配进行必要的调节，将社会事实上的不平等控制在合理的限度内。现代意义的公正就是要使每一个社会成员得其所应得，使社会的分配公平合理。在现代政治文明中，公正被看作是社会的最高原则和首要美德。

（五）法治

法治是自由、平等、公正等现代政治理念的制度化。法治确保社会成员自由、平等权利，实现社会公正的保障。现代政治文明反对人治，主张法治，强调在法制面前人人平等。人们的公共生活都必须依据法律，任何个人和组织都不能凌驾于法律之上。法律是体现合理性和正当性的良法。现代法治不是限制而是要保护和扩大公民的自由和权利,不仅贯彻和保护政治权力受托者——政府官员的合法意志,而且又限制其意志和权力,使其成为有限政府和有限权力。现代法治的根本使命是使公民的自由和权利得到普遍实现而不受侵犯。现代法治要求一切社会管理(包括政治)都要纳入法制的轨道,实现法律化、制度化、程序化,因而现代政治文明也可以说是法治文明或制度文明。

三、现代政治文明基本特征

(一)政治生活化

吉登斯对现代性社会中现代政治关系的变化这样阐释道:以前的政治主要是一种"解放政治",是一种生活机遇的政治,主题是减轻或消灭剥削、不平等或压迫,关心的是权力与资源的差异性分配,特点是等级制。而在现代性高度稳固之后,政治秩序的取向则是"生活政治"。"生活政治"是一种生活方式的政治,政治权力不再是等级制的基础,而是自我实现的一种决策能力。"生活政治"的本质则是追求人的自主自足、自我潜能和个性的发展。

(二)政治权力和权利界限明晰化

统治者拥有不受限制的、至高无上的绝对统治权,是传统政治的重要特征之一,现代政治文明则首先明确政治权力来源是公民权利的授予。对于传统政治文明来说,国家政治权力来源于军队、警察等强制力量,谁拥有了国家的强制力量,谁就拥有了政治权力。对于现代政治文明来说,国家政治权力来源于公民,公民是社会的主人,是国家权力的主体,政治管理者是公民的服务者,而不是统治者。传统政治的根本特征在于通过限制甚至剥夺广大被统治者的权利来保护和实现统治者的权利。与此不同,现代政治文明以保护和扩大全体社会公民的自由和权利为唯一目的和使命。个体的自由权、平等权和生存权被看成是不可剥夺和神圣不可侵犯的。无论是国家权力还是公民权利都是通过宪法明晰界定。

(三)政治法治化

传统政治文明是一种人治文明,国家的治理主要依靠统治者的意志,甚至最高统治者的意志,即所谓"朕即国家";现代文明则实行依法治国,法律是国家和社会管理的唯一根据,而法律必须体现大多数公民的意愿和意志。政治和法治的根本目标就是尊重和保护公民权利,肯定人民主权。这是现代政治文明的根本标志。

(四)政治主体多元化

现代政治文明走向成熟的标志是政治宽容。现代社会是一个多元社会,因而差异性就成为新的生活样态。多元社会不是简单地指有多个利益集团,而是指在这个社会中,诸利益集团间的相互平等包容,社会结构的开放性和价值评价体系的非单一性。政治主体与政治客体依照自由、平等、民主的制度原则,在宪法框架下以民主协商、平等对话以及和平竞争为主要活动方式的政治伦理取向。

四、现代政治文明与现代化

现代政治文明是在现代化运动过程中形成的,可以说是现代化的结果。现代政治文明又是作为现代化结果的现代文明的重要组成部分。政治现代化的过程也是一个进步化、全球化与不可逆化的过程。

首先,从现代政治文明与现代化运动的关系看,现代政治文明特别是现代政治变革或改革是现代化的关键。现代化运动要从根本上改革社会的价值体系和生活习惯,政治变革就成为了现代化建设的关键环节。不实行政治变革,就不能突破旧制度或旧体制的束缚,就很难有新文明的成长。同时,现代政治文明本身的理念和原则也是通过现代政治变革确立的。

其次,从现代政治文明与现代文明关系来看,现代政治文明是现代物质文明和现代精神文明的保障。在一定的意义上可以说,物质文明是基础,精神文明是灵魂,政治文明是保障。现代物质文明源自现代科学的发展。现代政治文明对科学发展的根本性意义在于,它肯定并确保个人成为独立自主的主体,个人有思想、探索、创造、言论、出版的自由。没有政治上的自由,以个人创造为前提的现代科学技术的发展便会失去制度性前提和保障。现代政治文明对现代精神文明的意义更明显。现代政治文明可以说是现代精神文明特别是其中的政治理念的现实化,但个体自由、人格独立、权利平等、机会均等等所有现代精神文明的理念只有在现代政治文明的环境中才能变为现实。

最后,从现代政治文明与人的现代化来看,政治文明是人的现代化的核心内容。现代政治文明最重要的意义就在于它要使所有的社会公民成为政治生活的主体。而只有当人真正成为主体,人才真正享有自由、平等的权利并自觉捍卫这种做人的基本权利的时候,人才能够真正成为人、成为现代人。现代社会是人的主体性得到解放的时代。因此,政治文明化的过程,也是人步入现代大门、人的现代化过程。人的现代化过程也是政治文明现代化过程。文艺复兴和启蒙运动,历经思想观念的变革,发现了现代文明价值观念的同时,也发现了现代人。开启了人思想的现代化、心理人格的现代化、行为方式的现代化文明历程,同时也启动了人从封建等级特权的社会政治关系中解放人身依附关系的政治文明的历程。英格尔斯说:"落后和不发达不仅仅是一堆能勾勒出社会经济图画的统计指数,也是一种心理状态","'现代'可以被视为代表我们这个历史时代特色的一种'文明'的形式","越现代的个人越渴望改变现状,越能乐于接受新的思想观念和经验,因而也就越少宿命色彩,越少畏惧权威和接受传统"。据他调查的后发展国家国民,得出一个结论说:"越现代的人越'激进',他们赞同他们社会的基本制度要来一场迅疾深刻的转变。"①

第三节 政治伦理文化的现代化

现代化不仅指经济方面的发展,还指整个社会转型的过程,包括科学文化知识、政治民主的制度、社会结构、社会心理等。吉尔伯特·罗兹曼说:"现代化是人类历史上最剧烈、最深远并且显然是无可避免的一场社会变革",现代化"被视作各社会在科学技术革命的冲击下,业已经历或正在进行的转变过程。业已实现现代化的社会,其经验表明,最好把现代化看作是涉及社会各个层面的一种过程"。② 政治伦理文化的现代化是一种政治文化的现代化,根本上说是现代伦理文化的制度性创制及其价值实践过程。

一、文化的现代化与人的现代化

现代化概念,从严格的意义上说,是一个社会学概念。美国学者布莱克(C. E. Black)考证,现代化理论诞生于20世纪50年代。美国经济学家库兹涅茨(S. S. Kuznets)最早提出了"现代化"的概念。1951年6月,在芝加哥大学举行的一次学术会议上,与会者感到使用"现代化"一词来说明从农业社会向工业社会的转变是比较合适的。自此,"现代化"这个术语开始被经济、社会、政治、教育、文化、人类学等学科理论广泛使用。亨廷顿(S. P. Huntington)曾对学术界各种理解作了归纳,概括出了现代化过程的九个特征:① 现代化是一个革命性的过程,涉及人类生活方式根本的和整体的变化;② 现代化是一个复杂

---

① (美)阿历克思·英格尔斯. 人的现代化[M]. 殷陆君,译. 成都:四川人民出版社,1985:3,62.
② (美)吉尔伯特·罗兹曼等. 中国的现代化[M]. 比较现代化课题组,译. 南京:江苏人民出版社,1995:4-5.

的过程,它包含着实际上是人类思想和行为一切领域的变化;③ 现代化是系统的过程,一个因素的变化将联系并影响到其他各种因素的变化;④ 现代化是一个全摩性过程,这种现象首先由欧洲现代思想和技术的扩散所造成,同时也部分表现为非西方社会自身发展的结果;⑤ 现代化是一个漫长的进化过程,是在各个领域的全面变革,只有通过漫长的时间才能完成;⑥ 现代化是一个阶段性的过程,从传统阶段开始,到现代阶段结束,其间包含若干子阶段;⑦ 现代化是一个趋同的过程,它导致不同社会的趋同走势,使不同的国家日益相互依赖,并最终导致人类社会的一体化;⑧ 现代化是一个不可逆转的过程。不同社会之间的变革速度会有差异,但变革的方向是一致的;⑨ 现代化是一个进步的过程,过渡时期(特别是早期)的代价和痛楚是巨大的,但现代化社会政治经济秩序所创造的成就远远超过它们。[①]

现代化是人类生活方式整体性变迁的历史趋势,具有世界性、历史性和规律性。文化的现代化与人的现代化既是学术理论界从各学科理论出发对现代化的理论解释,也是人类现代化进程发展到一定阶段后对现代化的深入认知和实践经验。

(一) 现代化是科技与工业化的历史过程

中国近代理解为"欧化"、"西化",认为要学习西方欧美国家科学、技术、文化教育甚至政治制度,以富国强兵,民族独立。至今仍然有人这样理解,认为现代化就是要让社会全盘学习西方人的政治、经济、文化等生活方式。20世纪50年代,中国人提出"四个现代化"概念,"我们要实现农业现代化、工业现代化、国防现代化和科学技术现代化,把我们祖国建设成为一个社会主义强国关键在于实现科学技术的现代化。"[②]这里的现代化可理解为经济落后的国家需要通过科学技术的发展,将工农业、国防等方面赶超西方国家先进水平的目标和过程。还有一种观点认为,现代化实质就是工业化,认为现代化就是指人类社会从传统的农业社会向现代工业社会转变的历史过程。这也是西方50年代的工业主义流行的观点。这种观点实质将现代化狭隘理解为"经济的现代化"。

(二) 现代化是社会结构功能不断调适形成现代趋同性的历史过程

20世纪70年代西方现代化结构功能学派将现代化理解为:由于科学革

---

① 夏耕.中国城乡二元经济结构转换研究[M].北京:北京大学出版社,2005:19.
② 周恩来.周恩来选集(下卷)[M].北京:人民出版社,1984:412-413.

命具有改变人类环境的巨大力量,造成特殊的社会变迁方式,而社会各单元对于这一新环境和变化的适应和调整的过程就是现代化。布莱克(C. E. Black)等人的研究小组,主要是用比较历史的方法研究现代化,他们把现代化解释为在科学和技术革命影响下,社会已经发生和正在发生的转变过程。这一过程涉及政治的、经济的、社会的、思想的各方面的变化。如,国际相互依赖的加强,非农业生产(特别是工业和服务业)比重的提高,死亡率降低,经济持续增长,收入分配趋于拉平,各种组织与技术的专门化和大量扩增,科层化,群众性的政治参与,各级教育水平提高等。他们还提出现代性概念。"现代性"则是现代社会区别传统社会的明显特征和属性。它是社会在工业化推动下发生全面变革而形成的一种属性,这种属性是各发达国家在技术、政治、经济、社会发展等方面所具有的历史趋同性的共同特征。这些特征可大致概括成为:① 民主化;② 法制化;③ 工业化;④ 都市化;⑤ 均富化;⑥ 福利化;⑦ 社会阶层流动化;⑧ 宗教世俗化;⑨ 教育普及化;⑩ 知识科学化;⑪ 信息传播化;⑫ 人口控制化,等等①。

(三) 现代化是文化趋向理性化变迁的历史过程

现代化是人类理性化历史过程。现代化是一种人类思维观念、社会心理、价值观和整体生活方式的文化变革历史过程,是传统文化和文明向现代文化和文明变迁的历史过程。这是从社会学、文化人类学、心理学的角度考察现代化的。最早提出这一观点的应该归功于德国著名社会学家和历史学家马克斯·韦伯。他认为现代社会的兴起有其内在的精神文化成因,这就是理性精神发展的结果。理性精神带来现代的理性化整体生活方式。理性的经济道德为资本主义发展提供了新的内在驱动力。他的学生帕森斯认为现代化就是人类对自己的自然环境和社会环境的合理性控制的扩大。现代化就是人类整体生活方式的"合理化",是一种全面的理性的发展过程,即现代化是一种文化现代化的历史过程。他们认为,现代人区别于传统人关键在理性,如现代人——新教徒注重现实的利益,精于计算,辛勤工作,把牟利赚钱看做"天职",理性消费,在生活中保持清心、节俭、苦行的原则等。现代人是功利化、世俗化、工具化的理性人。在工作中,守时、讲效率、讲究责任、讲究成功获得感、不带私人情感、专业化、计较个人利益等。

(四) 现代化是人的现代化历史过程

较早研究人的现代化是 D. 里斯曼(Davld Reisman),他在 1953 年出版的

---

① 罗荣渠.现代化新论[M].北京:北京大学出版社,1993:14-15.

《孤独的人群》中,通过对美国人的特点的研究,提出了"传统倾向"、"内部倾向"和"其他倾向"等概念。他认为具有内部倾向的现代人不在类似传统人那么依赖古老习惯、传统规范,而是有一套高度内化了的行为规范,勇于选择自己的路。最著名的关于人的现代化研究是美国社会学家阿列克斯·英克尔斯。他的研究小组发现现代化包括各个方面,比如民族、政治体系、经济、城市、学校、医院、服装、行为举止等。他们通过对六个国家的人的现代化的比较,揭示了不同国家、不同民族的人,在现代化方面具有共同性、一致性。主要体现在四个主要的方面①:① 他是一个消息灵通的、参与的公民;② 他具有明显的个人功效意识;③ 就与种种传统影响力的关系而言,他具有高度的独立性和自主性,尤其是在他做出如何指导个人事物的基本决定时是如此;④ 他容易接受新经验和新思想,即他是相对心怀开放的和具有认识的弹性。他们认为现代性是人类普遍的潜能:"现代性的特质,并不是任何一种文化传统下独有的产物;反之,这些特质却展现出一个普遍的模型,所表示的是人类潜能的一种形式,一种在特定社会情况下特定历史时间里,逐渐突出的形式。"②

历史是人的历史。人是文化、文明和历史的主体。现代化归根结底,还是人的现代化。人的现代化与文化现代化两者紧密相关。现代化的核心是人的现代化,人的现代化是实现由传统社会向现代社会转型的最根本的保证。人的现代化是现代社会整体秩序持续发展的基本条件。英克尔斯说:"如果一个国家的人民缺乏一种能赋予这些制度以真实生命力和广泛的现代心理基础,如果执行和动用这些现代技术的人,自身还没有从心理、思想、态度和行为方式上都经历一个向现代化的转变,失败和畸形发展的悲剧是不可避免的。再完美的现代制度和管理方法,再先进的技术工艺,也会在传统人的手中变成废纸一堆","人的现代化是国家现代化必不可少的因素,它并不是现代化过程结束后的副产品,而是现代化制度与经济赖以长期发展并取得成功的先决条件。"③一个国家现代化历史进程的演化可以被看作人的价值观、心理、行为方式的文化现代化转变与培育的过程,也是人的独立性与自主性逐步增强的过程,是公民参与意识、开放意识、宽容意识、竞争进取精神、探索创新精神等现代意识不断发展的历史过程。

---

① 尹保云.什么是现代化:概念与范式的探讨[M].北京:人民出版社,2001:118-119.
② 尹保云.什么是现代化:概念与范式的探讨[M].北京:人民出版社,2001:119.
③ (美)阿历克思·英格尔斯.人的现代化[M].殷陆君,译.成都:四川人民出版社,1985:8.

第十章　政治伦理文化与政治文明

（五）现代化是政治文化现代化的历史过程

人的现代化与文化的现代化需要政治文化现代化作为条件，而政治文化的现代化也为人的现代化和文化的现代化提供制度性保障。政治文化现代化理论对现代化的解释，主要从传统政治文化到现代政治文化的转变过程。他们认为政治文化有传统的和现代的之分。"在工业、教育和大众传媒比较普及的地方，人们容易形成理性化的态度，并形成世俗理智型的社会"。① 一旦世俗化社会形成，政治文化中的体系文化、过程文化、政策文化也发生适应现代社会要求发生转变。阿尔蒙德认为现代社会（比如现在的英国、美国）中的文化不完全是现代的，其中有的是传统的。现代社会的文化包括政治文化如公民文化，也是含混多元的、多样的。在现代化进程中，传统文化与现代文化是交融在一起的。阿尔蒙德说：

"公民文化不是一种现代文化，而是一种混合的、处于现代化过程中的传统文化。新形成的这种文化是第三种类型的文化，它既不是传统文化，也不是现代文化，它既具有传统文化的特征，又具有现代文化的特征。这第三种类型的文化是一种建立在传播与信仰基础之上的多元文化，是一种一致而多样性的文化，是一种允许变革而又节制变革的文化。这种文化就是公民文化"。②

这说明：其一，政治文化的现代性体现为，在多元的政治文化中，现代因素的文化需要占主导地位，否则，这种文化体系，还不能具备公民文化之资格。其二，在整体现代多元政治文化体系中，由现代、前现代、后现代文化从而构成文化上的多元性、多样性。公民文化的发展方向，必须是使其中现代文化的因素广泛传播，如科学文化与民主文化应得以充分传播。传播的过程，即变革的过程。变革的复杂性、偶然性使得各种文化互为碰撞与交流，但在现代宽容、理性、开放的制度框架下，使得变革不至于激烈走向极端。其三，政治文化现代化过程中，前现代政治文化向现代转型的过程，是一个多元文化中现代性文化要素力量逐步发展和壮大的过程。政治文化决定着政治结构和人们的政治行为。民主制度的建设和维持，需要一种调节、合作、商议、宽容的文化模式，是民主文化的重要因素。此外，由于传统政治文化十分牢固，现代社会的政治文化变化也不是很快实现的。因为它既植根于不同的民族历史，又植根于个人的人格，加之，意识形态的排斥。但尽管如此，从现代性扩展的发展趋势看，

---

① 尹保云.什么是现代化：概念与范式的探讨[M].北京：人民出版社，2001：161.
② （美）阿尔蒙德，维巴.公民文化[M].马殿军，等译.杭州：浙江人民出版社，1989：7-9.

现代性政治文化是能够发展变化的。

二、政治伦理文化的现代化

政治伦理文化的现代化的提出，凸显了政治文化现代化的伦理理性自觉。这是对政治文化现代化的应然性与正当性的自觉。从政治文化内在构成要素看：诸如观念、心理、制度、主体行为模式等方面，政治文化乃是一种人的文化，人的群体行为文化，人的制度规范体系文化。对于现代化内生型国家来说，政治现代化依然是一个没有完结的过程，对于外来后发型国家来说，政治现代化也不仅仅是政治制度、政治规范体系、政治权力运行机制简单移植和复制。其主要根源在于，人类自从进入现代社会以来，起初所确立的现代启蒙理性价值和现代精神，至今还无法脱离这个框架。一经踏入这个进程，便无法真正超越和逆反。现代科学、市场经济、民主制度的现代化进程是一个不可逆的进程。人类的文化现代化依然行进在路途之中，政治文化现代化或政治文化发展的主题依然还没有完结。换言之，政治现代化总是会给政治现实提出问题，要求政治现实做出回应。这意味着作为政治文化系统之内核和目的之政治伦理文化，需要在政治现代化过程中，确立好现代政治文化价值导向，发展现代政治文化思维，塑造政治主体符合现代价值理念的政治德性，形成相应的政治行为模式。

1916年2月，陈独秀在《新青年》杂志1卷6号发表《吾人最后之觉醒》，认为："最初促吾人之觉悟者为学术，相形见绌，举国所知也；其次为政治，年来政象所证明，已有不能抱残守缺之势。继今以往，国人所怀疑莫决者，当为伦理问题。此而不能觉悟，则前之所谓觉悟者，非彻底之觉悟，盖犹在惝恍迷离之境。吾敢断言曰：伦理的觉醒，为吾人最后觉悟之最后觉悟。"而现代化发展的伦理自觉体现在政治文化方面，主要包括政治伦理观念、制度伦理和行为方式的理性自觉。政治伦理文化作为贯通政治观念、制度和行为方式，克服了三者相对孤立发生作用而带来的理论局限性、片面性（如权力决定论、制度决定论或文化决定论）以及单向度作用现实生活所产生的弊端等。政治伦理文化的现代化具体体现在以下三方面的伦理理性自觉：政治伦理观念、伦理规范体系以及伦理行为模式与习俗的自觉。

（一）政治伦理文化价值观念的现代自觉

政治伦理价值观念的现代自觉本质上是政治公共理性价值的自觉。传统政治也意识到政治权力的公共所有的特性，所谓的"天下为公"，天下不是一家一姓人的天下等。但严格来说，传统政治自然主义色彩较重，还缺乏一种政治权力公共所有的实现制度和体制,还处在一种不自觉的状态。"现代公共哲学观念认为,一个社会之所以能不断发展和保持稳定,一个重要的因素应该归于社会发展的公共性诉求。社会发展的公共性诉求,不是为了某个集团的利益要求,也不是为了几个集团的利益需要"。① 现代社会是人类理性自觉的社会,从社会发展的理性自觉的视角认识政治的公共理性之本性。公共理性在政治领域则表现为政治的公共性。公共性既指属于社会所有、公众公有公用、共同公享公共物品以及公共领域所具有的本质属性。而公共物品、公共领域则是公共性借以实现的载体、途径或条件。它包括社会生活公共领域的公共性和公共权力公共领域的公共性两类。

1. 公共性自觉意味着人类世界存在论意义的自觉

汉娜·阿伦特曾对"公共"与"公共性"范畴有系统深刻的理解,她认为,"公共性"既是存在论范畴,具有深刻的本体论意义,同时它又是一个知识论范畴,具有鲜明的认识论意义,更重要的还在于它是一个实践—生存论范畴,具有重要的价值论意义。公共性的含义:首先,"公共性"意味着公开性。阿伦特指出:"'公共'一词表明了两个密切联系却又不完全相同的现象。它首先意味着,在公共领域中展现的任何东西都可为人所见、所闻,具有可能最广泛的公共性。对于我们来说,展现——即可为我们、亦可为他人所见所闻之物——构成了存在。"② 其次,"公共性"还意味着公共空间的实在性,这是由第一层含义引申出来的意思。它是指人们之间的公共空间借以呈现自身的角度、观点和意见。按照阿伦特的理解:"公共领域的实在性则要取决于共同世界借以呈现自身的无数视点和方面的同时在场,而对这些视点和方面,人们是不可能设计出一套共同的测量方法和评判标准的。""因为,被他人看见和听见的意义在于,每个人都是站在一个不同的位置上来看和听的。这就是公共生活的意义。"③ 最后,"公共性"意味着共同的世界。"共同的"既指与公共性中"他者"联系和分离的物体世界,更指一种关于这种世界的想象,即"共同体想象"。"'公共'一词表明了世界本身。"④

2. 公共性自觉意味着公共权力历史性和社会性的自觉

马克思恩格斯对社会和政治的公共性理解则更为彻底。他们认为公共性则是人类历史发展和社会生活的本性。人类社会发展是一个公共性不断发展

---

① 袁祖社.“公共性”的价值信念及其文化理想[J].中国人民大学学报,2007,(1).
② (美)阿伦特.人的条件[M].竺乾威,等译.上海:上海人民出版社,1999:38.
③ 汪晖主编.文化与公共性[C].北京:生活·读书·新知三联书店,1998:88.
④ 汪晖主编.文化与公共性[C].北京:生活·读书·新知三联书店,1998:88.

的历史进程。人类历史发展是从政治奴役到政治解放,从政治解放到社会解放,从民族国家解放到人类社会的普遍解放的历史进程。政治权力也随着资本和财产私有转向社会所有的经济关系的变迁,也经历着从公共权力与社会的分离到重新结合并回归到社会所有的过程。马克思说:"把资本变为公共的、属于社会全体成员的财产,这并不是把个人财产变为社会财产。这里所改变的只是财产的社会性质。它将失掉它的阶级性质。"① 恩格斯在《法兰西内战年单行本导言》说:"请看巴黎公社。这就是无产阶级专政。"关于巴黎公社,马克思在《法兰西内战》中这样描述"公社——这是社会把国家政权重新收回,把它从统治社会、压制社会的力量变成社会本身的生命力,这是人民群众把国家政权重新收回,他们组成自己的力量去代替压迫他们的有组织的力量,这是人民群众获得社会解放的政治形式,这种政治形式代替了被人民群众的敌人用来压迫他们的假托的社会力量"。② 马克思认为未来的共产主义社会才是公共性与个体性充分融合的社会,国家权力则由一个自由人联合体力量所替代。阿伦特认为,马克思的共产主义理想不是一种乌托邦,实质是雅典城邦国家的公民自由与责任的民主政治和社会状况的现代重生。

3. 公共性自觉意味着政治伦理文化价值观念系统的自觉

政治伦理文化价值观念系统是指一定政治权力系统赖以存在的以某种核心价值为中心组成的各种价值观念的结合,各种观念要素功能发挥,以整体系统方式发挥效能。在人类的现实政治生活进程中存在着三类政治价值观念系统:一种是掩盖政治生活真相、以虚假的东西混淆视听的政治宣传与说教;一种是代表某个阶级与集团的政治原则、立场与理想的政治观念;一种是作为系统化、规范化的政治心理、政治意识的精神观念。在现实的、具体的政治意识形态中,这三种意识形态因素又往往交织在一起。③ 政治价值观念的系统化和定型化就是政治(文化)意识形态。"意识形态"概念最早起源于欧洲文艺复兴时代的启蒙运动。在这一运动中,一批理论家和思想家为反对教会宗教神学、封建等级特权而提倡自由、科学与民主等思想科学。政治文化意识形态为人们理解复杂的政治现实与未来提供简单的模式和方向,同时凭借强大的观念力量给政治行动以正当性与合理性。现代政治文化意识形态流派纷呈,围绕某个价值观念百家争鸣,比如对公共性的理解,自由主义与共和主义,就有

---

① 马克思恩格斯选集(第1卷)[M].北京:人民出版社,1995:286-287.
② 马克思恩格斯选集(第3卷)[M].北京:人民出版社,1995:95.
③ 严强,孔繁斌.政治学基础[M].南京:南京大学出版社,2013:314.

不同理解。自由主义更倾向于公共权力来源个人权利的合理性,共和主义更倾向于公共意志的同意。但现代意识形态区别传统,重要的在于意识形态的开放性、包容性、平等性。莫兰说:"民主意识形态的内部包含着自由/平等/解放三位一体的大神话。在有奴役、专政、极权的地方,它带来希望和解放的允诺。不过,民主意识形态不会蜕变成救赎的宗教,也不会具有学说的那种正统性。民主意识形态/神话的内部包含着宽容和多元的原则,有一个坚固的世俗性内核:民主允许相互对立的真理在它的阵地上对峙,这个游戏规则是民主的唯一绝对真理。"①

4. 公共性自觉体现为现代国家政治理性能力的自觉

政治公共性不只是一种哲学、政治学、政治伦理学的一个概念,而是作为一种核心的价值理念,在现实的政治实践中发挥强大力量,为国家、政治主体的政治行动提供动力,赋予现代国家以国家能力。因此,公共性是一种政治力,表现为以国家政治能力核心的社会政治能力和公民政治能力的整体性现代政治能力,进而形成富有活力、利于激发政治成员个性与潜能充分发展的良善的政治秩序。如国家能力包括决策制度能力、征税抽取资源能力、强制能力、规范能力、保护能力与分配能力等。约翰·格雷认为:"国家的正当性根据最终并不在于它是否是民主制或者是否认同自由主义价值,而在于国家是否以及在多大程度上提供了人民所需要的东西:如提供安全,确保体面的生活,保护对公民来说意义重大的文化价值等。"②现代国家能力,随着市场与社会的发展,面对利益多元化、利益集团化,国家必须以保障人的最基本权利为伦理底线,通过合法有效的程序并承担相应的规范、保护以及分配等方面的责任与义务,避免公共权力被利益集团所绑架甚至自己蜕变为自利型政治集团。

(二)政治伦理制度规范体系的现代自觉

政治文化是政治制度文化、法治文化和政治伦理文化等几方面紧紧缠绕、融合一体的文化。三种文化样式在现实政治中,常常是同构的。同构性程度越高,政治文化体系就越具有稳定性。即使政治革命也不能在短期内完成政治文化的根本转变,而新的文化模式的形成又是一个长期过程。现代政治文化的理性自觉就表现在,侧重于三者的核心功能——价值规范体系的理性自觉上。价值规范体系自觉,就是随着现代社会公共领域的出现并发展,促使人们对道德理性在公共领域和私人领域作用差异性充分认识,现代人不再将传

---

① (法)埃德加·莫兰.方法:思想观念[M].秦海鹰,译.北京:北京大学出版社,2002:158.
② 周镰.现代政治的正当性基础[M].北京:三联书店,2008:3.

统个人道德规范简单地移植到公共领域,而是寻求人类最基本的价值原则,基于人的价值共识原则,为公共领域制定规则,尤其注重制定规则本身的公正性,这就是制度伦理的出现。皮埃尔·卡蓝默在《破碎的民主》中认为,21世纪的"首要问题是建立一个共同的伦理基础,在这个基础上,全世界各国人民可以管理他们的相互依存关系,制定意义、展开和落实新的规则,为我们必须共同居住的地球村提供一个灵魂,一种规则,一种公平和一种前途。"①对于个体道德与群体社会道德的区别,尼布尔在他的《道德的人与不道德的社会》中认为,群体的道德是低于个体的道德的,这是由于群体行为属于自然秩序的范畴,不完全接受理性和良知的控制,群体关系的基础是群体利益和权力,群体利己和个体利己经常缠绕一起的。"在群体中的个体之间纯粹通过道德的规劝与理性的协调建立起一种公正的关系,虽然是很困难的,但仍然是可能的,而要在群体的相互关系中达到这一目标则完全不可能。群体关系的性质取决于每个群体所占权力的多寡。"②如从制度伦理的维度考察现代国家建构,就需要:一方面,要求国家制度创设目的的合理性。要体现国家富强、民主和文明,还要有利于促进公民幸福,最终促进人的全面发展。另一方面,要求国家制度建构原则的正当性。这直接关系到国家制度本身的合伦理性程度。

(三)政治伦理行为模式与习俗的现代自觉

传统政治行为模式,是以自然经验、传统习俗和习惯之上的观念和规范为依据而形成的。社会成员依赖并认同传统的政治习俗和习惯。传统政治是一种不自觉的自然政治。传统政治大多依赖政治人物的个人美德与品格,形成传统魅力型的政治统治,获得民众政治情感顺从、依附和崇拜,满足政治合法性要求,维系政治统治秩序。因此,传统政治行为模式的动力是源自于自然经验或情感来驱动的。现代社会是理性化的社会。现代社会的理性化,让政治行为更多依赖以理性原则而建立起来的制度和法律,将把社会成员的政治认同,建立在法律和政治规则的权威基础上,人们服从的仅是理性化的法律和规则。政治公共理性成为现代政治行为模式的主要驱动力。现代市场经济发展,使得现代政治又是祛魅的政治,让政治回归世俗的日常生活,成为生活政治或利益政治。日常政治面对的却是区别于传统不自觉主体转型而来的现代非日常主体——现代化的人。正如有学者论述:

---

① (法)皮埃尔·卡蓝默.破碎的民主[M].高凌瀚,译.北京:三联书店,2005:1.
② (美)莱因霍尔德·尼布尔.道德的人与不道德的社会[M].蒋庆,译.贵阳:贵州人民出版社,1998:3-14.

"现代市场经济本质上是理性、法治、主体性经济,而在我们的市场经济建构时期,盛行的则是经验、人情和无主体的平面文化模式。因此,中国现代化所期待的文化转型任务落到实处应当是日常生活的批判重建,而日常生活批判重建的核心是人自身的现代化,即人由传统农业文明的自在自发的日常主体转变为现代社会的自由自觉的非日常主体。例如,应当使文化启蒙同现代教育相结合,把现代科学精神和人文精神通过各种教育形式内化为人的内在素质,改造中国人的经验主义文化模式;应当逐步从体制上确立起理性化、法制化和民主化的社会运行机制,改造中国民众的自然主义文化模式;应当积极认可与鼓励以追求利益的理性、目的性、竞争、参与为特征的现代生活方式对传统农业文明封闭的日常生活方式的改造,运用各种手段把越来越多的人(尤其是农民)赶出他们世代熟悉的封闭的日常生活世界,使之进入充满竞争和富于创造性的现代非日常生活,让他们在现代工业文明和商品经济大潮的冲击中拥抱一种新的生存方式和文明价值,确立理性的、科学的文化模式,主体性的、创造性的文化。"①

政治伦理行为模式与习俗的现代自觉,就是认识到现代与传统政治行为模式的差异性,自觉改造传统自然政治形态,使之向理性、法治、生活化、参与性政治行为模式转型,并使之成为现代政治习俗。

理论上看,政治行为方式的变革是政治观念、制度变革的结果。行为方式不变,任何政治改革就不会真正取得成功。但事实上,行为方式的变革很难,原因是它还更多取决于政治习俗和习惯的变革。鲁迅说:"倘不深入民众的大层中,于他们的风俗习惯,加以研究、解剖,分别好坏,立存废的标准,而于存于废,都慎选施行的办法,则无论怎样的改革,都将为习惯的岩石所压碎,或者在表面上浮游一些。"②梁启超说:"群俗不进,则并政治上之目的,亦未见其能达也","其为道也,必以改良群俗为之原"。③

而政治习俗,指的是社会成员在一定的政治生活中受到政治传统的影响而形成的一种非自觉状态的意识和行为特征。④ 政治习俗,即习俗化、习惯性的政治规范、政治行为。政治惯例,即某一典型政治行为的范式化、惯例化。习俗有广泛的影响,习惯有很大的势力。习俗一经形成,惯例一经成立,其所

---

① 衣俊卿.现代化与日常生活批判——人自身现代化的文化透视[M].北京:人民出版社,2005:5-6.
② 鲁迅.鲁迅全集(第四卷)[M].北京:人民文学出版社,1981:224.
③ 梁启超.梁启超全集[M].北京:北京出版社,1999:622—625.
④ 邢江平.与官员谈政治学[M].北京:华文出版社,2010:98.

默示或标示的价值、准则和规范便不得任意超越和否定。政治习俗、政治惯例具有政治自律和范式作用。一些传承久远的政治制度往往植根于源远流长的政治习俗,而一些新的政治制度往往来源于具有创新性的政治惯例。政治活动是否能够习俗化,政治先例是否能够惯例化,最终取决于政治共同体成员的集体选择和价值认同。

【视频材料】 任剑涛:《现代国家建构的文化根基》

视频

三、政治伦理文化现代化的基本任务

中国的传统政治伦理文化的社会基础是以血缘为纽带的宗法社会,绝大多数人口是终生被封闭在自然共同体之中,依照习俗、习惯、经验、情感、血缘等自然经验而生活。现实政治生活中,盛行主奴依附思维的权力工具主义、机会主义、教条主义和官本位思想观念等,这都是阻碍传统政治向现代政治发展的文化因素。今天,现代公民意识、自主意识、平等意识、民主意识、权利意识已经普遍深入人心,法治建设的力度也不断加大。我国的现代政治文明建设已经初见成效。但是,在现代价值观念规范体系建设、公共生活及其主体——社会组织发展、公民政治参与方式的改进等方面,政治现代化仍然面临着十分艰巨的任务。"当代中国的社会主义民主政治体系文化中的政治伦理文化,有着丰富的内容。它包括民主、自由、平等、公平、正义等一系列的政治伦理价值范畴,以及自由与秩序、自由与平等、权利与义务、公平与效率、道义与责任、个人与社会等一系列的政治伦理价值关系范畴;有关个人权利与国家权力的界限与制约,以及有关公民政治道德、官员道德、社会制度伦理、国际政治伦理等多种类型的政治伦理文化。"[①]

从现代政治文明的一般要求和我国当前的实际来看,我国政治伦理文化现代化面临着以下四项主要任务:

(一)确立现代理性的政治伦理理念

现代政治文明建设的前提是要普遍确立现代政治伦理文化的理念。经过30多年的改革开放,我国国民已初步确立了现代政治伦理理念的基本发展方向,但也存在一些问题。如以传统自然政治思维方式,工具化、经验化现代政治理念,使现代理念发生变形。现代政治理念的实现既需要主体的行动,但更需要相应的公共领域。公共领域是公共理性的平台。现代公共空间、公共领

---

① 陈义平,王建文.当代中国政治文化论[M].合肥:安徽人民出版社,2014:194-195.

域如果未能得到应有的发展,行为主体就会缺失活动的空间。而没有社会行为主体理性的公共化,就没有真正意义上的政治现代化。只有借助于现代公共领域的对话和商谈,社会行为主体的个体理性才能在现代化的过程中日益成熟并形成公共精神,走向公共理性。借助于公共理性平台,政党理性、政府理性、精英理性、大众理性和个人理性才会在互动过程中实现自身的现代化。

当前,在现代政治伦理价值理念体系建构方面,应立足社会主义核心价值体系,积极倡导的社会主义核心价值观,关键是健全完善核心价值观的实现机制。应该在坚持社会主义性质的前提下,优化完善政治总格局。"政治总格局是指一个国家中代表各阶级、阶层以及其他群体的政治组织之间与国家政权的相互关系及其运行机制。换言之,是指代表各阶级、阶层及其他利益群体的政治组织在国家政权中的地位及其相互作用的机制。"[1]依照宪法原则,健全完善中国共产党领导的国家政权组织和其他各种组织的相互关系及运行机制。积极规范发展社会群众性组织,大力落实、发展、完善宪法和法律规定的普通公民的各项政治参与权利。

(二)厘清公共领域理性属性,加大政治改革力度

现代公共生活的首要属性是公共理性,这是一个基本原则。公民的良好公共品格和公德皆以依赖于此。但不意味着公共理性完全等于市场理性和市场法则。如政府行为、社会慈善组织行为遵循的规则,就不能等同于企业行为的内在规则。如果不能厘清公共领域的理性属性,那么就是出现公共理性误置的问题。即将所有公共领域都奉行市场理性,尤其市场功利理性。媒体、教育、医疗甚至法律等公共领域等都已经广泛地市场化。政治权力领域利益集团力量逐步做大,金钱政治、钱权交易、权色交易等。问题根源不在公共理性自身,而恰恰是人的理性不成熟导致公共理性的误置。不过,这也是现代社会发展到一定阶段出现的现象。丹尼尔·贝尔在《资本主义文化矛盾》中就批判了韦伯等人的社会"整体论思维",贝尔说:社会不是统一的,而是分裂的,它的经济、政治、文化不同领域各有不同的模式,按照不同的节奏变化,并且由不同的,甚至相反方向的原则加以调节的。随着现代化的深入发展,由古代整体论思维带来市场理性法则凌驾一切领域的得以不断校正。公共理性的误置,恰恰也应该成为政治改革的一个核心任务。改革开放以来,我国进行了一系列的政治体制改革,而且取得了一定的成效,但政治改革并不仅仅等于政治体制

---

[1] 朱国云.政治社会学概论[M].北京:清华大学出版社,1998:145.

改革,它应该涉及体制层面,也应该涉及深层的制度层面、观念层面,还涉及表层的运行层面、操作层面。就是说,政治改革是一个系统工程,只对某一方面的改革而忽略其他方面的改革,改革是难以奏效的。加大政治改革的力度就是要从广度和深度上扩展政治改革,使现代政治伦理文化建设不仅不是"瓶颈",而且是整个现代化建设的先导领域。

(三)完善制度、法治文化建设体系,促进国家治理的现代化

在现代政治文明建设方面,我国的法律制度建设的力度最大,并且取得了巨大成就。但是,对于现代系统的法治文化的制度建设来说,还有许多工作要做。如现有的一些法规制度的内容与现代政治文明理念还存在某些不一致甚至冲突的方面;制度规则体系还有待进一步完善,还存在着一些漏洞,使人们有空子可钻;还没有全面实现政治活动制度化、政治制度法律化。一些政治行为在制度之外,一些制度在法律之外。这些问题还需要通过进一步完善法治文化体系来解决。

在当代中国的社会主义民主政治体系文化的同构与建设中,需要处理好制度文化、法治文化与政治伦理文化的关系,从而发挥好各自的作用。在政治生活实践中,我们往往主张以制度约束权力,法制调节为主要的手段,伦理道德的教化为辅助手段。其实,如果我们深入一些,从政治文化角度看,这三种手段所蕴含的伦理文化因素则是同构的。它们依据的伦理价值原则是重叠的。很难说,说谁为主、谁为辅。伦理文化的作用是内在的、隐性的,但又是根本性、原则性的。它们两个在一个国家的政治文化体系中都起着同等重要的作用。要发挥制度文化、法治文化对人们的行为的强制规范作用,但制度价值和法治价值应该是符合正义价值的。发挥政治伦理文化对人们行为的制约和调节作用,不是将个人私人道德规范泛化到公共领域,任意拔高公共领域的道德标准,反而丢失了基本的正义价值。

党的十八届三中全会提出的全面深化改革的总目标,就是完善和发展中国特色社会主义制度、推进国家治理体系和治理能力现代化。这是坚持和发展中国特色社会主义的必然要求,也是实现社会主义现代化的应有之义。国家治理体系和治理能力是一个国家的制度和制度执行能力的集中体现,两者相辅相成。我们的国家治理体系和治理能力总体上是有独特优势的,是适应我国国情和发展要求的。同时,我们在国家治理体系和治理能力方面还有许多亟待改进的地方,在提高国家治理能力上需要下更大气力。国家治理体系和治理能力的现代化是社会主义民主政治体系文化建设的新的目标。

发展的社会主义民主政治体系文化,除了要建构社会主义民主政治核心

价值观,还要在观念、规范和体制方面努力实现社会主义政治制度文化、法治文化与政治伦理文化的协同建构,使社会主义民主政治体系文化以政治制度为载体、以法治精神和政治伦理精神为内容,成为一个比较完善的、整体性的、系统性的中国特色社会主义民主政治文化模式。

(四)以责任为基础,提高公民现代政治伦理文化素质

现代政治伦理文化建设主体不只是从政者。应该说公民同样是现代政治伦理文化建设的主体。杰索普认为全球化时代的国家正面临着三种挑战:"首先是'去民族化'的挑战,国家正不断空心化,国家能力正在各种当地的、地区的、国家的、跨当地的、超国家的等层次上被地域性和功能性地重组。其次是'去国家化'的挑战,这在从'统治'到'治理'的变化中得到了反映,国家正和各种超政府组织以及非政府组织达成新型的伙伴关系。第三个挑战是政策规制的国际化,国家能力不是无限的,特别是随着经济全球化的发展成员的民主意识不断增强和文化素质的不断提高,公民社会的不断成熟,社会这些为国家职能的不断社会化提供了可能。由此,国家能力建设也便必然要走社会化之路。"①国家公共服务能力构建的根本在于提高国家维护和实现公民基本权利的能力,因为公民才是国家权力正当性的源泉,是国家政治的最高和最终的决定主体。

权利与责任,相辅相成,无权利即无责任和担当。公民责任核心即参与政治的权利和责任。公民的政治参与度又是由公民的政治素质决定的。公民的现代政治素质是现代政治伦理文化建设的关键因素。由于中国传统政治伦理中个体政治责任伦理长期相对欠缺。当前,我国公民的现代政治素质、政治参与的自觉性和能力都有待进一步提高。因此,提高公民的现代政治素质和参与责任意识是当前我国政治伦理文化建设的一项基础性工程。

1. 教育宣传

公民政治伦理文化建设,我们有良好的宣传教育基础。通过教育宣传,一方面提高公民的政治素质,特别是培养公民具有正确的权利意识、权利效能感和政治观念;帮助公民拥有相应的政治知识、参与技术和参与能力;另一方面也要使广大公民真正了解国情和政治大局,认识到政治参与要求的限度。政治参与一旦超出社会发展水平所能允许的范围就会危及政治体系的稳定与安全,从而反过来影响政治参与目的的实现。

---

① 郁建兴.马克思国家理论与现时代[J].上海:东方出版中心,2007:28.

2. 完善政治参与的渠道

拓展和培育参与型公民文化的途径和方式。推进完善日常化、生活化的政治参与渠道,改革和完善已有的参与渠道,扩大新的参与途径。如随着社会发展而产生的网络政治参与,能够有效促进一种普遍的自上而下的社会共识,增强社会凝聚力。及时为新兴的社会阶层、社会群体提供制度化的参与方式和途径。减少参政途径的中间环节,发展规范、自主、多元的公民表达公共空间,提高参与的效率。

3. 规范参与行为

政治伦理文化建设就是通过各种行之有效的工作,使政治伦理行为主体自觉按照现代政治伦理的基本原则规范和现行基本政治制度下的法律法规去行为。因此,政治参与行为是一种有序的规范性的行为。规范公民参与行为,需要加强培育参与型公民文化的制度化建设。政治体系应根据社会政治、经济、文化发展水平和政治体系的承受能力,制定相关的法律、法规和政策,明确规定政治参与的目标、界限、程序、途径等,并运用法治与道德结合的方法审慎把握和控制,使各种政治参与主体在法治确认的范围内合理、有序地参与国家政治生活。

思考与探讨题

1. 政治伦理与政治论文化有何关系?
2. 中国传统政治伦理文化有何特征?
3. 何为政治文明,政治伦理与政治文明关系如何?
4. 如何理解政治伦理文化的现代化?
5. 试从政治文化现代化相关理论讨论国家治理体系和治理能力的现代化与政治现代化的关系。
6. 阅读下面材料,试用政治伦理文化现代化相关理论讨论人的现代化与政治现代化关系。

"一个国家要强大起来,需要的是全体公民的驯良和俯首听命呢,还是要求他们积极主动地参与国家政治经济活动?如果国家的领导人为的是自己一家一姓或一个阶层永享权力,当然无疑是希望国民鸦雀无声地顺从领导者的意志。而当今几乎每一个国家都向世界宣布,它实现国家现代化的目的,是使它的全体国民得到幸福康乐的生活。它已在调动各种手段,来鼓励它的每个国民投身到改变国家落后命运的现代化运动中去。个人现代性对此正提供了最根本的途径。无论从客观的社会经济地位特征来判断,还是以主观的心理态度来评判,个人在获得现代性后,必定会变成活跃的积极参与国家事务的公民。日益增长的现代性是与积极参加选举,加入各种社会民众组织,参加群众活动,对政治消息产生兴趣,关往国内国际各种重要事态的发展,积极影响国家和地区事务及政策制定等特征联系在一起的。正像许多研究表明的,越现代的个人越渴望改变现状,越能乐于接受新的思想观念和经验,因而也就越少宿命色彩,越少畏惧权威和接受传统。"((美)阿历克斯·英格尔斯等:《人的现代化——心理·思想·态度·行为》,四川人民出版社,1985年版,第62-63页)

7. 联系实际,撰写一篇以政治伦理文化建设为主题的小论文或调查报告。

后 记

党中央十八届三中全会提出了"推进国家治理体系和治理能力现代化"的时代课题,我国政治发展迈上了新的现代治理历程。编写一本注重从现代政治伦理理论出发,研究现代国家治国理政的教材,具有重要的现实意义。政治伦理学是一门新兴交叉学科,也是一门理论与实践结合紧密的学科。20 世纪 90 年代以来,一直成为学界研究热点。为适应品牌专业建设和课程改革的需要,江苏省盐城师范学院思想政治教育专业从 2012 级开始尝试开设《政治伦理学》选修课程,旨在帮助本专业学生进一步深化理解和运用政治学、伦理学、中西政治思想史等学科知识,进一步培养学生理论思维能力。在几年来的教学实践基础上,我们编写了这本教材。

本书是集体智慧的结晶,在共同研讨的基础上完成的。本书由高汝伟、殷有敢担任主要编著事务。高汝伟负责全书的总体设计、审阅、修订工作,并负责第 7 章的撰写工作。殷有敢负责其他各章初稿编著和校对工作。刘德林教授、石作斌教授和宋敏副教授,对书稿也提出了许多宝贵的建议。本书内容丰富,许多视频、文字材料等教学资源已放入二维码中,读者可以通过手机扫二维码进行学习,体现了立体化教材的特点和数字出版理念。

在本书的编写过程中,我们吸收了国内外最新的理论研究成果,引用和参考了许多专家学者的相关论著和资料,也得到了江苏高校品牌专业建设工程项目(思想政治教育专业 PPZY2015B105)和江苏省重点建设学科"马克思主义理论"的资助。谨此致谢!

编 者
2016 年 5 月